彩图 HISTORY OF SCIENCE

世界科学史

〔英〕彼得·惠特菲尔德 甘晓 著
本书翻译组 译

中国科学技术出版社
·北京·

图书在版编目（CIP）数据

彩图世界科学史. 1 / (英) 彼得·惠特菲尔德, 甘晓著 : 本书翻译组译. –– 北京 : 中国科学技术出版社, 2022.8
书名原文 : History of science
ISBN 978-7-5046-9506-2

Ⅰ. ①彩… Ⅱ. ①彼… ②甘… ③本… Ⅲ. ①自然科学史—世界—普及读物 Ⅳ. ①N091-49

中国版本图书馆CIP数据核字(2022)第046167号

著作权合同登记号 01-2022-4271
本书中文版由英国 Greene Media Ltd 授权中国科学技术出版社独家出版，未经出版者许可不得以任何方式抄袭、复制或节录任何部分。

总　策　划　秦德继
责任编辑　赵　佳
设计排版　长天印艺
责任校对　焦　宁　吕传新
责任印制　李晓霖

出　　版　中国科学技术出版社
发　　行　中国科学技术出版社有限公司发行部
地　　址　北京市海淀区中关村南大街16号
邮　　编　100081
发行电话　010-62173865
传　　真　010-62173081
网　　址　http://www.cspbooks.com.cn

开　　本　889mm×1194mm　1/16
字　　数　1216千字
印　　张　49.25
版　　次　2022年8月第1版
印　　次　2022年8月第1次印刷
印　　刷　北京瑞禾彩色印刷有限公司
书　　号　ISBN 978-7-5046-9506-2/N·292
定　　价　458.00元（全三卷）

前言/PREFACE

写给读者：

当今的科学影响着我们的思维方式和生活方式。自然是人类诞生的环境，技术可以为人类创造环境。技术是科学的孩子。科学的物质观是崇尚"自然法则"——物质、能量和生命的构成方式以及它们的相互作用。从这种理论我们可以认识到，人类可以利用自然法则，最重要的是通过机器来实现能量的利用和转换。这些思想和观点在过去两个多世纪中不断地发展，从而形成了现在我们生活的世界。

我们在这些发现的背后有一段很长的历史进程，早期人类所想象的王国充满了诸神和神秘的力量。然而，人类按照其内在的运行法则，逐渐地认识了自然的作用。你手里的这套书，讲述了科学家是如何通过实验和数学语言来研究和测定自然的——运用数学语言来分析自然在牛顿的著作中达到了巅峰，牛顿告诉人们整个宇宙是一个巨大的、自我掌控的机器。

本书是一部知识百科，讲述了人类是如何探究我们身边的物质、生命和宇宙的奥秘。在第10章的后面几节也告诉我们，知识也可能使人类陷入绝境。现在人类可以用武器或化学毒剂摧毁自己居住的星球，还可以调整生命机理、掌控生物进化。西方科学的危险论根植于中世纪的传说，人们不应忘记：浮士德博士为了获取知识和权利，向魔鬼出卖了自己的灵魂，最终他被自己的野心和傲慢所摧毁。

我非常高兴地将这部书介绍给中国读者。中华民族有着悠久和灿烂的历史，在中国古代，人们就意识到：人类是自然的一部分，宇宙是一个有机的整体。它精确地表述了自然和谐、天人合一的思想。今天的人们仍对古老的、非西方的思想体系十分感兴趣，我相信，只要我们寻求并理解它的思想起源和过去的经历，我们就能理解当今的世界。

我希望这部书能帮助读者了解和认识东西方科学思想的漫长历史。同时，可以鼓励读者用新的眼光来审视东西方的科学传统。

Dr. Peter Whitfield

〔英〕彼得·惠特菲尔德 博士

目 录
CONTENTS

3　欧洲以外的科学

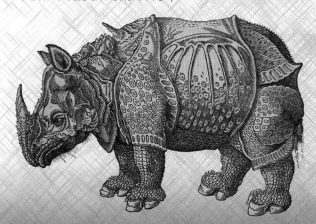

HISTORY OF SCIENCE

HISTORY OF SCIENCE

SCIENCE IN ANCIENT CIVILIZATIONS

古代文明中的科学

引言：古代文明中的科学
SCIENCE IN ANCIENT CIVILIZATIONS

说起古代文明中的科学，我们会想到什么？

在新石器时代，非洲、欧洲、亚洲、美洲，以及其他文明的人们，没有实验室来做实验，也没有显微镜、望远镜和任何仪器。他们对于电、化学、药品、人类生理学、微生物学及其他上千种科学专题一无所知。

那么，他们为何能在科学思想史上占有一席之地呢？

要回答这些问题，我们首先应该知道，多少个世纪以来，我们所称的科学是作为"自然哲学"而为人所知的。自然哲学尽力去解释自然界的伟大进程及其奥秘，比如：

什么是生与死？

怎样解释季节的轮回？

是什么原因引发闪电？

是什么造成了火山爆发和地震？

为什么会有如此的生物多样性？

什么是天体，它们如何在永恒的轨道中运行？

这些现代的科学家仍在尽力去回答的问题，其实并不是新问题，许多世纪前人们便开始给予它们答案，这个答案就构成了"自然哲学"。

◎古代文明中的科学产生了狮身人面像和金字塔、帕特农神庙和罗马斗兽场等奇观。上图是埃及狮身人面像和哈夫拉金字塔。

艾萨克·牛顿在17世纪为他所开展的关于物理学和天文学的伟大工作进行说明时，所用的术语仍然是"自然哲学的"而不是"科学的"。在传统的自然哲学中，宗教和神话常常起着很重要的作用，以至于有时很难指出宗教与科学、信仰与知识之间的明显区别。

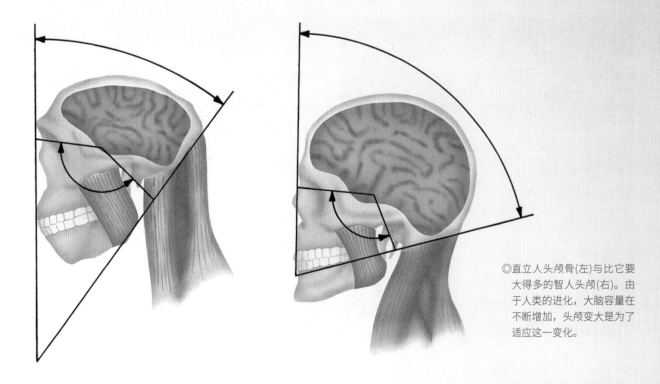

◎直立人头颅骨(左)与比它要大得多的智人头颅(右)。由于人类的进化，大脑容量在不断增加，头颅变大是为了适应这一变化。

自然的奥秘是科学最为关注的，而科学史就是要研究数千年来人们反思、解释这些奥秘的漫长进程，以及在这个漫长的进程中，如何形成对整个宇宙的现代理解。

有史以来，人们就注意到自然界是按照一定模式工作的。对这些模式的认识，或许就是人类历史上最伟大的、独特的能力——理解、控制和改变自然的能力。正是这种能力把人类与所有其他物种区别开来。

所有的动物都有获取食物使自己生存的本能，但人类所寻求的不仅仅是生存，还有改变和发展。人们建造房屋、取暖、缝衣、制造交通工具、建立可靠的食物供应、休闲、发展艺术和科学——换句话说，这就是文明。人类通过观察自然的运行规律来完成所有这些事情，并运用这些知识，充实生活，改变环境。技术是科学的奴仆，是我们改造环境的工具。

人类对自然的反应表现在智力上。人类没有发展任何特别的身体特性来帮助他们在生存斗争中继续繁衍，也没有像其他动物一样发展强有力的翅膀、爪或牙齿。人类所发展的是大脑，脑力的意义要比单纯的本能大得多。人类观察、学习，并且把学到的东西通过语言（后来是通过文字）相互传递。

几千年来，人类的大脑一直在与环境进行某种竞争：当人类的环境变得更加复杂、更加需要控制，且和其他动物所处环境越来越不同时，人类的大脑会产生更多的新想法以改变生活方式，从而提高应对这种变化的能力。

智人

从我们所掌握的史前生活的少数记录中可以看出，自然的进程和奥秘自人类历史的初期就在锻炼着人类的思维。早在50万年以前，人类的祖先在旧石器时代的早期，就已经学会制作石制工具及取火。但我们对这些最早期人类的思想历程一无所知。文化和智力活动的第一个迹象，是5万～10万年前我们称之为智人的人

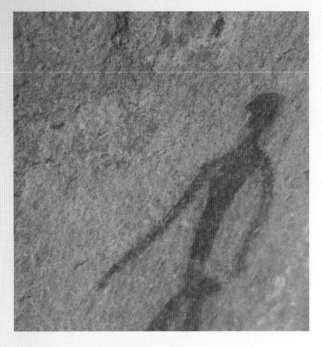

◎南非纳米比亚的岩洞绘画。古人早在两三万年以前就观察并用艺术来反映他们所处的环境。

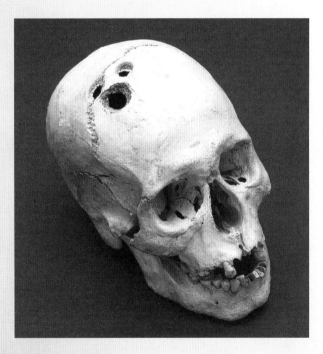

◎颅骨钻孔术。很早以前，人们就认识到大脑对一个人来说是非常重要的，并试图通过在头盖骨上打洞——颅骨钻孔术去治愈脑部疾病。从脑上方洞周围骨的生长情况可以很明显地看出这个研究对象进行过这种手术并活了下来。我们不能确切地说出为什么他们认为可以实施这样一种手术，但世界各地已有的考古发现表明，古人对于操作这种手术是训练有素的。

类祖先留下的。

医生

智人学会了埋葬死者。很明显地，死者被安放在坟墓里，且有一些陪葬品。这些陪葬品常常是工具、武器和装饰品。这种做法说明了三件事：第一，死者是有价值的和值得哀悼的；第二，他们相信死者的生命将在来世延续下去；第三，语言已经出现，并达到可以使思想和实践都能够发展并传播下去的阶段。在这一时期，我们发现了医疗的迹象——有的骨架中有断骨，甚至破碎的头颅，都被治愈了，而且显然，病人在接受治疗之后又存活了一段时间。

古代医学中最神秘的实践是颅骨钻孔术——在头盖骨上钻孔，且病人在术后活了下来。这是为了去除某种疾病，还是从头脑中清除罪恶思想的一种仪式？果真如此的话，就表明在那时大脑已被认为是智慧的所在地了。

从古老的艺术作品——始自2万～3万年前欧洲南部的岩画，可以清晰地看出古代人对环境的观察和反应。这些绘画中具有一些奇特的表象，暗示着它们不仅仅是装饰，还可能是在宗教信仰系统中起着作用。

首先，这些画被画在很深的、几乎难以进入的岩洞中，可能只被少数几个人知道。其次，所画内容的范围局限于人们猎取的大型哺乳动物——野牛、雄鹿、熊和马。这些动物提供给他们许多的生活材料，包括食物、皮革、皮毛和兽骨。这表明人们已经认识到，人类与这些动物是在同一个生存系统中，猎取这些动物只是共生的一种形式。这些岩画还表现出有一些动物是被矛戳中的。

在一些岩画中，男人会戴着动物面具或头饰，而这导致了一种说法，那就是这种岩画艺术是仪式的一部分，在这个仪式上，他们扮演被杀害的动物以确保在真正的狩猎中取得成功。与这同一时期，产生了人类的第一批代表作——具有女性特征的小型石雕或象牙雕像，且经常是怀孕的状态，我们推测这可能是生育的象征。

制造工具

在这些早期人类使用的工具中，除了石制工具，还有由木头或兽骨制成的飞矛投掷器，它好像一个额外的臂关节，以便于使用者能用更大的力量将长矛投出去，这表明此时的人们对于杠杆原理已有直觉上的理解。

石器时代晚期的文化尚无文字出现，人们还无法记录下他们的想法，因此他们对于自然、对于自己、对于所处的世界有什么想法，我们只能去猜测。而这些人与我们在遗传上完全相同，并且从已掌握的证据看，他们确实已经在考虑生命、死亡以及人类在宇宙中的位置等一系列神秘的事物。他们或许已经建立了对那些统治他们的世界的自然内在力量的信仰，我们称之为宗教。

总之，"自然哲学"伴随着人类历史的曙光，越来越清晰地呈现在世人面前。而岩洞中残存的文化片段讲述了这段历史。

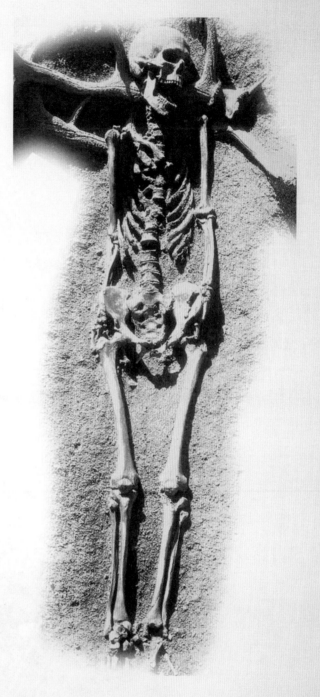

◎新石器时代的掩埋场。人们将鹿角和战胜者埋在一起。

◎早期工具。最早期使用的工具是石制的工具，像手斧（见左图上方），它始自公元前2000年，来自巴布亚新几内亚。图的中间是一根断了的石杖，收割时可以起到镰刀的作用。图的左下方是一具在格陵兰岛发现的象牙弓钻。

石头和星星：古代巨石天文学

SCIENCE IN ANCIENT CIVILIZATIONS

大约在1万年以前，旧石器时代过渡到新石器时代的这段时期，欧洲和亚洲各民族都经历了极为丰富的文化生活。此时出现的农业，如种植谷物或饲养家畜，为人类提供了可靠的食物来源。人类放弃了游猎，过上定居的生活。先是有了村庄，然后形成了最早期的城市。

农业似乎首先出现于亚洲的西南部，到公元前4000年传到法国、英国、西班牙和斯堪的纳维亚半岛的南部。随着农业、村庄以及城市的兴起，社会生活发生了巨大的变化：造就了劳动的分工和新的工作模式；产生了新的政治结构和新的技术。这些技术包括陶器制造、纺织和金属加工，并最终发明了轮子。食品生产随面包制作技术的发明、盐的私有以及贮存食物方法的出现而改变。人们驯养了马，装有车轮的马车也被造了出来。

◎英格兰康沃尔的石圈，也称作石室坟墓或大石坊。

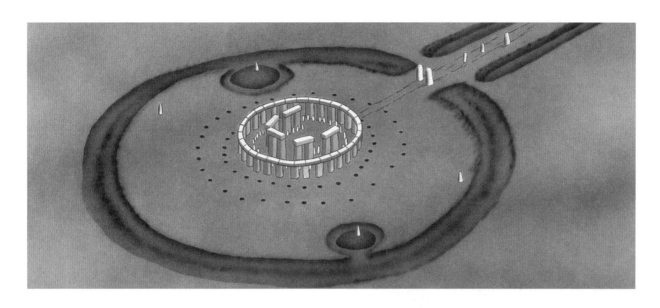

◎史前巨石阵建成状态的复原图。

英格兰索尔兹伯里平原上的史前巨石阵

在世界各地的巨石遗址中，最著名的是英格兰威尔特郡的巨石阵。这里经过了公元前 3000—前 2000 年几个时期的发展。整个遗址从东北至西南排列成行，朝着夏至日升起的太阳和冬至日落下的太阳。主环外还可见其他的石头，似乎标志着月亮升起和落下的最高点和最低点。另外还有人提出，这种面向其他星体的排列，并非经常宣称的是一座古代用于研究天象的天文台，其用途更像是纽格兰奇（见下页）。经过观察，确实如此。看起来，这种石环设计是打算在一年之内的短暂时刻从石缝间引导或者捕捉射来的光线。

但事实上，在巨石阵上发生了什么？又在那里举行了什么仪式？为什么古人年复一年地为建立这片巨大的建筑而劳动？为什么这个遗址在公元前1000年左右被废弃，以至于当罗马人到达不列颠时，它已被遗忘？

对于这些问题，我们可能永远也得不到答案，但可以肯定的是，几个世纪以来，巨石阵这里的人们已能够精确地观察群星。他们通晓天体的运动，并把这种知识纳入关于宇宙的信仰体系之中。他们基于对自然界活动的观察，建立了一种自然哲学。他们没有留下文字的记录供我们去研究，但是或许他们留下了最古老的、精确的科学活动的记录。

◎现存的史前巨石阵。

◎爱尔兰纽格兰奇古冢的入口，可以清楚地看到由太阳（或月亮）照射产生的影子或光束。

石头中的秘密

正如人们的物质生活变得越来越丰富和复杂，我们有明确的证据表明，人们的智力生活也在发展，特别是体现在对自然的理解变得越来越精确。他们建立了对宇宙的信念体系。新石器时代的人们尚未发明文字，所以我们没有关于他们的知识和信仰的文字陈述。不过他们依然在所修建的巨石上赋予了它们永恒的形式。

在西北欧，到处是石头路和石圈。它们建造的方式似乎是要向人们表明，几千年以前把它们放在那里的人是天文学的专家，这些专家通过许多世纪持续不断的观察，掌握了太阳、月亮和星星的周期性运动。

这些巨石中，有的像埃及的金字塔和巴比伦的宝塔一样古老，它们表明远在新石器时代，欧洲各民族已享有近东文明的智力品质。像金字塔一样，巨石阵因它巨大的规模而具有非同寻常的意义。作为人类手工创造的工程伟绩，它们需要花费大量时间和精力——像巨石阵这样大的遗址一定要经过人们几百万小时的劳动。毫无疑问，只有强大的动机才能促成这项工程，因此它们一定会提供给我们洞悉新石器时代人们思想的有价值的见解。

爱尔兰陵墓

在爱尔兰纽格兰奇，有一排大石板建成的陵墓，全部朝着一条弯曲的长廊。在冬至前后的几天里，初升的太阳会将光束通过入口处的一个小洞进入长廊并照亮陵墓。整个陵墓结构的设计和建造都是为了抓住这一天文时刻，但是我们不知道是为什么。

埋在那里的是不是特殊人物？死者的灵魂和阳光在一年中最低的上升点之间的联系是什么？会有什么力量进入坟墓或从坟墓中出来吗？过去人们常常认为这种构造一定是某种历法，但为什么要建造如此复杂的结构而不是用几个木桩来实现呢？

纽格兰奇这样的结构不是天文历法，但是它们体现了已知的历法和天文事件，然后被纳入这个系统。这种天文纪念碑的形式看起来很可能是宗教信仰体系的一部分，它将天体与地球上人类的存在以某种方法直接联系起来，尽管我们不知道是怎样联系的。

◎上图：苏格兰阿伯丁郡的月长石。
◎下图：英格兰威尔特郡西肯尼特的墓穴。其光线被石头的边缘和表面所限制，因此与星星和月亮在一年的特定时间内对应排列。

与星星和月亮对应的排列

这种宗教体系并没有局限于太阳。在英格兰威尔特郡西肯尼特的墓群中，有5个陵墓埋葬着46个人的遗骸。这些陵墓在公元前3500年时被巧妙地排列好，每一个陵墓在它的位置上恰好能接收来自明亮恒星的光线，如参宿四、角宿一或昴宿星。

在苏格兰东北部，有一组特殊的石碑，建造方式如上图左方，它们面对附近其他直立的石头。专家发现这些石头标志着月亮升起和落下的最高点和最低点，这些点经过18年轮回再回到原处。排列这些石头所依据的原理一定是人们观察了几十年甚至几百年后得出的，但是我们还没有发现这种观察留下的实物痕迹。

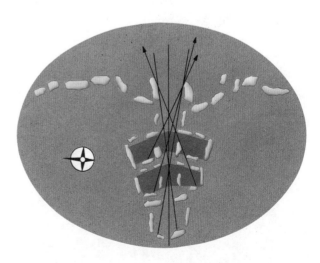

前科学的解释：地与天的神话
SCIENCE IN ANCIENT CIVILIZATIONS

在科学兴起之前，人们对世界的理解和解释往往通过神话来表达，通过神话去探索天与地、生与死、时间与演变的奥秘。神话是用象征物来表达思想和直觉的故事，它们的出现依赖于我们的想象力。全世界的神话中都会提到创世的秘密——我们这个世界是怎样产生的。由虚无创世的想法那时看起来是不可能有的，相反，许多古代神话谈到了初始混沌，而这初始混沌必定被赋予一定的形态和秩序。

◎阿努毕斯，豺头人身的神，在埃及诸神当中司墓葬，制木乃伊和以香料处理尸体。

创世神话

亚述和巴比伦是公元前2500年左右西亚两个最强的王国，对他们来说，整个世界是恶神提亚玛特所居住的一团狂暴汹涌的大洋。智慧之神伊亚派他的儿子马杜克来到地球上。马杜克杀死了提亚玛特，进而把她的身体分成两部分，创造了地和天。从她的眼中流出底格里斯河与幼发拉底河，当众神把星星放入天空并使它们运行时，时间开始了。

在这个故事中，我们看到了早期科学思想的几条重要线索：首先考虑到的就是自然界被分为不同的领域，即地、海和天。在此之前，是混沌一片。至此，时间向前流动，而在此之前没有时间。其次是意识到，由于世界现在是有秩序的空间，它一定是经由智慧的力量设计过。

这种对起因和设计的理解，可能是作为工具制造者的人的技术能力的一种反映。人们知道他们能建立秩序和重塑环境——他们能驯服动物、取火、造房、加工金属，等等。因此，当人们看到地球上的植物、动物、河流以及太阳在白天发出热量、星斗在黑夜表明时间时，也理所当然地认为所有这些都是被精心设计的。他们认为神可能像人一样，曾实施了这样创造性的工

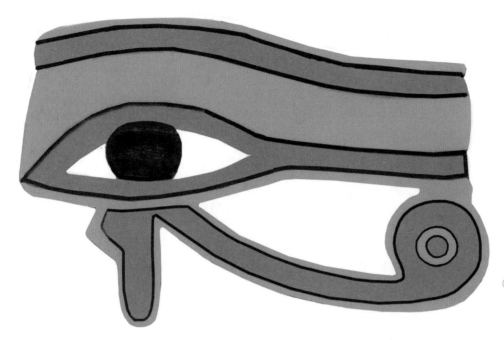

◎拉神之眼。荷鲁斯之眼通常被理解为指月亮，而拉神之眼则指太阳。

作，只不过其力量要大得多，他们具有人的外形，是神人同形的。

从印度到斯堪的纳维亚，其他古代文化也讲述了同样的神话。在这些神话里，神从混沌中创造了地球。

创造人类的神话

神话在讲述了如何创造世界之后，下一步是神如何创造第一个人。有时，他们来自天国——像在印第安人波尼族神话中所说的，太阳和月亮结合产生了第一个男人，而晨星和昏星结合产生了第一个女人。更常见的说法是巴比伦神话中，神用泥和血等天然材料创造了第一个人。而在中美洲玛雅人的神话里讲到，上帝为创造人类进行了三次尝试：第一次用泥、第二次用木头，结果双双失败；只有第三次用玉米成功地创造了玛雅人的祖先。

地下世界的故事

从石器时代开始的墓葬习俗强有力地表明了人们对来世的信念，这从世界各地的描述死者生活的阴间神话中可得到证实。其中最有意思的来自古埃及，它把阴间和关于地、天结构的说法联系在一起。每天，当太阳从西方落下后，就进入了被称为"地纳"的冥界，在那里，太阳神拉在一条黑暗的河流中乘船驶远，发射出闪烁的光以照亮死者灵魂所在的洞穴。当太阳离开地纳的洞穴时，便又回到东方并从起点升起。

自然现象的起源

一些最有趣的神话回答了关于世界的一些疑问：火焰、暴风、疾病、音乐、季节的起源是什么。古代的信仰认为，这些事物出现在过去的某一特殊时刻。希腊英雄普罗米修斯从天上为人类盗来了火种；作为第一个女人，潘多拉打开诸神锁住的瘟疫、战争和饥荒的盒子，让这些灾祸降临人间；季节被解释为希腊神话中司繁育的女神得墨忒耳高兴或悲伤的周期，因为她的女儿每年要在冥界被囚禁半年。

在埃及神话中，太阳和月亮是神的眼睛，其中的月亮，在战斗中严重受伤，这解释了月亮的盈亏。《旧约全书》中也有这类特殊的神话，例如，大洪水之后，彩虹成为上帝与天地间和平的象征，而巴别塔（Tower of

◎克里奥，希腊神话中九位缪斯女神之一。希腊人和其他民族的古代人认为，某些人在音乐艺术、诗歌、舞蹈等方面有天赋是因为他们是被缪斯诸神的神圣精神所鼓舞，而缪斯诸神则由阿波罗神统治。

Babel）为人类出现不同的语言提供了解释。

巨怪和恶魔

许多神话把人的恐惧外在化——妖怪的神话以及光明与黑暗之间、善与恶之间争斗的神话。波斯神话在这类神话中具有最形象的内容。善神阿胡拉·马兹达是伟大而智慧之神，而他的敌人是恶魔阿里曼。在这些神话里，两个王国相邻，分别由善神和恶神统治并持续不断地互相争斗。这场战斗将在几千年之后结束，毁灭现在的世界并开启另一个世界。

其他的古文化——北欧、日耳曼、美洲、大洋洲——都有关于世界末日的神话。这些神话或许代表了人们的终极恐惧：正是因为他们以及他们的世界曾经由某种神秘的力量创造，所以他们的整个世界可能终有一天会被毁灭。

真理的追寻

神话具有极大的影响力，因为它们表明古代人力图对他们的世界加以理解。它们还表明人们直观地认识到，自然是有秩序的，它遵循某种因果规律，这些规律是由"诸神"所规定的，其力量是神秘的而又总是被某个神具有的。

对这些个别神力的信仰是神话的另一种特性。自然是一个巨大的统一体，地、海、天、生物圈、季节还有人类都联系在一起；并且，人类以某种方式占据了这个网络的中心。对于古人来说，神话中所表达的思想和所带来的谜题，在未来将由科学研究来解决。但是科学将以一种客观的方式谈论自然，而不是用象征或诗一般的故事来表达它的判断。

◎亚述人的阿帕卡洛斯，它是一个带翅膀的半人半兽的神。

◎杀死公牛的密斯拉。密斯拉是古代波斯的神，他总是被描绘为用公牛献祭。这是一个关于创造和繁育的神话。死亡的公牛变成了月亮，密斯拉的外衣变成了星星。从公牛的血中迸发出水果和粮食。许多古代人认为牲祭的血对于维持宇宙的秩序是必需的。

古埃及：数学与天文学

SCIENCE IN ANCIENT CIVILIZATIONS

◎发现于埃及考姆翁布的关于太阳神诞生的象形文字和墙壁浮雕。

人类历史上最大的转折点就是文字的发明。大约公元前3000年，近东出现了两种不同形式的文字，即美索不达米亚的楔形文字和埃及的象形文字体系。

随着文字的出现，精确的信息就能被一个人传递给另一个人。也许更为重要的是，它能被记录下来为将来所用。因此，一个不依赖于记忆或口头交流的人类知识系统开始建立起来。文字记录的存在帮助历史学家将古代人们的生活和信仰拼接在一起，成为一幅更加完整的画面。

对我们来说，作为古代埃及象征的事物——金字塔、象形文字及木乃伊，全都有着科学的含义，而正是因为创造它们的人能够用文字书写，使我们能更清楚地理解这些含义。

象形文字

象形文字是图形文字的一种形式，但不是简单地用一只眼睛或一只鸟的图画来表示眼和鸟。用这种象形文字体系，很难表达像热、小、疼痛和饥饿之类的想法。而象形文字通过从图画中取一个合适的意义来表达，例如字母"b"来自一张鸟(bird)的图画。

用这种方式，可以建立起一套符号体系，使得任何字都可以由它来构成。在非常古老的记录中，象形文字的总数约有七百个。随着时间进展，其数量在稳步增加。

数学

伴随着文字的出现，数学也应运而生。在数学计算中，会产生大量的中间结果，所以文字对复杂的数学过程来说是必不可少的。

埃及人发明了一种十进制的计数系统：用简单的竖线代表1～9的数字，然后，10及它的倍数每一个都有自

象形文字：

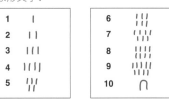

僧侣用的象形文字：

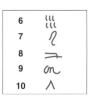

◎埃及人使用十进制计数体系并用象形文字表示的数字，如上图所示。

己的符号，100、1000等也是如此。但是，当时没有表示零的符号，也没有像现代的十进制系统那样的位置计数概念。

乘法是由重复进行加法的过程来进行计算的，例如，要算26乘8就做下列计算：26，52，104，208。做除法就把这个过程反过来，208除以8变成了："用什么数乘以8能得208？"

◎在卡尔纳克滴漏（水钟）上的象形文字和其他图形浮雕的复制品，提供了埃及公元前1400年左右的天图。最上一排为一系列行星神和36个旬星星座，古代埃及天象的计时者；中间是各式各样的星座和诸神；最下排表明月历和月神。

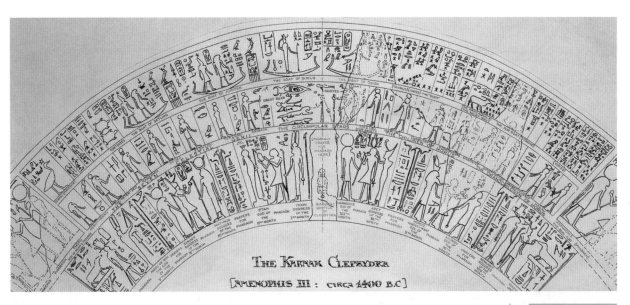

THE KARNAK CLEPSYDRA

[AMENOPHIS III : CIRCA 1400 B.C]

埃及人发展了一种数的处理方法并把它应用于计量面积、体积和重量等实际问题中。公元前2000年左右以来的莎草纸文书，记述了许多求这些量的数学公式，这些都是用普通文字书写，因为那时并没有简单符号或代数体系。他们的确解决了我们称之为代数的问题，但这仍然是普通文字表达的。例如，他们会写：

假如一个数的1/5加这个数得20，求这个数。

现在，我们会这样写：

$x / 5 + x = 20$

埃及人计算圆的面积的方法是：去掉直径的1/9并将结果平方即得。如果直径是9，那么面积就是64。由此很清楚地看出，圆的面积和它的直径的平方是成比例的，而那个比例就是64/81，我们称它为π/4，这样就给出π一个相当精确的数值——3.1604。

◎努特——埃及女天神，她的身上满是星星，呈拱形于地神盖布之上。

历法

最古老的精密科学是天文学，其中的规律和法则都是从细心的观察之中得出来的。埃及的天文学把精密科学和某些神话的信仰结合在一起。天文学的第一个实际目的就是制定历法。北方人一年的基点——太阳的冬（或夏）至点和昼夜平分点——对于地处北纬25度～30度的埃及人来说并不特别重要。他们最重要的事情是在每年暮春尼罗河涨水时，利用河水灌溉所有的农田并使农田肥沃。

埃及人注意到，一旦那颗已经隐身了几个月的天空中最亮的星（天狼星）在黎明前升起（译注：偕日升），尼罗河马上就会泛滥。因此，天狼星的这次升起，成了埃及一年的基准。埃及的一年由三季组成：洪水季，土地露出季，低水位或收割季。

然而，像大多数其他国家的人一样，埃及人也用月亮来计量时间，因为阴历月是一种细分一年的更方便的

◎公元前1415—前1380年的埃及滴漏（水钟），这是一个来自卡尔纳克寺庙原件的石膏模型，使用时注满水，水从底部的水洞滴出，水平面显示时间。

方法。因此这三个季被分成四个阴历月份，每一个月都用一个宗教节日来命名。这种历法适合于农民和祭司，但是不能将一个太阳年均等地分成若干月份。在这种情况下，虽然天狼星每隔365天就会升起，但并不是发生在阴历月的同一天。这就意味着月份不得不随时调节，而这对任何记录的保持都是十分复杂的。

于是，埃及人发明了第二种更精确的历法，这种历法与月亮无关。为建立这种历法，他们选出36个恒星群并观察它们。其中每10天会有一个星群刚好在太阳之前升起，接着下一个10天会是另一个星群。这些星群被称为"旬星"，组成36个人工"月"，每个月10天。这些月合在一起，就标志着太阳在天空中运行了360天，而那额外的5天被加在每年年末。埃及这种"360天+5天"的日历，成了后来西方文明历法的基础。

◎发现于考姆翁布的埃及历书。

一天的分时

年、月、日是时间的自然划分，但是把一天分成24个小时则属人为划分。埃及人认为，太阳神拉每天夜里都要乘着木船穿过冥界，在黎明到来时再次出现。在冥界，太阳神必须通过由恶鬼把守的12道门。祭司总是通过观察夜空中的星经过子午线来标记它通过这12道门的路径，于是夜间被分为12部分，这12部分的象形文字就是一颗星。

与黑夜类似，白天也分成12个小时。这些小时的长度跟随季节而变化。因为在隆冬黑夜的时间要比仲夏的黑夜长，所以这个时间的1/12也变长。

为了使每小时的时间平均等长，需要另外的度量形式。于是在公元前1500年左右，埃及人设计并制成滴漏。"星钟"也已在精心绘制的图表上画出，一年中夜里的每一个小时，都用特定的星星来标记，它就是在这个小时经过子午线的那颗星。

古埃及：金字塔、死亡与不朽
SCIENCE IN ANCIENT CIVILIZATIONS

人类之神

为什么一位死者需要用巨大的金字塔作为他的休眠之地？答案是，埃及国王被尊为神，据说他既是隼头神荷鲁斯的化身，又是太阳神拉的儿子的化身。他的姐妹是玛阿特，是掌管正义和宇宙秩序的女神。显然，被奉为神的国王不能死，当他在地球上的生命结束后，必须继续在另一个世界里生活。死者，尤其是皇室死者，和生者一样，是宇宙秩序的一部分。因此，金字塔就是国王永存并居住的壮丽的陵墓宫殿。

和北欧的巨石表明天文排列一样，金字塔严格地按北、南、东、西方向排列，金字塔内还建有一些走廊，看起来似乎与北极星的方向保持一致，但是人们还不知道其原因。

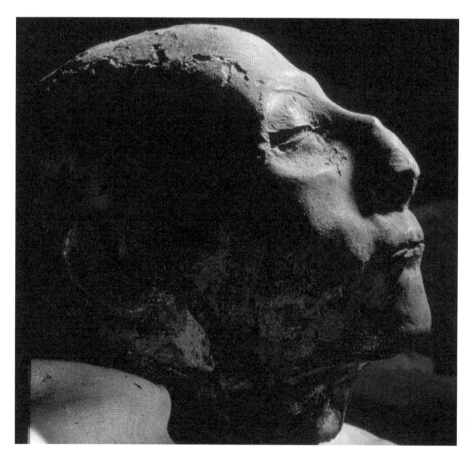

◎内贝里木乃伊的头部，他是图特摩斯三世皇家马厩总管。

◎图坦卡蒙（公元前14世纪的埃及国王）华丽的石棺。

木乃伊和医学

尽管古埃及人信奉人死后精神继续存在，但他们也认为，如果死者有来世，肉体必须要完整地保存，这就是防腐或制成木乃伊之类实践的起源。古代埃及的习俗是把死者裹在布里并埋在干燥的沙土中，这可能促成了人们对来世的信念：死者的尸体将被长时期地保留着，生命将以某种形式永存。

埃及人认为，整个人是由许多要素构成的——灵魂、躯体、名字、心和影子，而所有这一切必须在来生被结合成一体。所以，用经过数百年完善起来的方法保存死者的躯体是必要的。

首先，将关键的内脏器官包括大脑取下存放在注满酒和药草的罐子里，然后用香料填满体腔，保存在硝酸盐中，最后用绷带包裹。这些习俗使埃及的医生掌握了相当详尽的解剖学知识，但是他们对于人体功能和身体系统的理解是混乱的。他们把躯体看成一个管道系统，通过这些管道流动着血和其他体液（如眼泪、尿液或精液）。他们认为这些通道的阻塞是引起多种疾病的原因，空气不仅通过口、鼻，而且还通过耳朵进入身体，直接到达心脏并被送往全身。

埃及的医学莎草纸被保留下来，它告诉人们，疾病被认为是一种来自神的惩罚，于是治疗疾病和发热要伴

◎ 一名法老乘天国之船旅游。

随适当的咒语和魔法。祈祷者为达到特殊目的，需要向许多神奉献。例如克奴姆被认为是在子宫中使每一个胎儿成形的神，因此怀孕的妇女会特别向他祈祷。

埃及人的宗教信仰对他们的科学有深刻的影响，他们掌握了基础数学和高级土木工程，还探索了人体的结构。所有这些都来自他们的信念：首先，死亡并不能结束一个人的存在；其次，诸神的代表就生活在地球上，因此他们认为人和自然世界、人和神在必须保持的关系网中彼此关联。

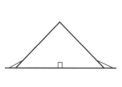

北金字塔，达赫舒尔
（斯尼弗鲁）

大金字塔，吉萨
（胡夫）

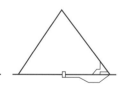

第二金字塔，吉萨
（哈夫拉）

第三金字塔，吉萨
（孟考拉）

◎金字塔被建成不同的大小和形状，许多金字塔的内部还建有通道，如胡夫金字塔。

金字塔

古代埃及文明的伟大象征就是金字塔——巨大的王室陵墓群是他们那个时代最大的人造建筑。金字塔把埃及人在工程上超凡的技术和最深厚的宗教信仰结合在一起。

建造在吉萨的胡夫金字塔所需的劳动是巨大的，以前从没建过类似的建筑。它是怎样策划的？巨大的石块是怎样搬运的？最重要的是：这后面的动机是什么？

这座大金字塔建于公元前2800年，它的底部边长为230米，由230万块石灰石组成，误差很小。中心的石块有的重15吨，而表面是由平均重量1.5吨的石块砌成。从底部向上以不变的51度51分的角度砌了250层，达到146米高。如此精确的建造一定得预先计划好，因为这样的结构，即使用现代的技术，对今天的工程师来说也不轻松。我们知道在公元前2000年左右，埃及人还不知道轮子和滑轮，他们也还没有用马来作为拉东西的牲口。

埃及人有可能在金字塔周围修建了土坡，随着金字塔的增高而增高，在建成之后再拆掉。很明显，他们已经具有掌控人力的能力——数以百计甚至数以千计的人在一个共同的号令下一起工作。

这些建设者所起的作用以及传送的力量，如同一部大的、复杂的机械里的分力所起的作用一样。我们知道，有些埃及国王几乎花费他们整个统治时期来建造自己的金字塔，而这些工地就像小城市一样，在那里，成千上万名劳动者度过他们的一生。

◎胡夫金字塔。

巴比伦：数学与占卜

埃及以东800千米，在底格里斯河与幼发拉底河之间的美索不达米亚地区，曾出现另一个古老文明。公元前3500年左右，人们在这里耕种肥沃的土地，建起了第一批城市，发明了一种文字并探索有限的然而是重要的科学思想。这个区域居住着多个民族，而它的城市的功能就像一个小的独立王国。长期以来，在这里占统治地位的城市是巴比伦，于是我们常用"巴比伦"来描述这个地区的文化。

在美索不达米亚出现了独特的文字形式，叫作楔形文字。楔形文字由形似小楔子的直线组成，非常适合在湿黏土上书写。这种小黏土板被放在阳光下烘烤变硬，便可持久保存。人们已经发现几千块这样的泥板，上面保存着关于法律、宗教、科学和诗歌的文本。

数字

巴比伦人在数学领域发展了宽泛的技巧，他们的数字系统像我们今天的一样，贯彻了位值制原则，只是我们用10作为基数，而巴比伦人用60作为基数。

如23页表，他们只用两个符号，楔形记号（>）表示10，而简单的一竖表示1。但是它们的数值随着它们的

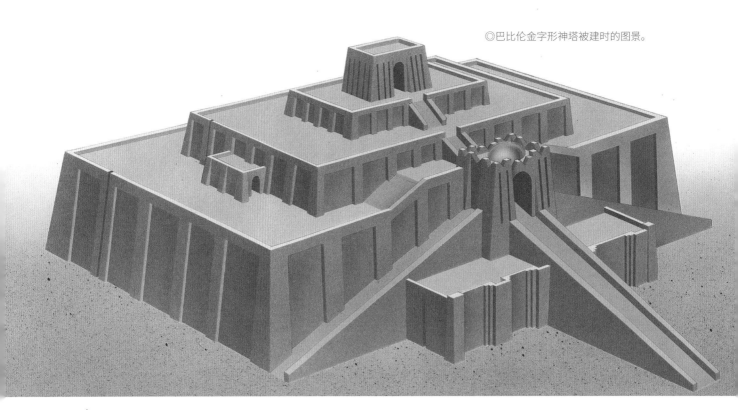

◎巴比伦金字形神塔被建时的图景。

楔形数字				
60^2	60	1		现代相等式
		>>>|		（3×10=）30+1=31
	Ⅲ	>>		（3×60=）180+（2×10=）20=200
>	Ⅱ	>		（10×60²=）36000+（2×60=）120+10=36130
		>>		20/60=1/3
>=10　|=1　同我们的数字一样，这些数值随它们的位置而变化，只是它的基数是用60来代替10。				

位置不同而有很大的变化。运算规则和我们完全一样，但是当数达到60时要进位。

这种以60为基数的用法通过希腊科学和伊斯兰科学流传至今，在我们计算时间、圆周的度数时要用到。

巴比伦人制定许多数表来帮助他们进行计算，其中有乘法表、倒数表、平方表和平方根表。他们没有0这个符号。

像埃及人一样，他们也能解决包括未知数的问题，能够算出复杂图形的面积和体积，尽管我们并不知道他们是如何发现公式的。在圆的数学中，常数π是未知的，但是他们认为圆面积是$3r^2$而圆周是$6r$。这些简化了的公式所得出的结果，比实际结果仅误差约百分之五。

在毕达哥拉斯之前

显然，巴比伦人在毕达哥拉斯前1000多年就发现了毕达哥拉斯定理(直角三角形斜边的平方等于两直角边平方的和)，他们知道它确实代表三个数之间的数学关系，而不只是三角形的一个性质。例如，$3^2+4^2=5^2$，但这种关系仅适用于某些数，巴比伦现存的文献给出了大量这些三元组的例子，但我们无法知道它们是怎样算出来的。

他们还发现了某些经典的数学难题，例如：他们知道在一个边长为整数的正方形中，对角线绝不是整数。他们试图通过各种各样的公式求出表示这种关系的规则。而在埃及，这些数字技巧被很好地运用于实际工程和测量任务中。巴比伦人所建的神庙观象台(称作巴比伦金字形神塔)，其规模之大，足以启发《旧约全书》中的巴别塔。

制作列表

巴比伦科学的独特之处就是它产生的"表文化"。在许多已发现的文献中，数以千计的自然物体被列在与其相关的种类中，但没有任何注解或定义。树木、植物、鱼、动物、金属、石头、身体的部位、食物、药物、星星——所有这些都被大量地列入表中，有时还加上表示特征的词，例如：木头加犁，银加环，石头加青金石。这些词汇的文本可能是用作教学的目的，表现出了巴比伦学者的博学以及人们乐于把整个环境置于他们智力控制之下。

◎用于占卜的巴比伦人的肝形泥板，外形大致像肝脏，每一部分或部分的联合都含有"预言"未来的意义。

在巴比伦文明中，这些活动——数学、文字、给自然界的组分命名——都掌握在一群精英学者、作家、专家的手中，他们在宫廷和寺庙中工作并为国王服务。他们是学术和宗教的管理者，发展了包罗万象的自然哲学。

占卜

巴比伦人信奉许多神——天上的、地上的、海里的，并且他们认为整个自然界由于这些威力强大的神力而生机勃勃。他们还认为，诸神通过在大自然表面书写消息同人类沟通，而人应能学会读解这些，这种读解神的意图的技巧叫作占卜。占卜在巴比伦的文化和信仰中起着核心的作用，研究自然现象并解释它们的意义是专家、学者的工作。

占卜有多种形式：祭祀动物的内脏、油倒入水中产生的花样、云的形成、鸟的飞翔、天体的运动以及诸如此类的事情。他们先要确定自然界的正常模式，然后寻找其中的异常现象，而任何异常都一定是神的旨意。在巴比伦学者的手中，把对自然的研究当作人与神的联系，构成了一门复杂的科学。

◎巴比伦病魔。

最为熟知的一组征兆是通过研究祭祀羊的肝脏发现的。一位当事人咨询一位占卜专家一系列的问题——疾病、收成、战争的结果等。这位占卜者会查看羊的肝脏，找寻任何异常并且通过查阅一个"对应"各种征兆的模型(至今仍保留着)来得出结论，指出未来会有好运或噩运。许多祈祷词留传至今，它们是专家在检查羊肝时所背诵的，请求诸神在羊肝上书写有利的征兆。

巴比伦医学

与上述哲学相一致，巴比伦医学的基本原则是，疾病是由诸神或魔鬼引起的。这并不意味着疾病超出人类的救助能力，但它的确意味着巴比伦人没有发展出实用的疾病理论。

医生们只是去试图缓解症状并研究其征兆以预言其结果。在医学书籍中，从头部到脚的身体每个部位，都有成百上千的症状描述。例如，"假使左臂的皮肤在伤处周围凸起变粗糙，病痛会恶化"，后来这话对于左臂的皮肤萎缩、潮湿、剥落等的情形又会重复一遍。诊断不是说病人有某某疾病，而是这种症状下一步是会消失还是会恶化。

巴比伦医学积累了大量的详尽观察，但没有去探索一般规律，因为他们认为这些现象都是神的旨意。

◎巴格达墙板上的狮子浮雕。

巴比伦：天文学——黑夜的诸神
SCIENCE IN ANCIENT CIVILIZATIONS

　　巴比伦人在科学上取得的最大成就是发展了天文学，这方面的成就很多，以至于他们的一些思想和发现我们今天仍在使用。他们细致地研究恒星和行星的运动，对它们进行数学分析，从而在几个月甚至几年之前就能预言它们之后出现的位置。他们这样做的原因最早来源于宗教。

　　与埃及人不同，巴比伦人对行星非常感兴趣（在古代天文学中，太阳和月亮也被称作行星），因为它们在固定的恒星背景中作复杂的运动。巴比伦人假设这些行星是神灵。恒星和行星被称为"黑夜的诸神"。星神在巴比伦宗教当中是最重要的，同时它们的运动被作为未来的一种预兆。大多数星的预兆与国王的命运有关：

　　若在尼散月的第五天，初升的太阳如红色的火炬，白云从那里升起，微风从东方吹来，那么在那个月的第28天或29天会有日食出现。国王将在那个月死去，而他的儿子将继承王位。

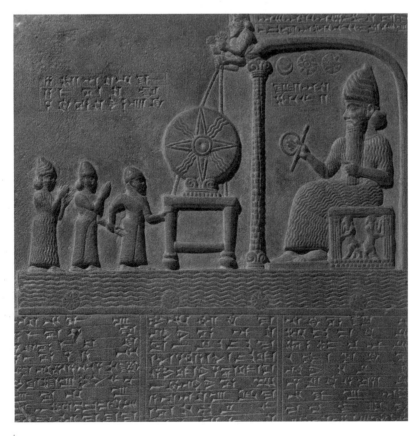

◎西巴尔的巴比伦太阳泥板文书，右边的巨大人像是太阳神夏马西。太阳的形象被放在神坛上，左边是国王和两个祭司（公元前9世纪）。

◎亚述国王照管由带翅膀的神怪阿卡吕斯支撑的圣树，这棵树连接地与天，国王的职责就是照管它并维护宇宙的秩序。

早期的观象台

国王的学者和科学顾问必须不断地研究天空以确认什么是正常的，同时观察到不正常的现象，因为那是神的暗示。很快巴比伦人就发现了一个重要的事实，那就是所有的天文现象都是周期性的：日、月的升起和落下，日、月食的出现与会合，可见和不可见的周期——所有这些总是以规则的周期重复发生。

巴比伦的金字形神塔既是寺庙也是观象台。每天晚上，天文学家（祭司）在它的顶端记录下天体的运动并加以分析以构成数学。最使他们感兴趣的天体是太阳、月亮和金星，他们称金星为伊师塔（Ishtar），日、月决定历法，而伊师塔在巴比伦神话中是最强大的神，她不仅掌管爱情，还掌管战争、风暴和丰饶。她在天空中的位置意味着她的影响是大还是小：

如果金星在细罢特月15日从西方消失，持续消

失三天，并且在这个月18日从东方出现，那么国王会大祸临头：天气神会从天上带来大雨，河神会从尘世带来大水，天王来问候国王了。

巴比伦人认为，天气是由上天的力量来决定的，他们不知道大气局限于地球表面的有限范围之内，于是他们认为乌云、暴雨、闪电等都和星星一样，存在于同一天空中。

到公元前1500年，巴比伦人编纂了一套《金星泥板文书》（Venus Tablets），其中记录了多年来金星升起和落下的时刻以及与它所在位置相关的预兆。他们还认识到，晨星和昏星是同一颗星。

《金星泥板文书》完成后不久，另一套命名为《一栏三星》（Three Stars Each）的泥板文书开始编纂，但到公元前1000年才完成。它们是圆形图表，像一个有12个轮柄的轮子一样分成12段，在每一段里，标记着3

颗在黎明前刚刚升起的星（即偕日升）。这个图表就是一个日历，12个月中的每一个月都有一个天文事件与之相联系。它表明了巴比伦人觉察到太阳在一年当中在穿越恒星运动，而一些恒星在一年的某些时候是看不见的，因为它们是白天出现在天空。

星图

到公元前800年，巴比伦人编辑了星表，确定出大约100颗明亮的星星并将它们归类为星座。星座中有18个被称为"在月球的轨道上"。月球的轨道非常接近太阳的轨道（大约偏离5度），而这18个星座包含我们今天所谓的黄道十二宫的12个星座。

巴比伦人与希腊人后来所看到的星图是不一样的，重要的是，这些星座成为天体图上的标志。和我们现在的星座一样的有金牛座、双子座、天蝎座和狮子座。但是御夫座（马车夫）看起来像一把剑，白羊座看起来像个人，而双鱼座看起来像一只鸟。

当巴比伦人定出天体的位置时，他们并没有像我们一样用坐标把它们标在图上，相反，他们把这些用平行数列写下。这些数是按照单位时间运动单位通过纯数学关系计算出来的。通过这种方式，可以得出它们运动的数学模型，熟练的天文工作者可用它来预知未来的天体运动。

巴比伦人没有几何图或星空图，他们不标记天体的几何轨迹，他们也没有建立有关宇宙的物理结构的理论。和埃及人一样，他们的宇宙学说也被神话中的信仰所支配。例如，他们认为，太阳神在地下过夜，于是他们画出了太阳神在黎明时从地下出来的图画。巴比伦人相信恒星和行星是神，并掌控着人类的生活，这后来成为占星术的基础。

行星的精确位置在评价它们的威力时是至关重要的，巴比伦人相信这种威力，因为它们是神。行星控制人类生活的观点和后来希腊人的观点一样。

地理学

巴比伦人有关地球的地理学观点也是非常简单的，现有的巴比伦最古老的世界地图是一块小小的巴比伦泥板，它显示了被海洋环绕的美索不达米亚的土地、巴比

◎在巴比伦塔前，一位牧师在向一个星神敬香。

◎在黎明前，太阳神夏马西用一把锯齿形的刀在群山中挖出一条路。

伦城及底格里斯河和幼发拉底河。附文把这描述为整个世界，还有几个太阳永远照不到的岛屿，住着鬼怪和废黜的神。对巴比伦人来说，"世界"就是"我们的世界"，他们从来不去探索它以外的地方。

关于巴比伦科学尤其是天文学，特别值得一提的事情是他们把十分精确的观察和计算与宗教信仰结合在一起。他们观察、研究、计算并命名自然的组成部分，这样做是因为他们认为，整个自然界是一个在神控制下的系统，对人类充满特殊的意义。知识和信仰没有区别。现代唯理主义者总认为巴比伦人发明了神是因为他们不能理解大自然，但事实是，巴比伦人非常了解自然。同时，他们认为自然是如此神奇，以至于相信自然一定是由神直接控制的。

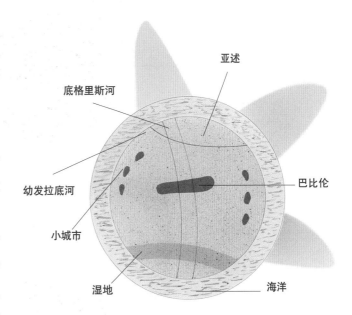

◎大英博物馆收藏的绘在泥板上的巴比伦世界地图。近东被认为是由海洋环绕的世界的中心，海洋外面是未知的土地。

希腊科学：新知识哲学

SCIENCE IN ANCIENT CIVILIZATIONS

科学的萌芽——对整个自然界进行理性研究——确实始自古希腊的思想家。希腊人广泛地散居在地中海东部的安纳托利亚（现在的土耳其）、爱琴海诸岛、意大利南部以及希腊本土。他们统一使用希腊语，有共同的宗教信仰，但从来没有形成统一的王国，分散的城邦独立地发展并逐渐繁荣起来。

在公元前6世纪前后，希腊人着手于智力探索。这在那个时代是独一无二的，并从此影响了西方思想的进程。这种智力探索催生了哲学——"哲学"的本意是"爱知识"。对哲理的追求引导希腊人提出关于世界及其运作的问题，这些问题中有很多是以前从来没有提过的。科学、艺术、政治、伦理、宗教都是探索的主题，其目的是为人类思想和社会提供稳固的智能基础。

◎左图和下图：由于没有希腊原稿保留下来，所以我们的大多数知识是基于中世纪的抄本。然而，我们幸而看到那个时期希腊陶器上的图画——至少它们使我们有机会通过他们的眼睛，看到他们诗中和剧中的人物。图中，阿喀琉斯（左）和另一位希腊英雄埃阿斯（右）在下棋。这个双耳细颈瓶收藏于梵蒂冈格里高利·埃特鲁斯坎博物馆。

荷马和赫西俄德

如果我们了解希腊思想的早期证据，就能见到这种方法的新奇之处。希腊文学始自荷马和赫西俄德。在荷马的史诗《奥德赛》和《伊利亚特》中，希腊诸神直接操纵着自然，引发暴风雨和其他灾难，显然拿人的生命当儿戏。我们能从诗中读到：

> 海神波塞冬，大地的摇动者，他手中握着他的三叉戟，掀起巨浪，聚拢乌云，搅乱深水，兴风作浪，把陆地和海洋，包裹在层层云雾中。

在荷马之后大约一个世纪，赫西俄德写出了他的长诗《神谱》，这首诗告诉我们诸神是如何降生的，以及他们是怎样统治世界的。整个自然都服从于这些反复无常的神的意志：谷物生长，星星运动，河水流动，火山爆发，疾病蔓延，都是因为神要这样做。这些神是"神人同形的"，也就是说，他们像人但比人更强大——他们充满了爱或怒、嫉妒或暴躁、悲哀或欢乐。自然和人生统统是不可预测的，因为他们受制于诸神专断的意志。

◎海神波塞冬的雕像，表明希腊人所描述的"神人合一"的存在形式。这个雕像存放在希腊雅典的国家博物馆里。

理性的思维

但是这种新哲学明显不是宗教的。希腊思想家对物质的本性、宇宙的结构、地理的特征、生物体的生长、社会的组织以及许多其他事物提出了许多基本问题。他们的答案是用自然的因果性来表述的，而不是诉诸"神的意志"。

举一个简单的例子，日食和月食传统上被视为神给出的预兆，但一位早期的希腊哲学家认为，天体实际上是充满火焰的大碗，当一个大碗暂时翻转背向地球时，就出现了"食"。这听起来很古怪，但它是自然的解释，而不是迷信的解释。

这个解释很快被驳倒了，因为到公元前4世纪，希腊哲学家明白了食是由宇宙的阴影引起的，这是基于对在物质世界里所发生的事情推断得出的，而不是基于自然是被看不见的力量所操纵的信念。

希腊语里，宇宙是"cosmos"，它的意思是"有序的结构"。他们称自然为"physis"，而他们是第一批"phsikoi"——物理学家。他们是教师、平民，而不是像埃及和美索不达米亚的科学家那样是祭司。他们不为国王或诸神服务，而献身于真理的理想。

希腊科学：第一批物理学家
SCIENCE IN ANCIENT CIVILIZATIONS

公元前6世纪和前5世纪的希腊物理学家是我们熟知的首批科学家：泰勒斯、阿那克西曼德、赫拉克利特、德谟克利特、恩培多克勒和毕达哥拉斯。这些人与其说是实验科学家，不如说是哲学家。而他们的思想与其说是基于物理实验和分析，不如说是基于理性和逻辑。"理论"(theory)这个词源自希腊，意思是观察和沉思。而这些人是理论家，他们的目的是对他们所见到的事物给出合理的解释。

由于他们的著述早已消失，我们之所以了解他们，仅仅是因为他们被后来的哲学家（如亚里士多德）所讨论。这些早期的思想家大多来自爱奥尼亚，它位于现在土耳其的西海岸。特别值得提到的是，它处于字母书写已发展起来的地区。很难想象，复杂的哲学思想能用埃及的象形文字记录。

基本元素

关于米利都的泰勒斯，流传着许多传说，有一个讲道：他曾访问埃及，去那里学数学；他能预知日食和月食；他还能在高塔上用相似三角形的原理，算出海上船只的距离。但是泰勒斯真正关心的是物质的性质：宇宙是由什么样的物质构成的？它们怎样聚在一起产生自然中所有的形态？

亚里士多德后来写道：

这位早期的哲学家宣称，关于所有物质的最初来源，即一个事物从中出现并最终消失在其中的东西，这就是所有事物的元素和第一要素。

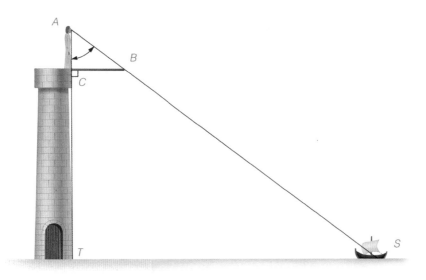

◎泰勒斯用相似三角形的原理测量海上船只的距离。CA的长度是观测者的身高，长度CB是一支量杆，塔的高度CT是已知的，所以距离TS能被算出来，因为三角形ABC和三角形AST是相似的。

但这种元素是什么呢？

泰勒斯认为万物生于水，水是基本元素，因为水是易变的、流动的，没有一定形状。它从天空降到地面，进入所有植物和动物的体内（正如我们所知的，没有水动植物不能生存）。当它们死去时，水又上升到天空。传说泰勒斯还认为整个地球都漂浮在水上，这也就是地震的原因。

泰勒斯的一个学生，阿那克西米尼称空气是万物的基本元素，但我们并不知道为什么。另一个学生，阿那克西曼德认为这个世界是从"无限"涌现的一粒种子，它生长、发育，最终还将回到太空，但其他世界也可能以无穷的循环出现。

以弗所（另一座靠近米利都的爱奥尼亚城市）的赫拉克利特认为火是所有哲学家在寻找的单一元素：

> 这个世界不是由任何神或人创造的，但它过去一直是，现在是，将来也是永生的火，按定则燃烧，又按定则熄灭。

说到"定则"，赫拉克利特的意思是服从某些规则，而他是第一个把自然的法则说成是"逻各斯"（logos）的，它的意思是"话语"，而且还有"理性""平衡"和"次序"的意义。在"逻各斯"一词中，对立面能够取得调和——热和冷、光亮和黑暗、出生和死亡。从"逻各斯"这个词，我们衍生出"逻辑"一词，它的意思是遵从思维规律，协调不同的元素，产生秩序。

通过逻辑，这些爱奥尼亚的思想家获得了元素的概念，这是一种蕴藏于所有物

◎以弗所是希腊世界最重要的城市之一，也是地中海的一个港口，它被完好地保存下来，在所有这些古迹当中有更大的吸引力。

质中的基本物质，就像现代化学理论的认识一样。但是他们不是通过实验发现元素，他们只是在自然界的多样性之中寻找统一性，在自然界无穷无尽的变化过程中寻求永恒不变。

恩培多克勒

这些元素中哪一个是真正的元素，这个问题是由西西里的恩培多克勒解决的。他说，所有的物质是由土、气、火和水这四种元素以不同的比例混合在一起所组成，而且受制于两种伟大的力量：爱和恨。爱使它们聚在一起，而恨把它们拉开。这些元素并不是我们所知道的土、气、火和水，更恰当地说，它们体现单纯而多样的性质：热和冷、湿和干，它们被认为是所有事物的基本性质。

实际上，这四种元素中的每一种几乎总是与其他三种混合在一

起，但它们能被合理地分析成四种性质，这些元素和性质如右图所示，并成为所有古典科学的模型。从这四个主要元素中"涌现过去存在、现在存在、将来也存在的东西——树、男人、女人，野兽、鸟、鱼类，还有长命的神……这些东西有单独的，也有混在一起的，它们呈现多种形状"。恩培多克勒论证道，自然界所有过程和变化都不过是这四种元素重新排列。四元素说注定是早期科学最持久的观念之一，延续了几乎2000年之久，直到17世纪。

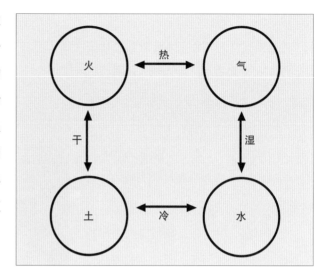

◎恩培多克勒的四种元素和四种性质。

德谟克利特

起始于这个时期的第二个伟大的理论，归于德谟克利特，他认为所有的物质都是由极小的不能再分的微粒组成，他称之为"原子"，原义为"不可分"。

德谟克利特宣称："宇宙空间中除了原子和虚空，没有任何东西存在，其他一切都是猜想。"

这些原子是完全同质的，只有大小、形状和排列上的差异。所以世界上的所有物质都是由性质相同的原子通过不同的方式组合而成。不管是石头、木头或者树，还是风、火和理念，就连心灵本身也由原子构成。这些原子不停地运动，不断地聚到一起又重新分开。但这种运动是纯随机和纯自然的，一切存在的事物都是原子的偶然组合，它会再次全部分解，然后组成新形式。

在这个理论中，没有宇宙的设计，也没有给诸神留下余地：它是纯唯物主义和无神论的哲学。原子论并没有像四元素说的观念一样被普遍接受，但它还是时不时地被人们提起。终于，在德谟克利特以后2000多年，科学家逐渐把它作为正确理论来接受，除了其中关于原子纯随机行为的思想。当然，德谟克利特没有用实验的方法了解现代意义上的原子，但是理性和逻辑引导他得到了这个有预见性的理论。

◎古希腊伟大的数学家——阿基米德的肖像。
他正在拿着圆规研究一张图。

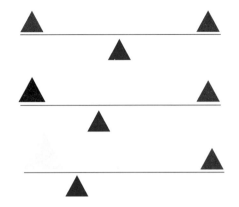

◎阿基米德的杠杆分析：红色重物10千克，蓝色重物20千克，黄色重物50千克，这些重物以不同的距离在杠杆支点（黑色）上平衡，而这些距离与它们的重量成反比。

奠定基础

希腊哲人科学家为科学的将来奠定了重要的基础，像四元素说的思想，成为西方科学传统的组成部分。他们逻辑探究的方法，避开了埃及人和巴比伦人迷信的、由神占统治地位的思想，尽力去发现客观的、永恒的自然规律。他们的思想传遍整个希腊世界，传到雅典，传到亚历山大城，传到意大利南部。

阿基米德

西西里的叙拉古是阿基米德的故乡。他首次把数学应用于物理，创造了力学的科学。阿基米德以他最先表述的几个基本定律而闻名。首先是液体置换原理：一个浸润在液体中的物体，其排开液体的质量等于它所受到的浮力。其次是他对于杠杆的理论分析：物体平衡时，物体到支点的距离与它们的重量成反比。他能通过实验和几何来证明。再次是他解决了一些立体几何的难题，算出了球的表面积是它内接最大圆的面积的四倍。当一个球体内切于一个圆柱体时，它的体积是圆柱体体积的三分之二。阿基米德是一位与德谟克利特和恩培多克勒截然不同的物理学家，因为他的思想都用精确的数学形式表达出来。

◎阿基米德雕像。

阿基米德
（Archimedes，约公元前287—前212年）

· 数学家和科学家。

· 出生在西西里的叙拉古。

· 可能在亚历山大城学习。

· 发明了一种引水上山的方法——阿基米德螺旋。

· 发现了平面和立体图形的面积和体积的公式，例如球面。

· 证明杠杆能移动重物，他曾说："给我一个支点，站在上面，我会移动地球。"

· 阿基米德原理——浸入液体中的物体排开液体的体积和它自己的体积相等。据说他发现这个原理时正在洗澡，他跳起来喊道："尤里卡！"（意即"我找到了！"）然后又继续去进行流体静力学的研究。

· 公元前212年，在叙拉古被马赛拉斯的军队占领后，被罗马士兵杀害——人们推测他那时正专心研究数学。

希腊科学：毕达哥拉斯和欧几里得
SCIENCE IN ANCIENT CIVILIZATIONS

　　希腊人对抽象科学思想的聪明才智使他们自然而然地开启了数学领域。早期的物理学家提出某些物质的原理作为整个物理世界的基础。同样，希腊数学家认为，还有另外的原理支配着所有事物，但这些原理是非物质的、无形的，即数、比和比例。他们认为，数存在于人类思维之外，它被建立在宇宙结构之中，没有它，所有事物将是混沌一片。

　　我们知道的最早的希腊数学学派是以毕达哥拉斯的名字命名的，他原籍是萨摩斯岛，而后移居到意大利南部的克罗顿，在那里他建立了一个哲学学院。关于毕达哥拉斯本人没有留下任何资料。据说他去过美索不达米亚和埃及学习数学，他的许多思想都是由他的门徒发展起来的。

毕达哥拉斯
(Pythagoras，约公元前580—前500年)

· 数学家、哲学家和神秘主义者。

· 可能生于希腊萨摩斯。

· 大约在公元前530年，移居意大利南部、希腊的殖民地克罗顿。

· 在克罗顿建立团体，吸引门徒，并建立一个伦理和宗教学派，他们在政治上活跃，但不太受群众拥护。

· 门徒均为毕达哥拉斯主义者，遵循一种有着严格规则和禁欲与净化的纯道德美的生活方式：信奉灵魂的不朽和灵魂再进入另一肉体转世。在完美的生活之后，灵魂会从肉体解脱并附着一个新肉体。

· 有许多数学发现，包括数的关系、音乐主音程。

· 发明直角三角形定理——毕达哥拉斯定理：直角三角形斜边的平方等于两条直角边的平方的和。

◎16世纪人们眼中的毕达哥拉斯——完全是想象的，因为这位伟大的希腊数学家没有任何肖像被保留下来。

毕达哥拉斯

毕达哥拉斯学派乐于分析与物理世界中的形式相匹配的数字模式。例如，数列1、3、6、10、15中每个数都能表示成等边三角形，于是被称作三角形数，如右上图所示。他们饶有兴趣地发现，任意两个相邻的三角形数之和，如：1+3、3+6、6+10、10+15，都是平方数，并且用右中图来表示这个发现。

关于几何数最著名的例子是毕达哥拉斯定理（尽管不是他第一个发现的），也就是在直角三角形中，斜边的平方等于两个直角边的平方之和。这可以用右下图表示出来。

毕达哥拉斯定理其实是毕达哥拉斯三元组数列的几何形式：例如，$3^2+4^2=5^2$或$5^2+12^2=13^2$。我们现在用公式$a^2+b^2=c^2$来表达这个规律，但希腊人没有这样的符号。当这种三角形的边长不是整数时，毕达哥拉斯学派的人就感到困惑。比如说，当两直角边是4和5时，斜边是6.4031。同样，在一个底边和高都是1的直角三角形中，它的斜边是1.4142，即2的平方根。他们不明白这些非整数是如何从整数中产生出来的。

相传，发现这个问题的是一位叫希帕索斯的毕达哥拉斯学派成员，他被带到海上并被抛下了船，因为他破坏了"自然充满整数"的和谐学说。事实上，希帕索斯发现了不能通约的现象，也就是（在任何测量系统）用一个等距离刻度的尺子，不能同样精确地测量一个三角形的三条边。他还发现了现在被称作无理数的重要性。

毕达哥拉斯另一项发明是音乐中音符的高低精准地取决于乐器的弦长。他们相信，那些和谐的音符序列来自上述弦长的数值比。毕达哥拉斯学派对数字10特别着迷，因为它是数字1、2、3、4的和，他们认为10是创造物质世界所需的点数：数字1，是无维的点，所有数的起始；数字2，两点能连成一维的线；数字3，三个点能画成一个二维的三角形；数字4，四个点能构成一个

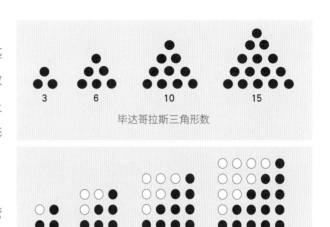

毕达哥拉斯三角形数

毕达哥拉斯平方数
任意两个相邻三角形数之和都是一个平方数

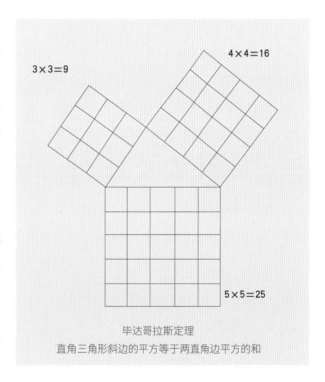

毕达哥拉斯定理
直角三角形斜边的平方等于两直角边平方的和

三维的四面体。

在探寻理论上完美的形式时，他们认定，圆是自然界中最完美的图形，这个观点对地理学和天文学有着重要的影响。它使人们产生一种信念，即地球一定是球形，而天体一定围绕地球进行完美的圆周运动。他们对10这个数的崇拜引导他们猜想共存的十个天体：恒星、

地球、太阳、月亮、水星、金星、火星、木星、土星和一个反地球，他们解释说，它总是藏在太阳后面，因而是看不见的。显然，对于毕达哥拉斯学派的人来说，数学不仅是一个技术体系，而且还是一种自然哲学，甚至几乎是一种宗教。他们比以前任何时候都能更有力地表达出这样的思想：自然是有秩序的、规则的、和谐的，其规律能被人类的智慧所理解。他们的思想为未来希腊数学和哲学奠定了基础，特别是影响了柏拉图。

欧几里得

欧几里得是希腊数学中第二位伟大的人物。像对毕达哥拉斯一样，我们除了知道他在公元前300年左右在亚历山大城居住和教书，实际上对他本人一无所知。他是《几何原本》（*The Elements*）的作者，这本书成为经典数学的基本教材，主要论述了几何学，还有数论。

欧几里得定义了基本术语，如点、线、面、角、平行等，还建立了一些支配所有步骤的逻辑规则。例如，"同时等于第三个量的两个量彼此相等"，我们把它表示为$a=b$，且$b=c$，则$a=c$。表达这种关系时，他创造了数学的语言连同其中的逻辑思想。欧几里得提出一个又一个与几何图形有关的问题，如：怎样才

能肯定它们是精确作图，怎样确认它们与其他图形相同或不同。

举一个最简单的例子，欧几里得提出怎样才能画一个等边三角形的问题。答案不是用直尺和量角器仔细去画，而是按照逻辑步骤去作图，从而使我们能肯定它是等边的。

毕达哥拉斯和欧几里得的主要成就在于他们把数学由计算或测量的实用基础转变成为一个由逻辑支配的理论系统，还提供了一个知识问题的模型：知识是能够被证明的。一个问题的不同方面被定义并证明它们以特定的方式彼此相关。它们的逻辑关系被一步一步地建立起来：如果a，则b；如果b，则c；如果c，则d；等等。由于大家对界定的条件取得一致，自然对整个证明取得一致。

欧几里得的方法明确了合理空间的世界，也深深地影响了理性思维的模式。欧几里得并不是独自发明了这一切，许多问题和证明是从早期的文献上找到的，但是他把所有这些总结起来，著成《几何原本》。《几何原本》在其后2000年间一直是基础数学的伟大原始文献，被译为拉丁文、阿拉伯文，并在文艺复兴时期又被译为现代语言。

等边三角形

欧几里得证明，一个等边三角形如果采用合乎逻辑的方式作图，它就是真正等边的。

1. 画一任意长度的线段AB。
2. 分别以A和B为圆心，以AB为半径，画两圆。
3. C是两个圆的交点。
4. AC和BC都是半径，因此与AB的长度相等。
5. 因此三角形ABC是一个三条边相等的等边三角形。

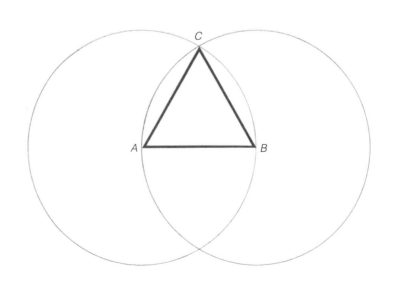

◎尤斯特斯所绘的欧几里得画像，这幅画像收藏在意大利乌尔比诺的公爵宫。

数学开始于用数和符号对物质世界进行描述，但是在欧几里得的手中，它又扩展成为一套逻辑体系，能通过自己的逻辑规则几乎无止境地发展。这些发展和规则揭示了关于物质空间组成的许多新思想，因而数学成为了解自然规律和对称性的必由之路。

希腊科学：柏拉图
SCIENCE IN ANCIENT CIVILIZATIONS

　　希腊哲学和科学的焦点是一对孪生问题：终极实在是什么，以及人们对它能有怎样的认识。这些问题在柏拉图和亚里士多德的著作中可以得到最清楚的表达，他们的思想统治了西方思想将近2000年。柏拉图是雅典贵族，他在雅典建立了一座专门进行哲学研究和教学的学园。柏拉图是苏格拉底的门徒，苏格拉底死于公元前399年，他亲自教学，并没有著书立说。

　　柏拉图的著作几乎都采用对话的形式。在对话中，苏格拉底与他讨论宇宙是怎样运行的，以及人类社会应该怎样治理。我们不敢肯定柏拉图记录的这些对话是苏格拉底真正说过的，还是柏拉图自己的思想，只不过通过苏格拉底的口中讲出来。

　　柏拉图著作的中心目的，是透过我们在世界上所看到的、无处不在的多样性和变化，发现隐藏在它背后的实在。我们称这种类型的哲学为形而上学。

◎梵蒂冈博物馆收藏的柏拉图头像——当然，它不是很像，因为是中世纪人们想象出来的形象。

形而上学

形而上学哲学家认为，我们的感官为我们提供物质世界的信息，但必须用理性才能发现其中的根本原因。柏拉图注意到，世界上所有的东西——石头、树、人、鸟，都可以被认为是相同的，而每一个个体又是不同于其他的。从这个事实他论证到，所有这些东西都存在一个总体设计，这些形式存在于"神圣的造物主"的头脑中。按照柏拉图的看法，正是造物主创造了这个宇宙。我们的感官从来不能感觉这些形式，但是通过理性的和哲学的思考，我们能够获得关于它们的知识。

我们怎样知道这些形式是存在的呢？柏拉图的理论之一就是灵魂的先存（预先存在）：当宇宙开始时，我们的灵魂就被创造出来并降临到肉体里。我们的灵魂包含一小部分能赋予整个宇宙生命的心智，它是被神圣的造物主放在那里的。因此知识就是回忆：当我们理解数学或者哲学的某些真理时，我们实际上是回忆起我们在灵魂早先被创造时就已经知道的事情。我们识别出树、石、鸟等，是因为我们记得它们的形式。

柏拉图
(Plato，约公元前427—前347年)

· 哲学家。

· 生于雅典。

· 可能受教于苏格拉底，并受他影响很大。

· 苏格拉底去世后，和其他学生一起逃往麦加拉。

· 广泛游历希腊和东地中海，包括埃及、意大利南部和西西里。

· 在西西里成为狄翁的朋友和老师，叙拉古的狄翁是僭主狄奥尼西奥斯的姻弟。

· 公元前387年回到雅典，建立并领导一所学园。这所学园作为数学、哲学和科学的研究中心而著名。

· 广泛著述，共有30篇关于哲学的对话及13封书信。

· 对政治感兴趣，公元前404年和前403年两次参加竞选。

· 在他著的《理想国》中，发表了他关于政治的思想——书中描述了一个由哲人王统治的理想国家。他们得益于睿智的辩，英明而公正地管理国家。

这个原则不仅应用于物质方面，而且也适用于精神方面。音乐就是一个例子：柏拉图认为，我们欣赏音乐美的能力，来自我们存在之前听过的天体音乐的记忆。柏拉图思想中的灵魂也是不朽的，它会从一个人身上转移到另一个人身上，最后它会回到天国。

柏拉图通过他著名的"洞穴比喻"描述了人类知识向这些理想形式发展的过程：他把人类比作被锁在黑暗洞穴中的囚徒，他们对外面世界的知识只能来自他们看到的移动在洞穴墙上的影子。只有他们被释放，他们才会重新进入实在世界，看到实在世界。这里比他们所知道的影子要无比的富饶和美丽。柏拉图解释道，理性和哲学把心智从影子的禁锢中解放出来，并向人表现真正实在。

"神圣的造物主"

"神圣的造物主"并非从虚无中创造出宇宙，而是对宇宙尚未成形前的混沌状态强加上秩序。他让天空以完美的圆周运动围绕着地球旋转，并将他神圣的生命精神的一部分放到星球及行星上为它们导向，这种精神和人类内在的精神相同。事实上，柏拉图认为，整个宇宙被浸透了同一种心智或精神，以至于他把宇宙说成是一个生物并具有一个"世界灵魂"。这与早期的"物理学"形成极大的反差，后者的理论是唯物主义的，以至于人们认为所有事情的发生都是无目的的。

柏拉图把球当作自然中最完美的图形，认为宇宙是一个巨大的圆球，地球处在它的中心，而恒星和行星围绕着中心轴做圆周运动旋转。这些天球体好像是一系列的碗，每一个都比上一个小一点，一个放入另一个中，呈现同心球模式。这种观点，或者说这种观点的某种形式，成为希腊科学的普遍概念。

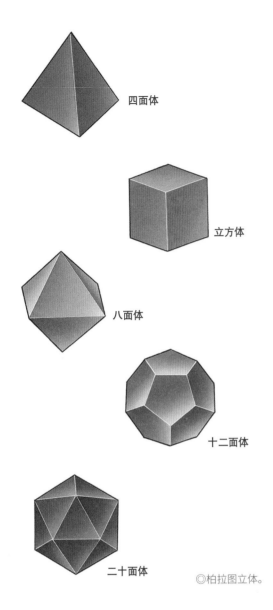

四面体

立方体

八面体

十二面体

二十面体

◎柏拉图立体。

四种元素

柏拉图接受了四元素的学说，即所有东西都是由土、气、火、水组成的，但他通过数学分析给这种观点以新的立体维度。他的分析是通过发展五种正多面体的理论来进行的，这五种立体中有的已经为毕达哥拉斯学派所发明，它们的角和边都是相等的：有四个面的正四面体，六个面的立方体，八个面的正八面体，十二个面的正十二面体以及二十个面的正二十面体。

柏拉图想到，四种元素基本上由这些图形组成。土是一种特殊情况，因为它是立方体，但其他三种是由三角形组成的，它们能够被分开并重新结合成空气、火或水。十二面体是由五角形组成的，因为它的形状接近球体，于是柏拉图论证，它包容整个宇宙。因此，柏拉图和他以前的毕达哥拉斯一样，认为数学的秩序已被纳入宇宙的结构之中。

从某种意义讲，柏拉图的形式学说听起来十分现代。科学模型或科学规律力图统一许许多多各式各样的东西，在个体的变化之外寻找基本的模式。我们可以用这种方式来定义一个物种或化学或物理的力。然而，柏拉图的思想是不可否认的"超凡脱俗"：任何短暂的、变化的或物质的东西对柏拉图来说都是次要的。物质的东西仅仅是理想的原型的复制品，理想原型才是智力探索的真正目标。这似乎说明，尽管自然界在形式上无比丰富，但并不值得按照它们特有的面貌——研究。

精神的理想

在某些方面，柏拉图的思想与其说是科学，不如说更像宗教，因为它更关注精神理想。在基督纪元前后，柏拉图的思想产生了很大的影响。他的关于灵魂不朽的教导甚至被当年宗教的预言。因而，柏拉图的思想从某种意义上看对科学是没有帮助的。

◎拉斐尔所绘《雅典学派》中的柏拉图和亚里士多德。这幅画完成于1511年，作于梵蒂冈教皇宫。

希腊科学：亚里士多德
SCIENCE IN ANCIENT CIVILIZATIONS

◎从格雷戈尔·赖施所著《智慧珍宝》
（*Margarita Philosophica*）一书的插图中
能见到许多位古代哲学家。

希腊哲学的第二位巨人是亚里士多德，他是柏拉图的学生，但是他的思想在许多方面不同于他的老师。亚里士多德是一位来自希腊北部斯塔吉拉城的贵族，他还担任过几年未来的亚历山大大帝的导师。

亚里士多德否定了柏拉图的许多超脱尘世的观点，他主张实在就蕴藏在特殊的事情当中，而不是在抽象的形式或原型中。他认为，柏拉图费力去把一件东西与它的各种属性分开是错误的。亚里士多德说，虽然我们能够独立地分析物质和性质，但这是一个纯

亚里士多德
（Aristotle，前 384—前 322 年）

- 哲学家、科学家和医生。
- 生于马其顿的斯塔吉拉。
- 公元前367年前往雅典，先在柏拉图的学园求学，后来当老师，直到公元前347年柏拉图去世。
- 移居小亚细亚阿苏斯，后来去莱兹波斯的米特里尼。
- 公元前342年，应马其顿国王邀请成为他13岁儿子亚历山大的家庭教师（亚历山大后来成为亚历山大大帝）。
- 公元前335年，回到雅典，建立逍遥学校。
- 坚持地球是无际宇宙的中心的学说。认为月球轨道以下的所有东西都是由土、水、空气和火组成，而且会产生、毁灭、性质改变和直线运动。而在月球以上的所有东西是由以太组成的，并且永不改变，但是进行圆周运动。
- 多种学科的多产作家，包括科学、物理学、形而上学、伦理学、逻辑学、政治学和诗学。
- 认为所有事物都能够通过它们的物质和形式来进行分析，而形式又表现了它们的本质。
- 他相信幸福是通过与自然和谐相处而取得的。

性：我们不能搜集一堆自己固有的轻盈、绿度和三个尖点的特性，它们一定在某些具体事物中体现出来。因此，柏拉图的纯粹而无特色的形式的观点是谬论。

自然界中的位置

亚里士多德这样来解释我们周围世界的多样性和变化：他假定宇宙当中的所有事物，无论是有生命的还是无生命的，都有一个个体本质去说明它的行为。因此，种子的本性就是长成植物，实现了它由"潜在形式"到"真实形式"的转变；重物落在地上是由于它有寻找宇宙中心的属性——最稠密的质量集中的地方。

在四种元素中，土是最重的，所以它本来的位置就在中间，其次是水，然后是两种更轻的元素火和空气。实际上，所有这些元素已经混在一起，正是由于它们努力达到它们所属的位置，才创造出自然界中所有的运动。

亚里士多德拒斥柏拉图对物质进行几何形式的分析，他支持四元素说，又进一步认为四元素的冷、热、干、湿四种性质渗透所有事物。这四种性质彼此截然不同，所以它们一定代表事物的基本要素。

他并不信服"原子"的理论，但提出所有的物质都能被分成"微粒"(minima)，它们是自然界的细微组成部分。德谟克利特的"原子"完全是相同的毫无特性的，但亚里士多德的"微粒"仍然具有它们母体物质的性质：铁、蜂蜜和金的"微粒"仍然是铁、蜂蜜和金子。

◎意大利那不勒斯国家博物馆的
　亚里士多德半身雕像。

智力的过程，因为在现实世界中，性质总是某种事物所具有的性质。我们能说，一片树叶是轻的、绿的、有三个尖等，但我们不能把它的轻盈、绿度和有三个尖点的特性拿走而仍然想象成一片原型的树叶。我们也不能说性质有任何它们自己的实在

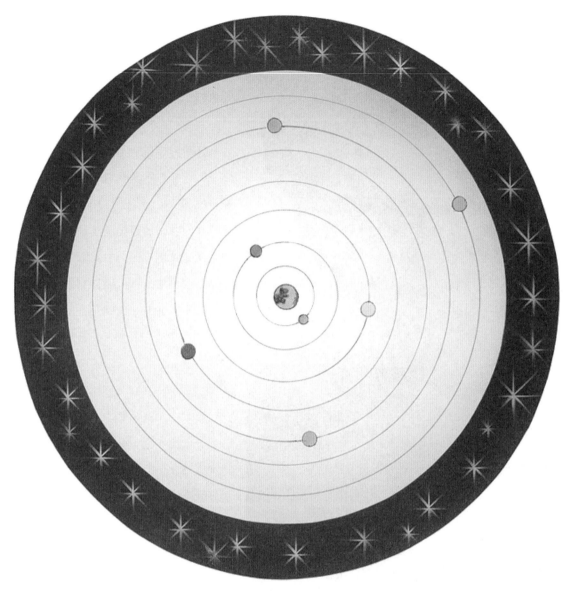

◎亚里士多德七颗行星的宇宙，包括太阳
　和月亮，一个星环，地球在中心位置。

推动力

　　亚里士多德是第一个试图去分析推动力，包括自然的和人工的力的思想家。自然的运动如水的落下和烟的升起，他用他自然位置的学说来解释。但自发的运动如何解释？当一个物体被抛向空中后会发生什么？

　　亚里士多德论证道：一个物体在它飞行过程中一定受到一种物质力支持，即一种空气中的涡旋，当这种涡旋耗尽时，就使物体下落。这些理论与柏拉图的理论不一样，但它们仍然是形而上学的。也就是他们所讨论的只是从推理中得出的抽象的理念，并非建立在任何实验的基础上。举例来说，亚里士多德认为一个重的物体落到地面上，理所当然地要比一个轻的物体快得多。直到很久之后，它才被实验证明是错误的，而在此之前它一直是物理学的教条。

亚里士多德的宇宙论

亚里士多德的宇宙论扩展了毕达哥拉斯和柏拉图的许多思想，并且赋予它们更多的物理实在性。他相信地球是一个球体（例如当出现月食时能在月球上看到地球弯曲的影子），他还相信行星和恒星在天体中绕地球旋转。地球被假设为宇宙的中心，因为所有出现的天体都围绕它旋转。

太阳、月亮、行星和恒星被认为是由一些稀薄的、半透明的但又有一定量的物理物质构成的球面所承载，它们一个套一个地旋转，就像齿轮盘。亚里士多德讨论了虚空的观念后，否定了虚空的存在。他认为，每一个球面都直接与下一个毗连，他因此认识到，中间的球面不干预其他球面的运动。

整个结构就是由最远的球面以这种方式驱动的，亚里士多德称之为"第一推动力"，但这最初的力量究竟是什么，亚里士多德也说不上来。它必定是所有运动的最终原动力，而它本身保持不动。否则我们就要想象出有无穷多的星球，每一个都推动下一个运动。

后来，基督教和伊斯兰教的思想家认为，这第一推动力就是他们的上帝。但与柏拉图的"神圣的造物主"不同，亚里士多德不认为是第一推动力创造了宇宙。他遵循"从无不能生有"的原则，认为宇宙是永恒存在的。他认为，天空是永恒的，也是不变的，因此不能像地球一样由四种元素组成，而应由第五种元素组成，他称之为"以太"。

生命科学

亚里士多德最不像其他哲学家的地方是他对生命科学的研究。他对数以百计的物种进行了细致的第一手研究，提出了我们所知道的第一个主要的生物分类系统。他区别了脊椎动物和无脊椎动物，有血的动物和无血的动物，胎生动物和卵生动物，等等。

他认识到这些主要物群中的物种之间一定是彼此联系的，其中一些比其他的更高级、更复杂。他认为所有的生物都具有一种生命力或灵魂：植物具有营养灵魂，使它能吸收营养和生殖；动物具有感觉灵敏的灵魂，使它们具有感觉和独立运动的能力；人类具有理性的灵魂，因此他们用它来思考。他把整个自然界，从最高到最低排成一个层级体系，从第一推动力开始，依次到人、到动物、再到植物。

但是灵魂是从哪里来的？亚里士多德说，女性在她们的经血中提供了生命的物质基础，而男性产生包含灵魂的人的生命的"形式"。虽然他从来没有进行过人体解剖，但是他的确进行过动物解剖并通过类比引出许多结论。他把动物胚胎中跳动的心脏看成是生命的第一个信号，并看到血管从心脏中向外延伸。从这里他得出结论，心脏正是生命和个性的所在地——"最先生，最后死"。他认为，心脏的功能是产生血液，而肺脏代表了身体的冷却系统。

亚里士多德的思想充满了未经证明的假设，还有几乎和柏拉图一样多的抽象思想。只不过他是一位实在论者，认为所有自然的形式和进程都是值得持续不断地研究的。他是第一个引导人们关注物理学和生物学的人，并通过设计范畴和原因，试图给他在自然中所看到的一切给予合理化的解释。他总是把这些原因看作事物本身与生俱来的：不像柏拉图的宇宙，没有神圣的或形而上学的力量从外界引导自然；相反，他认为一切事物都遵循它自身内在的性质运行。

亚里士多德对后世思想的影响也十分巨大——十几个世纪以来，再没有关于物理学、宇宙学和生物学的理论超过他的理论。亚里士多德的学说曾统治了十分漫长的时期。事实上，16世纪科学的复兴很大程度上也是从挑战亚里士多德的学说开始的。

晚期希腊科学：
亚历山大城——学术的中心
SCIENCE IN ANCIENT CIVILIZATIONS

亚历山大城是由亚历山大大帝在公元前332年建立的，作为他在埃及领地的首都。亚历山大去世后，对城市的控制权移到了总督托勒密一世手中。他是托勒密王朝的建立者，这个王朝最后的代表是女王克里奥帕特拉七世。

亚历山大城迅速崛起成为希腊世界最大的城市，许多学园被建起来，其中最大的被称为"museum"，它不是我们现在意义下的博物馆，而是一所缪斯的学园，献给文艺和学术的诸神。同这所学园联系在一起的还有一座著名的图书馆，在它收藏的50万份手稿中涉及文艺与科学广大领域。该机构由王室提供经费，吸引学者们到亚历山大城定居。于是，这座新城市超过雅典成为希腊的智力之都。这座伟大的图书馆一直存在，直到3世纪毁于战争，在那里的无数的希腊文学和科学著作永远地消失了。

早在公元前300年，大数学家欧几里得在亚历山大城教书、著述。阿基米德在公元前2世纪曾在那里学习、研究。同时就读在那里的还有巧妙地计算出地球大小的埃拉托色尼。亚历山大城还有一所颇具盛名的医学学校，在那里，人体的解剖不像希腊世界的其他地方那样被禁止。我们不知道其中的原因，但这座学校因此成为当时最先进的医学学校。亚历山大城最伟大的科学家是克罗狄斯·托勒密，他在2世纪彻底改变了天文学和地理学。

亚历山大城还是天才工程师的故乡，最著名的人物是希罗，他生活于1世纪，制作了由水、压缩空气和热驱动的机械模型，包括已知的第一台使用蒸汽动力的机械装置。

所有这一切都是经典的希腊科学，同时亚历山大城还成为吸收东方学术思想的中心。亚历山大的征服者们

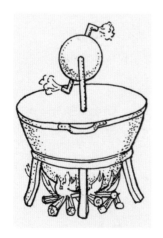

◎希罗在1世纪发明的蒸汽机。蒸汽锅装有水，下面用火将水煮沸。蒸汽通过管子升起进入上面的蒸汽室，当蒸汽从两个喷口处溢出时，它引起蒸汽室旋转——原始的蒸汽涡轮机。左图是图解，右图是一台存放于伦敦科学博物馆的工作模型。

◎亚历山大城1世纪的化工厂。

已经打开了同美索不达米亚、波斯和印度交流的通道，使得那里的科学和宗教思想传到希腊世界。例如，来自巴比伦的思想认为行星是神，能影响人类生活，古希腊人不崇拜星星，但他们现在开始这样做了。当这个信仰和希腊天文学结合在一起，新的占星术就诞生了。一些最早期的占星术的教材就来自亚历山大城。同样，西方最早的炼金术文献也来自亚历山大城，炼金术可以被视为古代探索物质蜕变的神秘的化学。

许多具有新的、神秘的宇宙思想的宗教信仰也盛行于亚历山大城，这些信仰有着强烈的诺斯替教（译注：诺斯替教是罗马帝国时期在地中海东部沿岸各地流行的一种秘传宗教，主要由东方宗教与古希腊罗马哲学中的唯心主义成分杂糅而成）的成分，那就是，他们确认秘密知识的存在，这种知识由老师传给学生，启迪他的追随者们认识宇宙的真实本质。诺斯替教的特征之一就是强调一个救世的神，后来被许多人认为同基督是一回事。在基督纪元后，神学学派被建立起来，一些亚历山大城的神学家，像克莱门特和奥利金，用希腊哲学的名词来表达基督教的信仰。

亚历山大城还是普罗提诺的家乡。他在3世纪建立了新柏拉图学派，成为柏拉图哲学极有影响的新形式。亚历山大城是一座汇合了许多国际思想潮流的希腊城市，当罗马人在公元前30年占领这座城市时，它成为将希腊学术传播到罗马的桥梁。

◎这座雕像的工作原理是：在祭坛上点燃一团火，热量慢慢地通过金属向下面底层的小油箱散发。热量驱使油通过雕像的管子向上移动，然后雕像就出现了把油倒进火中给它添油的情景。

晚期希腊科学：地球的周长
SCIENCE IN ANCIENT CIVILIZATIONS

古希腊的思想家从不怀疑地球是球体。有几种常识性的观察证明了这点：当一艘船在晴朗的天气离开港口时，那些观察它的人就会先看到船身离开视野，然后才是桅杆；研究过月食的人发现，地球落在月球上的阴影是清楚的曲线；当人们向北或向南走一段距离，会发现不同的星星出现在地平线上，与原来所处的位置不同。这除了说明行走的人是在沿一个球体的表面走动，因此地平线也在移动，很难用其他方法来解释。

没有希腊时期的世界地图保留下来，但我们知道那时绘有世界已知部分的地球仪已经被制作出来。希腊人还接受这样的观点——在大洋外可能还有其他大陆，只是人们对它们一无所知。在公元前2世纪，一位名叫克拉特斯的科学家造了一个地球仪，标明了四块大陆，按赤道的南北和中心子午线的东西平均分配达到平衡。

希腊人似乎并不热衷于探索地中海以外的世界，这其中一个原因就是他们认为世界被分为五个纬度区，最北和最南是寒带，而赤道周围是热带。他们认为极度的严寒和酷暑会使人类无法在这些地方生活，而只有在它们中间的两个温带，人类才可能兴旺发达。

但是地球有多大？不绕它走一圈能不能知道？公元前235年，亚历山大城的天文学家埃拉托色尼想出了一个计算地球圆周的巧妙方法。他知道上埃及阿斯旺（坐落在北回归线上）在夏至中午，太阳光从垂直竿子射下没有影子。换句话说，太阳正在头顶上。他发现在亚历山大城，同一天同一时刻，同一竿子的影子与垂直方向形成一个7度的夹角。

热带

—— 中心子午线

◎约公元前150年，克拉特斯的地球仪（仿制品，由斯特拉波绘制）。这个地球仪表明地球有四块平衡大块陆地，左上部分为西部大陆；右上部分为我们的"世界"（Oikoumene）；左下和右下分别为两块对称的大陆。它们被中心子午线和热带分开。

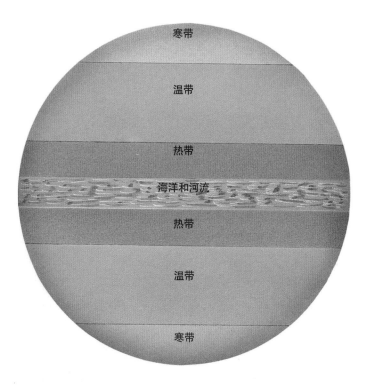

◎根据希腊科学划分的世界气候带。

那时候，亚历山大城位于阿斯旺约800千米以北，希腊人在这时采用巴比伦人的把一个圆周分为360度的方法。在地球表面7度的角也是由地球中心伸出的两条与两个柱体相交的半径线间的距离所对的角。埃拉托色尼因此想到从阿斯旺到亚历山大城的弧——800千米的弧是地球圆周的7/360，因此地球的周长近乎41000千米，误差在真实数值的百分之五之内。这是把几何逻辑应用到一个用实际方法不能解决的问题上的简单但十分了不起的方法。

埃拉托色尼是亚历山大城图书馆的馆长，也是熟练的历法计算者。他试图编纂一部历史年表，通过对比不同国家的记录和历法系统，确定自特洛伊战争以来，世界历史的日期。他晚年双目失明，据说后来自杀身亡。

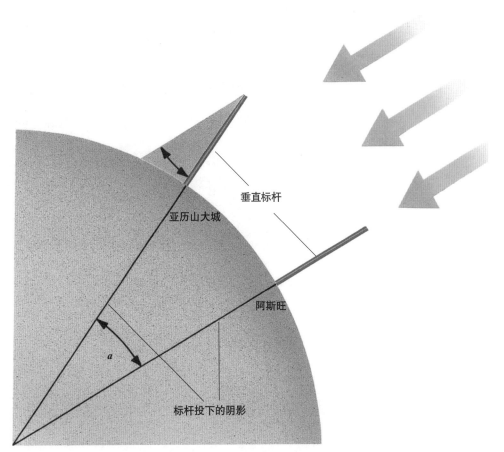

垂直标杆

亚历山大城

阿斯旺

a

标杆投下的阴影

◎埃拉托色尼计算地球周长的方法：亚历山大城和阿斯旺两地间的距离约为800千米，*a*处的角是7度，即7/360，亚历山大城和阿斯旺之间的800千米的弧是地球周长的7/360，所以地球的周长约是41000千米。

希腊天文学： 托勒密的成就
SCIENCE IN ANCIENT CIVILIZATIONS

希腊天文学的中心概念是天球，认为地球位于球体宇宙的中心，球体外壳载着固定的恒星，它们看起来似乎是围绕着一个中心极点每夜旋转。

这些恒星彼此并无关联，所以人们普遍认为它们是被固定在天球上的发光体，因此它们与地球总保持着同样的距离。在外壳内部是更多的球面，每一个球面载着一颗行星。由于希腊人已经认定天空中的几个球面是独立运行的，有别于其他的星星，所以"行星"（planet）这个单词的意义是"漫游者"。

在古老的天文学中，太阳和月亮也称为"行星"，这些球面共用同一个轴，这个轴也贯穿地球，于是这个轴被认为是贯穿整个宇宙的。这个关于宇宙的理论很好地解释了人们观察到的天空中的运动。整个宇宙结构被认为是有限的、完备的，也就是说，如果有位于外壳以外的东西，会超出人类的想象。

希腊人当时所掌握的几何技巧使他们能在天球上绘图和标明位置，就和地球上用纬度和经度一样。两条基线用于这个坐标系。首先是纬度或高度，一颗恒星或行星的纬度由黄道即太阳通过天空中的路径来测量（这已由巴比伦人确定）；其次是经度，也就是说在地球上与经度对应的围绕球体的位置，是从白羊座中的一个春分点来测量的。学术上讲，它是黄道与天球赤道的交点，它位于黄道带的起点，并标志一个天文年和地球上春天的开始。这个坐标系能赋予天空中任何物体一个精确的位置。在希腊天文学家制作的天球仪上，标出了许多星

◎古典科学中构想的天球结构。球面由赤道、南北极、南北回归线、北极圈和南极圈划分成区域。黄道，太阳的路径，与南北回归线相交。地球位于天球的中心。

◎上图和下图：法尔内塞·阿特拉斯：已知最早的古典星座绘图。

星的位置，但是没有一个保留至今。

星座被用来标明天空的区域，大多数是从巴比伦人那里沿用下来的。从柏拉图和亚里士多德时代起，关于球状宇宙的思想一直在发展。球面天文学的方法是公元前2世纪的数学家创立的，如阿波罗尼奥斯和喜帕恰斯。但是，汇集古典天文学的成就并赋予它最终形式的是克罗狄斯·托勒密，他于127—151年在亚历山大城工作。

托勒密

在一本后来的阿拉伯文名字叫作《至大论》（*The Almagest*）的书中（译注：该书又被译为《天文学大成》），托勒密详尽地论述了天体结构和运动，其理论如此完整，以至于它作为科学的正统学说达400年之久。

首先，托勒密提出太阳、月亮和行星围绕地球运行的轨道的几何模型。托勒密和其他希腊天文学家已经认识到，这些轨道远比柏拉图和亚里士多德提出的简单的圆周复杂得多。这些行星表面上看来每天环绕地球运动，也就是说，它们从经度上是由东向西运动，但它们也表现出其他的运动轨迹，因为它们的纬度位置也呈若干年的周期变化。这可能说明，它们轨道的平面不是固定的，但是在希腊人的宇宙模型中，这就意味着承载着这些行星的球面不是固定在天球极点上，而是有一些摆动。这看起来似乎不可能，因为这意味着要放弃宇宙中心轴的思想。

托勒密的答案是，行星具有双重的运动。一个大球载着行星围绕地球进行它的日常运行，但这个大球上还载着旋转要慢得多的小球，这就对行星位置的微小变化作出了解释。大一些的球称作"均轮"，也就是说"载体"；而小一些的球叫作"本轮"，它的意思是"圆心在另一个大圆周

◎身居亚历山大城的托勒密，可以看作是
同时代最伟大的天文学家。

托勒密
(Claudius Ptolemy，约 90—168 年）

· 天文学家和地理学家。

· 出生于埃及。

· 在亚历山大城大图书馆工作并度过他一生大部分时间。

· 撰写《地理学指南》，一本地名目录，对它们的纬度和经度描写得很详尽。

· 著《至大论》，一本有关星表和已知的所有关于星的书。

· 绘制许多地图，包括一张世界地图。

· 广泛著述，特别是关于天文学、固定音阶、地图绘制和年代表。

· 托勒密系统——把天体（星）整理为科学形式。地球是宇宙的中心，许多星环绕它旋转。大气以上的以太中，有 7 个同心的球，每个球面包含一个行星，第八个包含固定的恒星。它预言这些恒星的位置都在 1 度的精确范围之内。

上转动的圆"（下页右下图）。

利用多年观察得到的行星位置数据，托勒密用几何方法精确地算出所有行星的速度和路径，并且可以确定它们在过去或未来任何时候的位置。依这种观点，宇宙的整体结构就像一个复杂的系统，互相联结的轮子以它们不变的路径运动。这是纯数学的描述，究竟是什么使这些行星保持在它们的路径上，而什么是使它们运动的能量，是托勒密从未讨论的话题。

托勒密的第二个伟大成就是在《至大论》中将1000多颗亮星列出了一个详细的星表，并将它们分为48个星座。他标出了它们在宇宙坐标系统上的位置并说明这些星在天球上应怎样被定位。他只命名了一小部分恒星，大多数我们现在用的恒星名字来源于后来阿拉伯的天文学家。取而代之，托勒密给每个星座中的星一个序号并标明位置。因此，毕宿五被称为"金牛座的14号星，毕星团中的亮星，在金牛靠南眼睛中略带红色的一颗"。这个星表从2世纪到17世纪一直是人们对天空开展研究的基本指南。

希腊人认为宇宙是有限的。托勒密在他的另一本著作《行星假说》（The Planetary Hypothesis）中提出计算宇宙大小的方法。他用的计算基于天文学的视差，即太阳和月亮视角的大小以及来自黄道的数据来估计两个主要天球之间的距离。

他认为月亮距地球 16 万英里（约为 26 万千米），太阳是 300 万英里（约为 483 万千米）；太阳比地球大几倍，而月亮要小一些。从地球到恒星球也就是宇宙的外壳的距离，他估计有 5000 万英里（约为 8047 万千米），因为恒星是坐落在一个距地球有固定距离的单独的球面上。因此托勒密的宇宙的直径就是 1 亿英里（约为 1.6 亿千米）——这是一个非常巨大的距离，但依然仍是有限的，而且在我们能理解的范围之内。

托勒密关于天文学的最后的，或许是最使人惊奇的著作，是称作《四书》（Tetrabiblos）的关于占星术的论

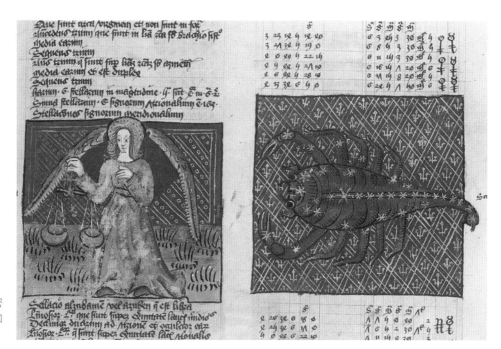

◎出自中世纪原稿的托勒密星表，室女座、天秤座和天蝎座的恒星及其坐标。

著。在这本著作中，托勒密着重论证了恒星和行星的确影响地球和人类生活的事件。他并不像巴比伦人认为的那样说它们是神，而是认为它们发出了与热和光不同的力量来影响地球。他认为，太阳和月亮决定天气、季节和潮汐是毋庸置疑的，但他认为还有来自其他天体的另外一种更微妙的力量，它们影响我们的心灵和我们的躯体。

对托勒密来说，这不涉及宗教也不涉及超自然力量，而是自然体系的一部分——由物理原因产生的效果。《至大论》的几何天文学与这些信念的关系是：占星师需要计算恒星与行星的精确位置以评估它们在任何时间，特别是出生时间的影响。托勒密的天文学给他们提供了做这件事的方法，因此《至大论》成为占星师基本的技术工具。

托勒密的数学天文学是极为详细和精确的，它是希腊科学的一个高峰。当然，它建立在一个谬误的基础上，因为宇宙的结构不是像托勒密所认为的那样。但是，运用他那个时代的标准，他对于在天空中所见给出了完全的和精确的数学描述。

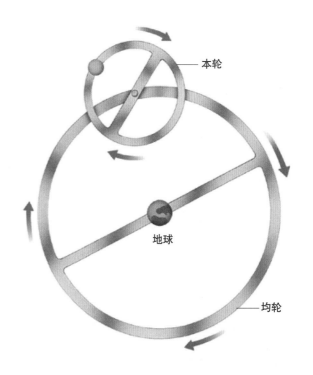

◎托勒密的本轮理论。

希腊地理学：托勒密绘制古代世界地图
SCIENCE IN ANCIENT CIVILIZATIONS

托勒密的成就并没有局限于天文学，他还成功地总结了古典的地理学知识。与巴比伦和埃及的前辈不同，希腊人的观点是相当开放的：世界可能比他们自己所生活和认识的那部分大得多。按照埃拉托色尼的方法，人们把地球看作是一个360度的球体并测量它的某些部分，如已知的由亚历山大大帝所到达过的从直布罗陀海峡至印度河，经度小于120度。因此世界的三分之二还没有被探索开发过，也不为世人所了解。托勒密着手把已知的世界的这部分，以科学的形式绘制出来。

他通过收集早期地理学和旅游著作编制的8000个地方的地名辞典来做这件事。这个地区覆盖了从英国到中国西部，从斯堪的纳维亚半岛南部到赤道的非洲。正如托勒密在天球仪上标定恒星一样，他又列出了这些地方的坐标。它们的南北纬度是从赤道开始计量的，而经度则西起加那利群岛，它是当时已知世界的最西点。除城市之外，托勒密还命名了河流、山脉、海洋和岛屿。

这些地理资料来源于罗马的军事扩张和经济往来。它们把在欧洲、亚洲和北非的大量足迹带入希腊的知识界。罗马军队从德国的北海岸巡游到里海，而罗马人对奢侈品的喜好铺设了来自波斯、印度和中国的丝绸、染料、珍宝、香料、人造制品的商路。

托勒密还就怎样在一个平面上描述球形的地球提供了数学的表述——怎样画一张有着子午圈和平行曲线的地图，以保持这些地方之间正确的地理关系。这张地图的投影法，恰巧对地球的球面外形进行了视觉的表达。这本地名辞典为一系列已知世界的地图提供了原始资料。奇怪的是，我们不知道托勒密本人是否实际画过这些地图，他在古典时期的著作的原始手稿没有保留下来，同时托勒密也没有在正文的任何地方特别提到他所参照的地图。

◎托勒密用象限仪测量月球高度（中世纪图）。

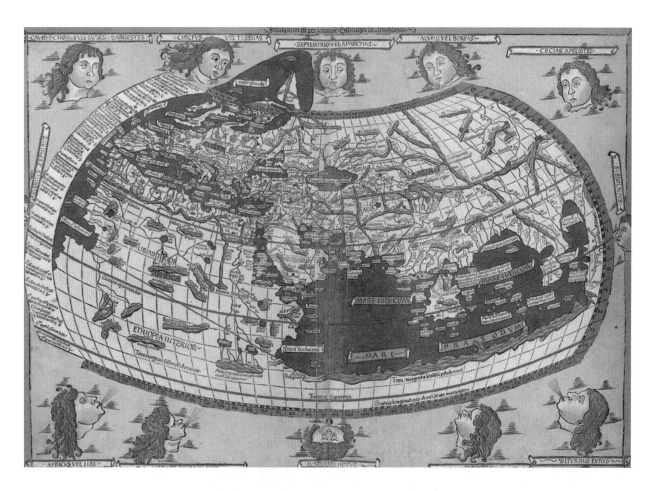

◎ 托勒密的世界地图，15世纪由他的原稿重新绘制。希腊人知道的世界包括欧洲、西亚和北非。
托勒密不知道中国东部的海，而印度洋被认为是被陆地包围着的。

托勒密编辑地名辞典的方法看起来是一种精确而科学的方法。他似乎已经创造了一个有序的空间，所有事物都在它应处的位置。但这在很大程度上是一个错觉，因为他没有一种能够真实测定他所命名的许多地方的位置的方法。他总是依靠旅行者对距离的估测。例如，从耶路撒冷到安条克要三天的旅程，而从亚历山大港到克里特岛要五天的航程。在某些情况下，这些可能是准确的；但在有些情况下，就可能是含糊而不可靠的。但无论是哪种情况，托勒密都不得不把这些估计改写成精确的纬度和经度，很显然这是不可能的。

或许我们可以说：托勒密的目的和方法是科学的，但他所用到的素材不是。这在一个很重要的领域能清楚地看出：托勒密对地球周长的估算，比埃拉托色尼给出的相比减少了大约五分之一。他这样做是基于他对旅行次数及两地间距离的研究。在这点上他错了，因为作为一项重要结果，托勒密的度数太小了。因此，托勒密认为从西欧到中国中部几乎达到了170度，而实际上只有130度。

托勒密的地图

那么托勒密绘制的世界地图是什么样的？这很容易回答，因为在15世纪的欧洲，托勒密的原稿被学者和制图员研究以后，用最新的式样画出一系列的地

◎ 拉斐尔所绘《雅典学派》中的托勒密（执地球仪者）。

图，并且比若干世纪以来可用的任何地图都更精确。

托勒密世界地图的北部边界在北纬60度，因为没有希腊人和罗马人到过苏格兰、北海或波罗的海以北的地方。托勒密对于埃及以南的非洲的了解扩展到非

洲之角以南的某些地方。尼罗河的源头被想象为一座名叫"月亮山"的山脉。印度也已被命名，但还不知道它是半岛形状，而它南方的大岛占据斯里兰卡的位置。恒河三角洲以东是东南亚，而托勒密的世界地图

中最奇特之处，是联结了此地和南非的土地，使印度洋成为一片被陆地包围着的海。它被命名为"未知的土地"（TerraIncognita），而托勒密没有解释这个名称的出处。

地中海沿岸的国家是绘制得最精确的，但是要使它们与托勒密标出的某些地方完全一致是不可能的，因为它们的名字改变了。这个问题在更远的地区变得更严重。西非或印度的河流、中亚的城市或印度洋的岛屿，对我们现在来讲，成了神秘的名字。托勒密的地图在东方终止于中国，他不知道在中国以东是否有海和洋。而向南，世界渐渐消失在赤道以南。

托勒密的地理学著作从来没有被翻译成拉丁文。

在3—4世纪，关于这方面的知识看起来在西方已经消失了。希腊的原始文献被保存在亚历山大城，后来在君士坦丁堡（今天的伊斯坦布尔），但没有其他学者模仿他的探索道路或延续他的方法。在托勒密去世后的1000年，在欧洲没有地名辞典，没有地图标绘出纬度和经度，也没有正确绘制地图投影的指导。

文艺复兴时期的学者发现了托勒密的地理著作，这些学者在寻求绘制比中世纪盛行的地图更精确的地图的方法。当时托勒密的有序空间仿佛是上天的启示，他的手稿被抄写、再重新抄写，然后，从15世纪70年代以后，作为第一本世界地图集印刷出来，推动了科学地理学的复兴。

◎ 托勒密地图的另一版本。托勒密对把地球投影到一个平面上的三种方法作出描述，这张地图与前面的地图有着完全不同的样子，但地理是相同的。托勒密认识到，这张已知世界的地图表达的只是大约地球表面的四分之一。

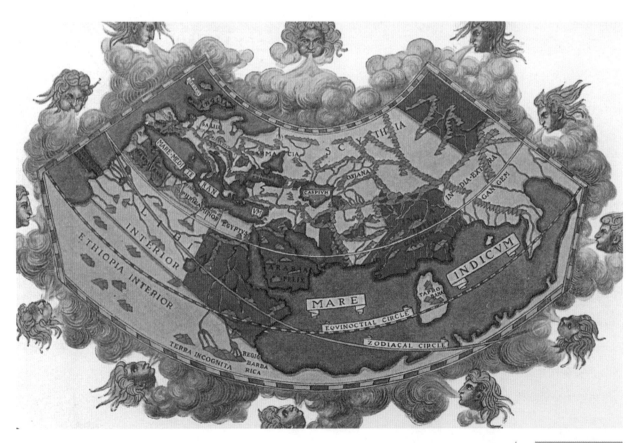

希腊医学：希波克拉底的传统
SCIENCE IN ANCIENT CIVILIZATIONS

希腊科学论述的不仅仅是物质世界的问题，还有生命和疾病的秘密。在这个领域中，我们看到希腊思想家对于人体运行过程的理解，已经从宗教信仰走向更加理性的解释。和其他古代文化一样，希腊最早的生物医学论著中，把疾病看作是一种神的惩罚形式，因此治疗的方式是举行魔法仪式以祈求神的帮助。

希腊可治愈疾病的神是阿斯克勒庇俄斯，他的标志是一条蛇缠绕在一根木杖上。蛇使人联想到毒害、疾病和死亡，但蛇的蜕变和蛇毒的作用也代表了治愈和新生的力量。阿斯克勒庇俄斯在整个希腊世界的数百座庙宇中被供奉，在这里会上演一种奇特的仪式，即所谓的孵育法，亦称为神庙酣睡。

在做好祷告和仪式准备之后，病人要躺下睡在神庙里，夜里，阿斯克勒庇俄斯神会光顾他们，对他们进行治疗或是轻声告诉他们应该怎样治疗自己的疾病。来光顾的神实际上是神庙里的祭司，而他们的许多技巧，诸如在一位妇女的腹部放一条蛇来治疗不孕症显然是"魔"术。由这些神庙中报道出来许多神奇的治愈病例，这种狂想崇拜一直盛行至公元元年。

然而，公元前4世纪，希波克拉底发展起一套完全不同的医学方法。希波克拉底是公认的医学之父。他在公元前430—前380年曾在科斯岛上行医，后来人们整理出来70多篇医学著作，称之为《希波克拉底文集》。然而，那些著作并不都是希波克拉底写的。

希波克拉底对疾病概念提出了全新的见解，他认为

◎ 意大利阿纳尼大教堂天花板壁画所画的希波克拉底画像。

疾病是由于自然原因而引起的人体器官机能失常所致，而且可以用自然方法治疗。著作中描述了各种疾病症状，并提出了战胜它们的方法。治疗方法是注重实效的——通过饮食、天然药物（从植物制得）、休息和卫

生习惯。

肿瘤和创伤则用外科手术或烧灼来治疗。希波克拉底的一篇著作中称：

> 药物无法治愈的，用手术刀来治；手术刀还治不好的，用火来治；而烧灼还治不好的，就可称为是不治之症了。

幸运的是，当时已有可用的天然麻醉药如鸦片和曼德拉草。希波克拉底毫不隐讳地驳斥疾病是由神引起的观点。谈到癫痫，他写道：

> 那些首先把这种疾病称为圣病的人是巫医或信仰治疗者。他们称这种病为圣病以隐匿他们对它真实本性的无知。每一种疾病都有它自己的本性，并由外在原因引起。

◎ 尤斯特斯所画的希波克拉底肖像，收藏在乌尔比诺的公爵宫。希波克拉底常被称作"医学之父"，他在公元前4世纪起草的伦理规范，直至今天仍被医生们采用，称作"希波克拉底誓言"。

◎ 阿斯克勒庇俄斯，希腊治愈疾病的神与他的标志——蛇杖。

在这个时期并没有把症状分类研究并命名为某种：症状即为疾病。然而，希波克拉底的一些著作中阐明了一种疾病的新理论，那就是人体包含四种流体或体液：血液、黏液、黄胆汁和黑胆汁。我们不知道这种理论的起源，但是这些体液的四种物理元素有如下关联：

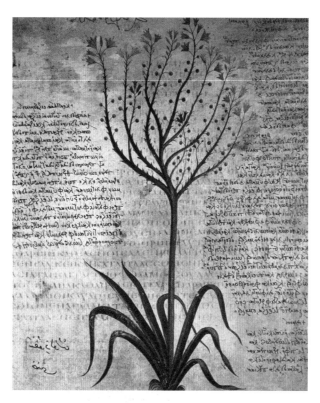

◎迪奥斯科里季斯所著药典中的植物水仙花。

构做了许多类比，这就导致很多错误。希波克拉底的医学需要很高的专业水平，而在这个领域里以前流行的是魔术和巫医。这些理想在著名的希波克拉底誓言中是被奉为神圣的，至今仍被医生宣誓遵从。

希波克拉底的著作传遍希腊世界，在亚历山大城的医学学派中有很大影响。这一学派有一独特的优势，就是允许进行人体解剖，这也正是将真正的科学研究引入人体解剖和许多生理学的新的理论中。亚历山大学派的两位伟大的研究者是希罗菲卢斯和埃里西斯特拉图斯，他们都活跃在公元前300—前260年。

希罗菲卢斯

希罗菲卢斯找到神经、脊髓和大脑之间的联系，并且他还懂得有的神经是感觉神经，而其他的是运动神经。他得出结论，大脑是感觉、智力和意志的所在地，

血液——热和湿——气

黏液——冷和湿——水

黑胆汁——冷和干——土

黄胆汁——热和干——火

希波克拉底认为，这些体液在人体内应该是平衡的，当平衡被打乱时，就产生疾病。我们不知道这个结论如何用于医疗实践，希波克拉底的著作中也没有提到它，只是集中在健康护理的实践上。

很明显，希波克拉底学派的解剖学和生理学是非常含混不清的。例如，他们对静脉和动脉不加区别。据我们所知，当时没有人体解剖，因为埋葬的宗教形式是至关重要的。然而，动物可以被解剖，并对人和动物的结

◎选自迪奥斯科里季斯所著药典的另一幅精美的插图——这张插图选自阿拉伯文译本，它展现了墨角兰和紫苏。

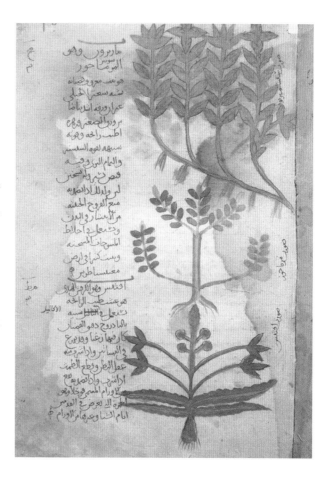

而不是像人们普遍认为的是心脏。他建立了这样的理论：神经是一种生命力或一种流体的通道，希腊名字称它为"气"（pneuma）——呼吸或精神。他发现视觉神经是中空的，因此特别适合输送这种流体。他认识到脉搏是心脏跳动的反应，能用来辅助诊断。他仔细地描述了人体的主要器官，但没有完全了解它们的功能。

埃里西斯特拉图斯

埃里西斯特拉图斯继续这项研究，但他更愿意去研究生理学的新理论。埃里西斯特拉图斯意识到，人体通过许多独立的，但又彼此关联的系统一起工作。他认为，食物在胃中被吸收并由肝脏形成血液，血液通过血管把营养送到身体的所有部分。他确认了静脉和动脉的区别，但认为动脉仅仅载运"气"。这些气通过呼吸被纳入肺里，再由肺运输到心脏。神经载运在人脑中产生的"灵气"。

这些是试图去彻底弄明白人体如何工作的合理的理论。由于埃里西斯特拉图斯没有办法去测试在他的解剖中所看到的器官的生命功能，它们才给人留下更深的印象。他认为大多数疾病的出现都是由吃得过度引起的"血的过量"造成的，而他最喜欢用的治疗方法就是节食和放血。这些生理学理论在那时是先进的，但被亚历山大城以外的许多医生所抵制，而他们并没有人体解剖的优势。

◎ 迪奥斯科里季斯（右）正在描写记录他的助手（左）所画的植物。

迪奥斯科里季斯

另一位在亚历山大城的伟大的生理学家是迪奥斯科里季斯，他写了一本书叫《药物证》（*Materia Medica*），是关于能在植物中，甚至是动物和矿物质中找到的天然药物。这是一本伟大的药典，有植物图解的插图、怎样去制备这些药物的指导以及它们的药效。后来被称为"草药志"的这类著作，成为医学的重要内容。在由迪奥斯科里季斯描述的物质中，由后来的药典所收录的有：芦荟、颠茄、炉甘石、肉桂、姜、墨角兰、水银、鸦片、硫黄、百里香和苦艾。

罗马科学：哲学家和寓言家
SCIENCE IN ANCIENT CIVILIZATIONS

两千年前，整个希腊世界是罗马帝国的一部分，但是在希腊人和罗马人之间，思想和文化有着重要的差别。在军事力量、社会组织和建筑造诣上，罗马人胜过希腊人；但在智力水平上，他们赶不上希腊人。罗马人不能具备希腊人对抽象思想或微妙的哲学观念的品位，他们是一个讲究实际的民族。只有当学习可用于某一明确目的时才对学习产生兴趣。

卢克莱修

卢克莱修认为，宇宙中的任何物质都是由微小的、不可分的原子组成。原子不断地碰撞、结合和分裂，这些运动是随机的和偶然的，没有设计也没有神力来控制整个过程。甚至连人的灵魂也是由原子组成，在死亡时

卢克莱修
(Lucretius, 约公元前99—前55年)

卢克莱修是少有的倡导科学的自然哲学的罗马作家之一。在他的著作《物性论》中，他给出了他那个时代所有科学知识的主要轮廓。他的科学的著名要点是他恢复了德谟克利特的原子论的极端形式。

人类和自然之间的"宇宙协调"的思想在罗马科学的许多著作中都能见到。政治家和哲学家塞涅卡写了一本科学的概要名叫《关于自然的问题》，其中只有部分保留下来。为了解释地震和河流，塞涅卡提出，地球像一个生物体，其中有载运着维持生命所必需的液体脉和通道。塞涅卡反驳卢克莱修并捍卫宇宙中有秩序和设计的思想。他相信，这是由思想渗入的结果。

消失。生物和非生物的唯一区别就是生物的原子组合更复杂。

这是一种关于自然的唯物主义观点，它否认我们在柏拉图和亚里士多德那里看到的原理：在宇宙中有一些基本的和谐和设计在起作用。卢克莱修公开说："我打算把心智从宗教的束缚中解放出来。"原子是永恒的，宇宙是无限的，这个世界或许只是偶然创造的许多东西的一个。在这种苍白的宇宙观的重压之下，卢克莱修因精神失常最终自杀。毋庸置疑，他的思想被作为无神论遭到其他哲学家的诋毁，尤其是被早期基督教会猛烈地攻击。

普林尼

普林尼承认他所描述的现象很少是原创的，而是把其他作家的收集在一起。其中一些来源不是科学的，而是描述性著作、游记甚至是流行传说。他特别喜欢描述自然奇观和来自周围世界的奇异景象以及人们行为的怪癖。例如，在这些奇观当中，有一个亚洲国家，这个国家的国王是一条狗；另有一个国家，也是地球上唯一一个国民极其痛恨金子的国家，那里的人无论在哪里找到金子都要把它埋掉；有一种鸟通过它的喙产卵；有一个人没有头，在胸部却长着脸；有的人不走路却用一只大脚独脚跳，当他们躺下时就把它隐蔽起来；有的人骑在鱼背上；还有的人用眼神就能把人杀死；还有美人鱼、独角兽和海蛇……普林尼不加鉴别地报道了所有这些事情，正像他报道了观察过的天体运动和鸟蛋正常孵化一样。

◎ 普林尼是一位非常典型的罗马科学作家、贵族军事指挥官和政治家。他花费多年撰写了伟大的著作《自然史》，涵盖天文学、生物学、地球科学，还包括建筑、农业、医学、历史和地理的专题。

普林尼的著作成了许多这类传说的主要来源，并一直流传到中世纪。他的伟大著作《自然史》（*Natural History*）在当时是一本知识和信仰的百科全书，但是经过压缩和简化，不加鉴别地与传说和寓言一起发展。对普林尼来说，世界充满了奇观，每件事都是奇异的和有趣的，而它是否真实并不重要。

这就成了罗马人著述自然的模式：他们收集过去的主要思想，特别关注事实而不是哲学理论。普林尼夜以继日地编纂他的伟大著作，每晚只睡几小时。他的箴言是"活着就应该醒着"。他对神奇事物的探求导致了他在公元79年去世——当他观察摧毁庞贝古城的维苏威火山喷发时，因为心情急切，离火山太近而致死。

斯多亚学派

卢克莱修所捍卫的原子论学说被古代罗马的主流斯多亚学派（The Stoics）所反对。斯多亚学派断言，自然界中确实存在着设计、秩序、和谐和一致，而自然是被世界灵魂所统治，如柏拉图的思想一样。人类的责任就是学着去与自然和谐一致地生活，因为人类的生命和命运是建立在不能改变的法则上的。一位斯多亚学派诗人马库斯·马尼利乌斯写道：

自然是无处隐藏的，我们清楚地看到它的全部。宇宙尽在我们的掌握之中。当然，没有人怀疑某种神性居于我们胸中，我们的灵魂从天上来并返回那里。正像宇宙是由四种元素或说是气、火、土、水构成的一样，这全部存在于一个容纳统治思想的容器。因此，我们拥有实体物质的躯体和被血液滋养的精神以及掌管一切的心智。如果人类能了解宇宙，看到在他们之内存在一个宇宙，而且每一个都具有和上帝一样的小的形象，这不是太奇怪了吗？

斯多亚学派为占星术的信仰提供了肥沃的土壤，这些信念来自东方并在公元前1世纪扩散到罗马社会。占星术的基本思想是，人和自然，包括天国，是密切联系在一起的，因此人的生命和命运，像一种秘密的语言，能在星星里读到。这种思想很大程度上归功于柏拉图，他断言人类的灵魂是从天国降下来的，包括一部分神的心智，像星星一样。人们用复杂的数学公式解释恒星和行星的位置以及这种位置对地球上的事件的含义。占星术按它所处时代的水平来说是一门科学，因为它声称依靠自然的法则，没有精确的数学、天文学的知识，它不能发挥作用。

罗马科学：盖仑的医学理论

SCIENCE IN ANCIENT CIVILIZATIONS

关于人类生物学和医学的后期古典思想总结在盖仑的著作中。盖仑的故乡是小亚细亚帕加马，他是在竞技场为角斗士提供医治而开始他医生的职业生涯。他到亚历山大城在医学学校学习，后来在罗马定居。在那里，他因为国王马库斯·奥雷柳斯和康茂德治病而享有盛名。他用希腊文撰写著作——因为希波克拉底的著作的重要性，希腊文仍然是医学的语言。

盖仑不能进行人体解剖，所以他用猿来代替。由于猿与人类接近，它成为人体解剖学的可靠指引。从这些解剖标本中，盖仑得出许多准确的结果。他清楚地看到动脉与静脉的区别，还描述了心脏的瓣膜结构；他懂得神经沿着脊髓的不同高度伸出来，并控制身体每一区域的感觉和运动。脊髓受损的位置高度越高，产生瘫痪的可能性就越大。但是他依靠非人体标本的确导致他产生一些错误，他设想的一些特征在人身上并不存在。

盖仑是一位理论家，他想尽力去理解人体是怎样工作，不同的部位又是怎样互相联系的。他接受了希波克拉底的四元素的思想，但他走得更远，他主张每一种单一的体液都自然地占支配地位。这就造成中世纪生理学中的四种"气质"学说的兴起：胆汁质（燥热，火，暴烈的），忧郁质(干冷，土，郁闷的)，黏液质（寒湿，水，内向的）和多血质（湿热，血，外向的）。

这些气质不应该被理解为身体中可见的系统，如血和神经，而是要理解为

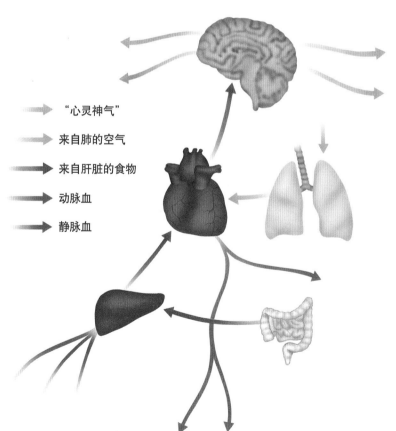

◎ 盖仑的生理学。大脑通过身体分送"心灵神气"。食物通过胃进入肝脏，并被送到全身，也送到心脏。在心脏中静脉血与来自肺的空气混合，形成动脉血，动脉血被送往全身，动脉血中含有"生机灵气"。

"心灵神气"

来自肺的空气

来自肝脏的食物

动脉血

静脉血

身体组织里的成分。它正像物质世界里的四元素那样混合在一起，但是只有一种是经常起支配作用的，而这种元素决定一个人身体和精神上的特性。他认为这四种体液的不平衡就是疾病的主要原因。

盖仑继续埃里西斯特拉图斯的探讨，通过分析三种主要的生理系统，尽力去解释身体的功能。他认为，大脑是智力的所在，它通过神经发出"心灵神气"来控制身体；心脏是感情的所在，"生机热"的源泉，它输送动脉血和"生机灵气"到全身；肝脏是食欲的所在和运送养分到全身静脉的源头，食物从胃渗透到肝脏，依次凭借静脉又渗出来。盖仑没有认识到血液是在体内循环的，而是认为血液不断地在肝脏内被制造出来，它流遍整个身体，一部分转变成组织成分，另一部分蒸发了。

他相信肺里的空气与心脏中的静脉血混合在一起变为动脉血。到达大脑的血被灌输了"心灵神气"，并沿着神经流动而控制全身。营养的供给，呼吸和神经的控制都联系在一起，成为一套灵敏的系统。盖仑为此不得不倒退到"生机热"和"气"等抽象的概念中，因为他对化学和神经生理学一无所知。

◎ 意大利阿纳尼大教堂天花板壁画所画的盖仑画像。

盖仑是一位柏拉图主义者，笃信身体内设计和目的的无处不在，并且是由一个博大多才的心智设计过。盖仑不是基督徒，但他的著作在中古时代有着巨大的吸引力。他的著作被译为拉丁文和阿拉伯文，统治医学界长达1400年。

回顾：古代科学的转变
SCIENCE IN ANCIENT CIVILIZATIONS

我们该如何总结自美索不达米亚、埃及至古罗马后期这有科学记录的3000年？早期的文明人看待自然就像是看戏，所有的演员，包括人类，都被看不见的神灵所操纵。天体的运转、疾风暴雨的降临、疫病的流行，都由神意所致。不过，人们尽可能地行善守礼以顺从神意。

这样一来，研究自然（尤其是天文）就非常重要了，因为它显示了某些特定的规律。数学被看作是统治物质世界秩序的表达。在这些古代文明中，宗教就是科学，信仰混杂着知识：恒星即神的信仰，并不妨碍人们一丝不苟地研究它们，并且试图用精确的数学语言去描述它们的运动。这样看来，埃及人和巴比伦人无疑是形式科学的奠基人。

他们挑战自然源于神力的观点，并开始以理性的、非宗教的语言去探索自然。古希腊人使科学产生了第一次伟大转变。星星是怎样运行的？物质是什么？人体内部是如何运作的？这就是批判科学：不设预想直接面对事实，并设法解释它们。

古希腊人的批判科学采用了更加严密的，以逻辑必然为基础的知识理论。欧几里得的数学是其伟大的典型代表，它表述了遵循严密规则的有序空间的观念。

希腊科学有其悖论。它从世俗的

◎ 拉斐尔画的天球。地球在中间，星星被固定在一个单独的围绕它旋转的水晶球上。星座刚好可见。该天体装置是由一位像天使的人物来转动的。这幅画保存在梵蒂冈。

◎1世纪亚历山大城的化工厂。一位工人正在一个火炉旁使用一杆手工天平。提纯和测试自巴比伦时期一直精炼和测验的贵金属。在后面有一个染料桶，一种不能溶解的染料被化学处理成可溶解的。这种染料大多数会在洗涤时褪色。为了使染色固定，需要一种"媒染剂"——通常使用明矾。许多世纪以来，欧洲最好的明矾产自罗马附近。

事业开始，却以重新恢复宗教的自然观而告终。这是因为，一旦物理学、天文学、生物学和数学的诸多规则被理解，则不可避免地出现如下问题：这些是谁的规则？它们是从哪里来的？谁设计了宇宙？

亚里士多德的第一推动力和柏拉图的神圣工匠恰似新的宇宙神明。与统治自然界不同方面的巴比伦诸神不一样，他们是由绝妙的理性所运行的众多且具有统一性的原则。在几乎2000年的时间里，这些哲学家的思想对科学家来说仍然是至高无上的，因为它们既针对自然界的复杂性和丰富性，又关注"设计"问题。

罗马人继承了希腊人的传统，但他们不能在此基础上创新。罗马人是伟大的工程师和管理者，他们讲究实际，但他们对抽象思想不感兴趣。他们只是用简明的百科全书式的著作保存了希腊科学的梗概，但到3世纪，希腊语言和希腊思想的知识开始消亡。诸如亚里士多德、阿基米德和托勒密，许多人的重要著作并没有译成拉丁文。

文化的衰落、政治的动荡，以及帝国被分为两部分，切断了罗马学习希腊的学术源泉。希腊的学术著作保存在君士坦丁堡，但学术传统没有得到发展。在罗马帝国衰落之后，基督教成为新兴的统治力量，而早期基督徒专注于纯宗教事务，自然哲学对他们没有吸引力。所以希腊科学的成就进入了休眠状态，直到数世纪后首先在伊斯兰世界，以及后来在中古时期的欧洲才得以复兴。

ISLAMIC AND WESTERN MEDIEVAL SCIENCE

中世纪科学

2

引言：中世纪伊斯兰科学的本质
ISLAMIC AND WESTERN MEDIEVAL SCIENCE

到9世纪，伊斯兰文化已经为科学研究提供了一个比欧洲好得多的环境，而当时的欧洲仍在"黑暗时代"中衰落。

在罗马时代后期，西方对希腊科学和哲学的认知急剧衰退。罗马帝国分裂为两大部分：以君士坦丁堡为都城的东罗马帝国和以罗马城为都城的西罗马帝国。这两部分在此后日益不同。希腊的语言和它的知识传统几乎被罗马遗忘了。

这一时期最重大的文化事件就是基督教的兴起。到312年，基督教已经被罗马帝国尊为国教。早期基督教思想家把全部精力都用于对神学的思考。古希腊的自然哲学不但被忽略，甚至被谴责为异端邪教了。在东罗马帝国诸如君士坦丁堡、埃及的亚历山大城、小亚细亚的安提阿这样的城市里，仍完好地保存着古希腊的文本，但由于宗教方面的原因，人们很少研究这些文本。宏伟的亚历山大图书馆毁于3世纪。到529年，东罗马帝国皇帝查士丁尼关闭了位于希腊雅典的哲学学校。这一事件可以看作是古典（文化）时代终结的标志。希腊科学从此进入了漫长的冬眠期。

伊斯兰科学的兴起

650年前后，伊斯兰教登上了世界历史的舞台，令世人瞩目。阿拉伯征服者从家乡，即阿拉伯半岛西部的沙漠地区起兵，席卷了东方、西方和北方。到750年，伊斯兰教已经统治了从西班牙南部到印度北方边界的广阔地区。在征服了占当时已知世界一半面积的土地以后，伊斯兰统治者开始充实自己的文明。他们是热情的宗教信徒，但他们需要为其信仰寻找一个理性的框架。于是他们把目光投向其他国家的哲学。

他们研究了希腊、波斯和印度的科学著作，试图建立起具有宗教和理性的世界观。这些研究活动集中于阿拔斯王朝的巴格达（今伊拉克境内）。那里是当时伊斯兰世界的权力中心。9世纪，哈里发（译注：伊斯兰阿拉伯政权元首的称谓）马蒙在此建立了"智慧宫"（译注：全国性的综合学术机构）。在这里，人们研究来自希腊、波斯和印度的科学著作，并把它们翻译成阿拉伯文。作为记载《古兰经》的文种，阿拉伯文成了整个伊斯兰世界学者通用的文字。伊斯兰思想家可以得到柏拉图、亚里士多德、希波克拉底、盖仑、欧几里得、托勒密和很多其他古希腊学者的著作。他们因此获得了比当时西方先进得多的数学、医学和天文学知识。

宗教与科学

这种研究活动的背景是"穆尔太齐赖派"运动。拥护这个运动的人相信人类的理性适于发现真理与美德。该运动源于陶希德的教义。这种教义断言：整个大自然都是神存在的证明。因此，《古兰经》不是了解神的

◎13世纪阿拉伯文版《医学资料》（*Discorides's Materia Medica*）中的一个细节，图中一位药剂师正在制药。

唯一途径。这种宗教哲学实际上是进行科学研究的许可证：它宣称神创造了宇宙和自然界。但它也指出，人类的理性能够并且应该研究神是如何做到并在其中建立了哪些规则。数学、物理学、天文学、生命科学——所有这些学科当时均被视为与宗教信仰相和谐。

在伊斯兰教中，有一条独特的宗教教义，它具有鼓励人们对精密科学进行深入研究的作用。这就是关于"朝拜方向"的教义：它要求所有穆斯林做礼拜或进行诸如埋葬死者等宗教职责时，要准确地面向麦加的方向。

每座清真寺的墙上都建有一个名为米哈拉布（Mihrab）的神龛，它指示着麦加的方向。阿拉伯人

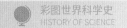

◎伊斯兰外科医生在工作。

是怎么确定这个方向的呢？在遥远的西班牙、埃及、叙利亚或波斯，学者们只能运用天文学、三角学知识进行复杂计算来确定这个神圣的方位。而这种计算复杂方位的本领铸就了科学与伊斯兰教之间的紧密联系。同样，确定精确的礼拜时间需要对天文现象进行详细的研究，以便在因天气状况看不到太阳时仍能计算出日出、正午和日落的精确时刻。发明出以622年穆罕默德圣迁时为起始的伊斯兰历法，也需要学者有很高的学术造诣。

就这样，到9世纪，伊斯兰文化已经为科学研究提供了一个比欧洲好得多的环境，而当时的欧洲仍在"黑暗时代"中衰落。伊斯兰世界还为这些研究提供财政支持与保护。当时，哈里发支持学者开展科学工作的方式是在同时代欧洲闻所未闻的。

◎伊斯兰天文学家正在工作。取自
一份13世纪的手稿。

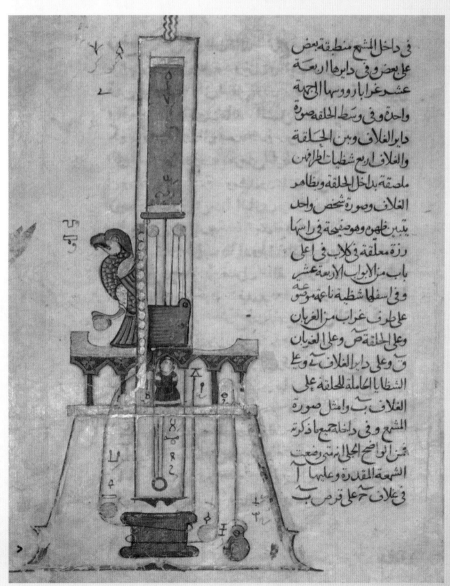

◎加扎利发明的门钟。图中显示一
支蜡烛在钟中央，14扇门环绕四
周。蜡烛芯每燃烧一小时，鹰嘴
中就落下一个小球，门便打开，
露出一幅人像。

中世纪伊斯兰数学：花剌子米
ISLAMIC AND WESTERN MEDIEVAL SCIENCE

数学在伊斯兰科学中占据核心的地位，它为解决天文学和"朝拜方向"问题提供了技术语言。伊斯兰数学源自两个古老文明：希腊与印度。从希腊传来了欧几里得的几何学和托勒密的三角学；从印度传入的算术使计算大大简化，我们至今仍在使用这套计数系统。

就像罗马数字一样，传统的阿拉伯计数系统使用字母表中的字母来表示1，2，3等数字，而且这两种计数系统烦琐得不相上下。大约在830年，巴格达智慧宫的学者花剌子米写了一本介绍从1到9的印度数字（现在被我们称为阿拉伯数字）的书。他详细解释了逢十进一的位值理论，还强调了数字"0"的重要性。而希腊数学是没有"0"的。这套新计数系统是一项伟大的创新，因此它在推行过程中还是遇到了一些阻力。但到了10世纪，这种计数方法已经传遍了伊斯兰世界。

10世纪，巴格达的另一位数学家欧几里得斯把十进制的使用扩展到分数范围。为此，他使用了一个相当于小数点的符号。欧几里得斯的名字显示他是一名以抄写欧几里得数学手稿为生的抄写员。

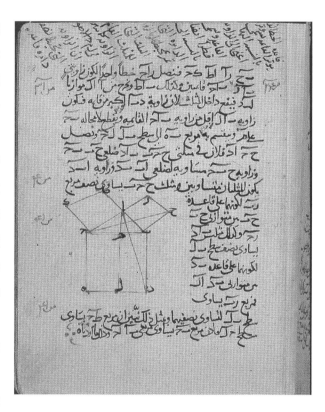

◎毕达哥拉斯定理，取自一份描述图西工作的阿拉伯文手抄本：直角三角形斜边的平方在图中显示为两个直角边平方之和。

代数的基础

在花剌子米的一本更深入的著作中，陈述了代数的基本原理。在阿拉伯语里，"al-jabr"是"还原"的意思。花剌子米把它与另一个概念"al-muqabala"（意思是"对消"）结合起来。代数的目的是在知道未知量的函数关系的前提下解出未知量。花剌子米指出，这种技

花剌子米
（Al-Khwārizmi，约780—约850年）

· 出生于花剌子模。

· 作为学者在巴格达智慧宫工作。

· 代数（algebra）这个词源于他写的一本数学著作。

· 也研究其他课题——如天文学、印度数字系统、犹太历法等。

· 算法（algorithm）一词源于他名字的拉丁文Algorismus的变形。

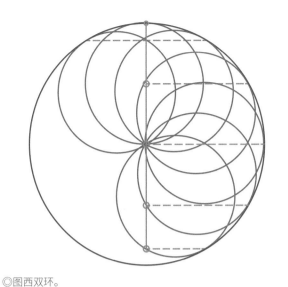

◎图西双环。

巧"经常在遗产继承、分割、诉讼和贸易中用到"。

按照花剌子米的说法，所有这些问题都可以简化为几个标准步骤。英语中"algorithm"（算法）指的是一种数学步骤或者一套规则，这个单词就是源于花剌子米名字的拉丁文Algorismus的一种变形。

"还原"是指通过把代数量从方程一侧移到另一侧来消去符号为负的量。例如：$x^2=40x-4x^2$ 可以通过"还原"化为 $5x^2=40x$。从这个算式我们很容易算出 $x=8$。计算步骤里的"对消"是指在方程等号两边同时减去一个正的量。例如：$50+x^2=29+10x$ 方程两边同时减去29，可以化为 $21+x^2=10x$。到这里我们可以很快解出 x 的值为3。

上面的例子都是用现代数学符号表达的。但要记住这种符号是好几个世纪以后才在欧洲发展起来的。花剌子米把所有这些算式都用文字来表达。例如，我们写 $3x^2+4=7x$，而花剌子米会写成："一个数学量，它的平方的三倍加上四等于这个量的七倍。"

几何学的发展

一方面，伊斯兰数学家逐步推导出更多代数学原理，以解决三次方程和更高次方程；另一方面，几何学也从欧几里得和托勒密奠定的基础上发展起来。伊斯兰数学家发明了前人所未知的新定理，并将这些定理用于天文学中。

例如，13 世纪伟大的波斯天文学家图西发现，如果一个小圆在大圆内滚动，二者始终相切，且大圆半径是小圆半径的两倍，那么在滚动过程中，小圆圆周上任意一点的轨迹都是一条直线。这条直线正好是大圆的直径。这个定理以图西双环（Tusi couple）而著称。图西和其他学者提出将"图西双环"作为替代托勒密复杂的行星周期运动描述的模型。这个模型暗示行星运动有一种有形的物理机制：行星所在的小球壳可以在宇宙的外层球壳中沿规则的几何轨迹旋转。

就这样，伊斯兰世界的实践者发展了他们从古希腊继承下来的数学语言，并极大地简化了印度数字的使用。这些技术性的进展与确定"朝拜方向"的实践及对天文的关注结合到一起，创造出了水平高于同时代欧洲的数学。同时，数学在文化生活中的地位也更加显赫。

◎取自加扎利的《机械装置知识》（*Knowledge of Mechanical Devices*）中的一幅图片。

 # 中世纪伊斯兰天文学：《积尺》和星盘
ISLAMIC AND WESTERN MEDIEVAL SCIENCE

伊斯兰学者在精密科学上的成就以两种工具为代表。这两种工具即便不是由伊斯兰学者发明的，至少也是由他们做了巨大的改进。这两种工具就是《积尺》（*The Zīj*）和星盘。《积尺》是一部记载天体位置的数学参考书，备有许多数学公式。《积尺》一书中的不少内容来自托勒密的数学和天文著作，书中包括：年代学数据，三角学——特别是应用于天球的球面三角学，太阳、月亮和行星整年的运动，视差，日食和月食，地理学——包括伊斯兰世界各城市的地理坐标表，确定"朝拜方向"和礼拜时间的公式，最亮恒星的坐标表以及数学占星术等。《积尺》所记录内容之丰富，使得其在几个世纪以后，仍可在供天文学家和航海者使用的天文历书中出现。

《积尺》以数学的形式将当时伊斯兰学者希望解决的几何学和天文学问题收录于一处。其中一些数据按不同的纬度给

◎星盘的分解图。上面的星图网格指示着十八颗明亮恒星的位置；下面三个圆盘上的坐标线与三条不同纬度的地平线相联系。

指针　　　　销子　　　　　　　环　　　　　　　马架

　　　　　　　　　　　　　御座 →　　← 卡子　　　　　　照准仪

星图网格　　　　　　　　　　盘腹

　　　　　　　　　　"地带"母盘　　　　　　　　　盘面或板面

◎一个星盘的部件。

出，为的是在伊斯兰世界中的不同城市使用。抄写员抄写了上百份《积尺》，但每一个版本都根据观测或计算数据的改进而进行了修改。现在已经能分辨出来自波斯、叙利亚、埃及、西班牙等不同学术中心的不同版本的《积尺》。

星盘是如何工作的

　　星盘是天文学家从8世纪以前就开始使用的计算仪器。它采用了可变形的天球模型。星盘的优美与精密使其成为伊斯兰天文学家与工匠杰出创造力的象征。

　　星盘是一种手持天文仪器，直径从4英寸（约10厘米）到12英寸（约30厘米）不等，由两片叠放的金属盘构成。上面的金属盘叫作"星图网格"（rete），它被镂刻成一个敞开的网状，精确地指示着明亮的恒星的位置。下面一个金属盘叫作"地带"（climate），雕刻了表示天球经纬度的线。当"星图网格"放在"地带"之上时，"星图网格"上标出的恒星就可以在天空中找到，这件仪器也就成了一张北天星图。如果让"星图网格"绕其轴心旋转——这个轴心代表的是北天极——就造成了恒星在天空上旋转的效果。这样我们也可以知道在任意时间或季节可以看到哪些恒星。带有天球经度线和纬度线的"地带"盘只在地球上的特定纬度有效。正如其名称所显示的，要想在不同地区使用星盘，就得换上为不同地理纬度设计的"地带"盘。

　　第三个部件是"照准仪"（alidade）或者叫"窥棒"（sighting bar）。它横放在仪器上，从标在星盘

◎制于16世纪的精美的阿拉伯星盘。追溯至托勒密时代，星盘是
　计算北天球恒星基本数据的一种巧妙工具。

边缘的刻度可以读出恒星在地平线以上的高度。

　　星盘能发挥作用全在于恒星的位置是被精确投影在"星图网格"的平面上，就像制作地图时把地球的球面投影在纸上一样。"星图网格"是用球极平面投影法制作的，所以上面的恒星标记看起来是绕着北天极散开一样。事实上，星盘上有一个以北天极为中心的展平了的天球背景。星盘向南延伸到南回归线，因此它包括了从北纬20度到北纬40度之间陆地上所能看到的任意位置的恒星。这个区域正是伊斯兰世界的版图所在。

　　这不是从人眼看到的天空图景，而是整个北方星空的模型。星盘展示在使用者面前的是一年中任意时刻恒星的方位，使用它可以节省计算天体位置的时间。因为行星的运动太不规律，无法将其纳入星盘的结构设计中，所以星盘并不能直接指示出行星的位置。但是它可以提供行星所在的恒星和星座的位置。这对于占星术、计时、编制历法以及后来的航海活动都有重要的意义。星盘通常用黄铜手工制作，有时还镶嵌着白银。无论是在"星图网格"上制出表示恒星的点还是在"地带"盘上雕刻出坐标线都需要极高的技艺与精确度。

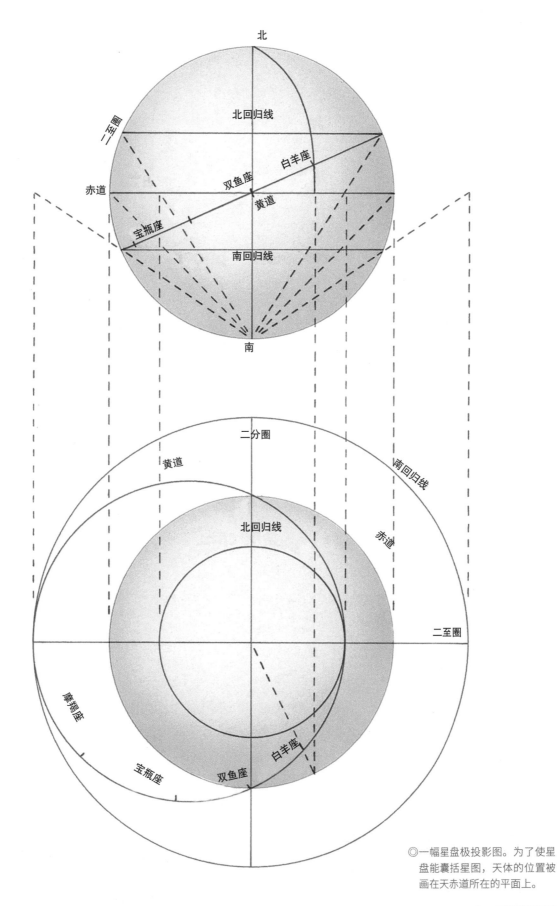

北

二至圈

北回归线

赤道

双鱼座 白羊座

黄道

宝瓶座

南回归线

南

二分圈

黄道

南回归线

北回归线

赤道

二至圈

摩羯座

宝瓶座 双鱼座 白羊座

◎一幅星盘极投影图。为了使星
盘能囊括星图，天体的位置被
画在天赤道所在的平面上。

中世纪伊斯兰占星术：阿布·马沙

ISLAMIC AND WESTERN MEDIEVAL SCIENCE

占星术的历史非常有趣，它的观念曾被视为真正的科学，后来却又声名狼藉。占星术的基本原理是人与自然在许多层面上都有直接关联，尤其认为天体会对地球上发生的事和人类生活施加影响。

占星术起源于古巴比伦，在那里，人们把恒星与行星当作神明崇拜，认为这些星的力量是非凡的。占星术传入希腊后成了一门数理科学：只有在计算出恒星与行星在天空的精确位置时，占星师才能确定这些星的力量。这种计算是通过使用由托勒密和其他科学家创立的数理天文学规则而实现的。托勒密写过一本很有影响的占星术著作，在书中他提出恒星与行星的力量是一种物理力：就像太阳决定着地球上的四季变化一样，所有的天体都影响着人和地上的事。

早期的基督教会排斥占星术，但在伊斯兰教兴起之初，占星术很有地位，当时最著名的伊斯兰占星师是阿布·马沙。他生于巴尔赫城，位于今天的阿富汗。巴尔赫城是各种哲学与信仰的风云聚会之地：来自印度和波斯的宗教在此与希腊科学相遇。阿布·马沙名义上是一名穆斯林，他移居到巴格达，在著名的智慧宫里工作。他相信所有的宗教与哲学都包含着普遍真理：万法归一，在不同的文化中以不同的方式来用神明解释一切。显然，这种信念与上文曾经提到的穆尔太齐赖派阐释的原理有相似之处。

阿布·马沙的占星术完全以希腊科学为基础，他的理论体系以柏拉图和亚里士多德的宇宙论来支持。他提

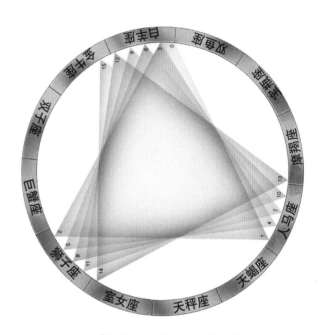

◎阿布·马沙的占星术"三宫组"（译注：在占星术中，黄道四个组中的每一个都包括3个互相隔为12度的宫）。每一个会合点都绕着黄道向前移动几度，这样会合点就能沿着星座与三宫组移动。

出三个等级以对应宇宙的三个层次。宇宙的最外层是神的天球，是光明之球，在那里居住着身处星辰之外的"第一推动者"。第二层是以太天球，恒星与行星在这个球层中绕地球运转。上述两个外部天球都是永恒不变的。第三个也是最低的是尘世球层，在这里四种元素不断地运动变化着。

阿布·马沙接受了柏拉图关于人之灵魂是从最高层天球堕落到尘世球层，并努力回到原处的学说。为了做

阿布·马沙
(Abu Mashar, 787—886年)

·在西方，阿布·马沙的名字为人所知。

·天文学家、占星师。

·生于阿富汗的巴尔赫。

·一生主要时间在巴格达度过。

·为了理解哲学辩论，他感到学习数学的同时学习算术、几何、天文学、占星
　术和音乐是必不可少的。

·作为占星师，他具有极高的名望，撰写了大量关于占星术的书。

·研究了潮水的性质。

·用波斯纪年法制作了天文表。

·发明了关于世界起源与毁灭的奇妙理论。在他所著的《论大交会》（*De
　Magnis Coniunctionibus*）中提到：世界是当七颗行星（译注：古人把金、
　木、水、火、土、日、月都看作行星）在白羊座初度处连成一线时被创造出
　来的，而世界末日会在七颗行星于双鱼座末度处连成一线时来临。

到这一点，必须涉及中间的天球。因此，无论是科学还是宗教，都促使人们研究恒星、行星的性质与运动规律。占星术研究的任务就是揭示天体究竟以何种方式影响人生与事物的，这其中也包括可能被恒星和行星以不同方式影响的特定的植物、矿物与动物。阿布·马沙非常严肃地对待这种研究的科学一面。为了使占星结果更加精确，他还改进了《积尺》的天文数据和计算方法。

◎江格尔的文集中页边的一幅画。这幅作于17世纪早期的手稿，显示了一位身边放着星盘、黄道表格和计时沙漏的占星师。

行星的影响

在这个基础上，阿布·马沙建立了他极有特色的学说：行星的交会不仅影响单个人的生活，更在人类历史上扮演扭转乾坤的角色。越是不常见的交会，影响力也就越大。最罕见的交会发生在那些运动缓慢的外行星（译注：指绕日轨道在地球轨道以外的行星）上，如火星、木星和土星。尤其是木星和土星，它们是当时已知的最大的两颗行星。在神话中，它们与最具威力的古代神明相联系。由于上述原因，阿布·马沙认为这些外行星的交会将影响宗教文化的命运。

简单地说，这些现象每20年就会发生在黄道上相隔120度的点上。这就意味着交会可能发生在黄道任意4个区域中。交会连续发生的3个星座被称为一个"三宫组"。据推测，每个三宫组均由4种元素——土、气、火、水中的一种掌控着。但木星和土星的运行周期比较特殊，以致其交会点在黄道恒星的背景上不是固定的，而是比前一次的交会点超前几度。经过240年（20年/次×12次=240年），第13次交会将进入一个新的三宫组。960年（240年/次×4次=960年）以后，交会点在黄道上走满了一个圆周，再从头开始。

历史的模式

当阿布·马沙寻求历史模式之时，他得到了3个周期：20年，240年和960年。这3个时间段被分别称为"大交会""主交会"和"至大交会"。据称后两个交会的影响特别巨大。例如，当由"气"掌控的三宫组转

◎一个黄铜制成的阿拉伯星盘，是由穆斯塔法·阿育比于1605年制作的。

为由"水"掌控的三宫组时，地面受到的影响就表现为《旧约全书》中记载的那种大洪水；而另一个类似的三宫组转换预示了伊斯兰教的诞生。

在阿布·马沙笔下，"大交会"理论是理解人类历史的关键所在。他大胆地预言，伊斯兰世界的权力中心阿拔斯王朝哈里发传承将在三个半世纪以内终结。在这一点上他几乎完全正确。因为在1258年蒙古人攻陷巴格达后，阿拔斯王朝就覆灭了。如果"上天"作出了决定，甚至宗教本身也可能在某天消失掉。

在这些历史理论中最夸张的要数被称为"极大年"（Great Year）的学说了。该学说认为，当所有行星在黄道起点的白羊座初度处交会时，宇宙形成了；通过外推，当所有行星聚集于黄道末端的双鱼座末度时，宇宙就终结了。当时所有的哲学家和世界的统治者都为这些推测着迷。不但伊斯兰世界知道他，在他的著作被译成拉丁文后，也传遍了欧洲。阿布·马沙的声名也因此远布四方。

依靠详细的数学计算是这些复杂而神秘理论的突出特点，在预言天体的影响之前必须理解并仔细测量天体的位置和运动。基本思想是世间万物为一有机整体，而神祇在宇宙中建立了各部分的联系。虽然不是所有的穆斯林都接受这些思想，但几乎没有思想家能抵御窥探自然法则与时间循环的诱惑。阿布·马沙的工作显示了巨大的雄心壮志：他试图建立一种自然哲学，其中天象变化与历史变迁在一个科学化的系统中紧密相连。

中世纪伊斯兰天文学：恒星与天文台
ISLAMIC AND WESTERN MEDIEVAL SCIENCE

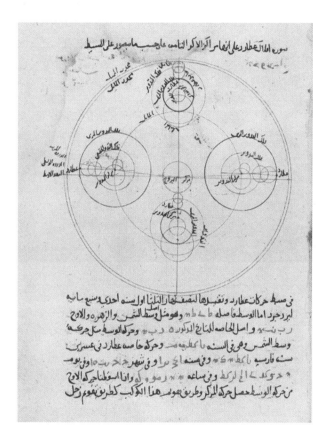

◎一份伊斯兰手稿中的水星轨迹显示研究者是运
　用了托勒密的本轮体系。

正如古希腊一样，天文学在伊斯兰科学中也占据了中心地位。天空所展现的庄严权威与其永恒不变的特性可作为宇宙被一个独立智慧所统治的有力证据。天体的运动可以借助数学手段分析，它们也构成了占星术的研究对象。就学术而言，伊斯兰天文学完全出自托勒密的天文学：把天体运动纳入规则的几何模型成了所有天文学家追求的基本目标。尽管有时他们不同意托勒密理论的细节，但他们的目标和手段总是要优化、改善他的体系，而不是另起炉灶替代这套体系。伊斯兰科学家接受的宇宙模型是由亚里士多德和托勒密建立起来的。在这个模型中，恒星与行星在一个由同心球壳组成的体系中绕地球运转。

出于提高宇宙模型准确性的愿望，伊斯兰天文学家们着重发展了对天空的观测。阿拉伯民族一直有观测天象的传统：沙漠地区的游牧部落拥有关于恒星的详细知识。对他们而言，用恒星来估算方位和时间是极其重要的。同样，对于航海者来说，了解恒星位置也是性命攸关的大事。

给恒星命名

波斯天文学家苏菲以托勒密天文学整合了阿拉伯传统的恒星知识。他通过校对托勒密《至大论》中的恒星表，给出了许多恒星的更为精确的坐标，并为几百颗恒星加上了传统的阿拉伯文名称。包括托勒密在内的希腊人只为诸如天狼星和大角星（译注：牧夫座中最亮的

◎苏菲手稿中的英仙座。这个星座形象之所以出现了两个，是因为：一个是从地球上看去的形象；另一个是它的镜像，是从天球上看到的。

◎伊斯兰天球仪，8世纪时已被伊斯
　兰科学家广泛使用。直到15世纪，
　欧洲人还不知道这种仪器。

天球仪

　　天球仪演示的是地球位于天球中心时的星空。所有恒星都被看作是天球上的光点，与地球的距离都相同。因此，在观看天球仪时，观测者相当于站在天球以外俯瞰星空，所有的星座图形看起来都与从地球上看到的相反。苏菲手稿中的图片显示了每个星座的两种相反的图案，其一是从地球上仰视看到的星空，另一幅是从天球仪上看到的星空图景。这表明这些手稿可能是要与天球仪配合使用的。

星）在内的少量恒星起了名字，再通过给每个星座中的恒星一个编号来分辨它们。而苏菲是以其在星座中的位置来命名恒星的：猎户座的参宿三（Mintaka）是"腰带"的意思；英仙座的室宿一（Markab）意思是"肩膀"；猎户座中的参宿七（Rigel）意为"腿"。阿拉伯式恒星名的特点是带有一个前缀"al"，它与英语中定冠词"the"的作用类似。比如，英仙座的大陵五（Algol）意思是"恶魔"（译注：是一颗食变星，即亮度发生周期性变化的恒星，它的阿拉伯名字也因此而来）；金牛座的毕宿五（Aldebaran）为"追随者"之意。这些由苏菲首次列出的阿拉伯文星名至今还为天文学家所用。苏菲论述天文学的巨著叫作《恒星星座之书》（*The Book of the Constellations of the Fixed Stars*）。书中配有生动的星座形象插图，这是超越托勒密的又一项创造，在托勒密的星表中从来没有用这种方式插图。这些星座形象也出现在8世纪以来伊斯兰工匠制作的天球仪上。天球仪的使用对苏菲手稿中星座的绘制方式产生了奇特的影响。

天文台

当时奉行基督教的欧洲并无天球仪，也没有像巴格达、开罗、大马士革（译注：位于今天的叙利亚境内）、托莱多等伊斯兰城市中那样的天文台。这些天文台虽不如现代天文台复杂，但他们的观测目的和观测手段是相似的。它们都配备了巨大的目视设备，如垂直或水平象限仪，用这种仪器可以测出恒星之间的角距离，并能绘制出行星的运行轨迹。正因有这些天文台以及长期的有计划观测活动，留下了许多部《积尺》。其中最有影响的一部《积尺》是11世纪晚期由托莱多的查尔卡利编纂的。西班牙安达卢斯伊斯兰王国的天文学家们觉得繁复的托勒密体系很不方便，试图找到更简单的描述行星运动轨迹的几何模型。

另一座著名的天文台位于波斯北部的马拉盖，它由数学家和天文学家图西领导。当成吉思汗的孙辈旭烈兀攻陷巴格达时，图西也在城中。可能是旭烈兀对占星术有兴趣，他出资建立了这座天文台。旭烈兀的兄长蒙哥是当时中国的统治者（译注：当时南宋未灭，蒙哥于1251年登大汗宝座，实为中国北方的统治者），他在北京建造了一座规模更大的天文台。图西从1259年到1274年管理着位于马拉盖的天文台。在10名助手的协助下，他们利用天文台上精良的仪器编撰了新的恒星位置表，还改进了托勒密的理论。图西也写过炼金术、矿物学和逻辑方面的书。

还有一座更为雄心勃勃的天文台是兀鲁伯于1424年在撒马尔罕（位于现在的乌兹别克斯坦境内）建立的。创立者兀鲁伯是一位王子，是亚洲征服者帖木儿之孙。这座天文台的核心部件是一个巨大的圆弧构成的象限仪，此仪器是用来测量恒星高度的，它的遗址现在还可以看到。用这座象限仪和其他一些仪器，兀鲁伯编成了一张新的星表。

这位高贵的天文学家之死充满了暴力与谜团：1941年，苏联考古学家发现了他的骸骨，上面套着殉教者的长袍。很明显他被斩了首级（译注：他在生命的最后两年登帝位，由于他热爱和支持科学，遭到宗教界嫉恨，于1449年10月27日被其子所杀）。

后来，在16世纪70年代，一座建于伊斯坦布尔的天文台装备了很好的目视仪器。一个惊人的事实是，这座天文台和伊斯兰世界中其他天文台一样，没能完成向望远镜时代的过渡。直至18世纪30年代，印度斋浦尔的统治者兴建了一座使用巨型裸眼目视仪器的精美天文台。台上仪器与兀鲁伯配备的相似。这件事发生在望远镜引起欧洲天文学革命之后很久，然而伊斯兰世界与西方的智慧联系不复存在了，东方也没有发生科学革命。

 中世纪伊斯兰机械学：科学与宗教的融合
ISLAMIC AND WESTERN MEDIEVAL SCIENCE

　　伊斯兰学者将科学与宗教或哲学思想相融合的一个有趣范例是流体静力天平，这是哈奇尼于1120年左右设计制造的。哈奇尼是伊斯兰教神秘组织苏菲派的成员。他住在当时著名的学术中心——中亚城市梅尔夫。哈奇尼是天文学家和数学家，但他最大的名声来自他的"智慧天平"。这是一架大型流体静力天平，因为用经过仔细测量的液体来使天平的两臂平衡，它能以极高的灵敏度工作。天平的中央横梁超过两米长，可以检测出十万分之一，也就是5千克中50毫克的微小质量差异。

　　哈奇尼设计这架极为精密的仪器是用来做什么呢？在他写的书中讲到了用途。他解释说，这架天平的作用是分辨由不同材质构成的等量物品，尤其是贵金属和珠宝。这是很有可能的，因为哈奇尼把这种等量物品称为"个体密度"或"奇物"，也就是我们现在的"比重"或"相对密度"的概念。这架天平的工作原理是：不同材质构成的物体其排水量是由材料密度决定的——这个原理因其发现者阿基米德而得名。很明显，哈奇尼知道许多物质的相对密度，例如：水银、锡、金、银、铁等。这些已知的密度为测量者提供了一系列可供参照的标准排水量。任何样品都可以被测量出来。这架精准的天平，可以检测出一件物品是由单一成分构成还是由两种以上金属形成的合金构成。这要求设计者对杠杆原理有很充分的理解：杠杆两端物体质量的差异取决于它们距离杠杆支点的距离。事实上，设计制造这架天平就是为了在梅尔夫苏丹的宝库中使用，这样苏丹就可以分辨

◎哈奇尼的流体静力天平。

真假钱币与珠宝。

　　这些机械科学与哈奇尼所在的神秘宗教派别有什么联系呢？答案是，他一再将他的天平与另一架天平画等号，就是在伊斯兰教经典《古兰经》中提到的安拉在审判日用于区分善恶的天平。对哈奇尼而言，这架天平是神的公正性和创造力的象征。这不但要求制作者有足够的智慧理解自然界的基本原理，还要求他具备机械制造的高超技艺。哈奇尼说，安拉确立了三个公正的裁决者：一是《古兰经》；二是对科学和《古兰经》都有研究的学者；三是这架天平。天平和天平背后蕴含的知识象征着宇宙的神圣特

性以及科学洞察自然界运转机制的力量。这就是哈奇尼将其仪器冠以庄严头衔——"智慧天平"的用意。因为这架天平是运用基本物理法则来区分真伪的。

加扎利发明的是更为先进的力学机械，但是他的职业生涯中并无任何哲学思想的驱使。加扎利大约在1190—1210年生活在土耳其东部的戴亚尔·巴克尔。他继承了数学家希罗的传统，建造了用水力或热力驱动的精巧机构和玩具。在他的《巧妙的机械装置知识》（*The Book of Knowledge of Ingenious Mechanical Devices*）中描述了许多这类机械。这本书以有趣、细致的图样展示了他的发明。这些精巧的装置让那些委托赞助人非常高兴。虽然这些机械看似简单，却需要高超的制造技术，不断地试验纠错，以获得正确的重量、尺寸和流速。

就这些机械玩具本身而言，它们不会发展成大型机械。因为机械尺寸放大了，动力系统却不好放大。但是，一些具体的工艺和零件得到改进后，逐渐在大型机械中占据重要位置：铸造的铜或黄铜零件、精确咬合的齿轮组、用于密封水箱的圆锥形阀门、可以上升或下降的浮标、木材制成的刚性叠片结构、用木板使薄金属成型等。无论在伊斯兰世界还是把加扎利著作翻译为拉丁文的西方世界，这些技术最后都用在建造磨坊、船只和武器上。除了文字传播这一途径，十字军或者在东地中海地区的西方旅行者也可能在看到这些机械装置后把技术带到西方。

光的科学：海赛姆
ISLAMIC AND WESTERN MEDIEVAL SCIENCE

　　视觉是我们从自然界获取知识的主要途径。因此，所有古代哲人都对视觉机制深感兴趣：外界的图像是怎样进入我们的眼睛和大脑的呢？我们又是如何理解所看到的图像？就像其他基础科学思想一样，伊斯兰光学思想的源头也在古希腊。

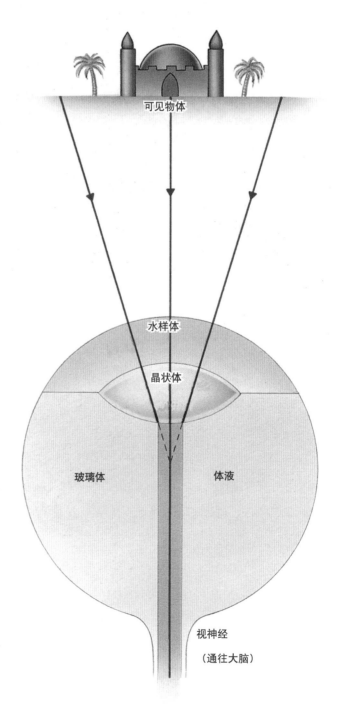

可见物体

水样体

晶状体

玻璃体

体液

视神经

（通往大脑）

◎海赛姆视觉"干涉"理论中的视圆锥与眼睛。来自物体斜射入眼的光线（经过折射）没有显示出来，因为它们只是顺带地进入了视觉过程。

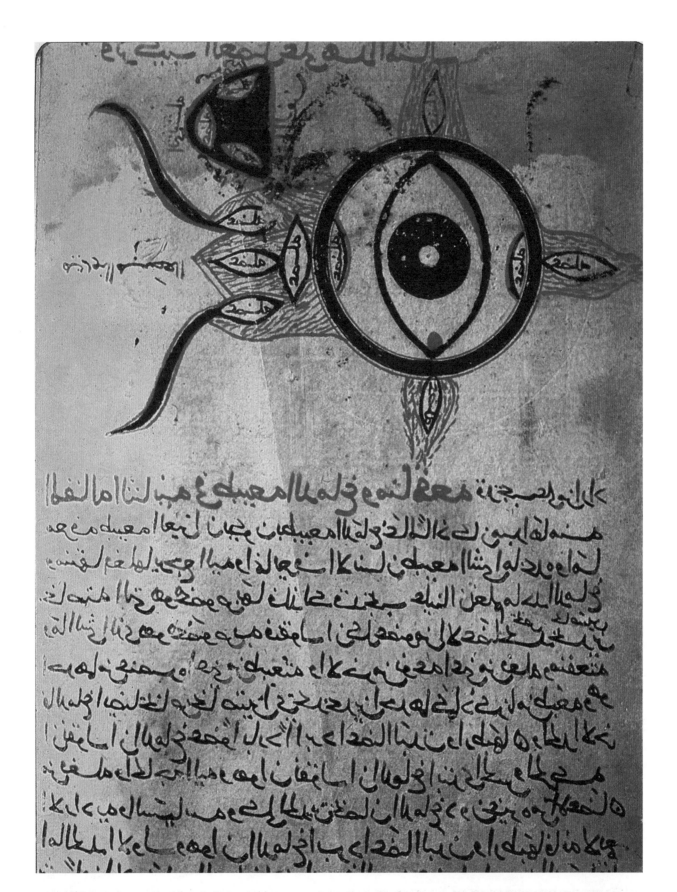

◎伊本·伊斯哈格作于9世纪的一份手
稿，此为20世纪复制本。

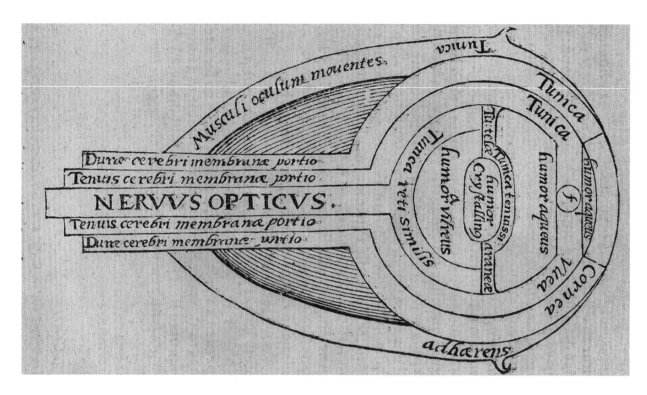

◎《光学宝库》一书中的人眼示意图。这是"现代光学之父"
海赛姆著作的一份拉丁文译本。

希腊思想家把视觉看作是一个物质的过程。他们认为有一种难以捉摸但确实存在的物质在人眼和被看到的物体之间流动。这个理论中最令人惊奇的部分就是该物质是从人眼中发出的。因而，柏拉图形容，有一种"火"从眼睛里射出，沿着目标的印象传到灵魂中。对于"黑暗为何存在"这样显而易见的问题，柏拉图的回答是，只有与阳光混合后这种"火"才具有活性。这种理论被称为光的"外界说"或者光的"发射说"。

产生这种奇异理论的原因可能有二。首先，希腊人没有"光线"的概念。反而，他们设想我们所看到的物

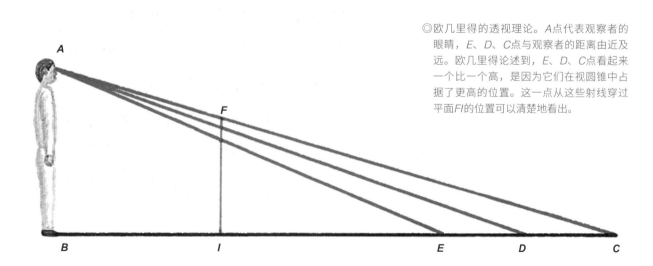

◎欧几里得的透视理论。A点代表观察者的眼睛，E、D、C点与观察者的距离由近及远。欧几里得论述到，E、D、C点看起来一个比一个高，是因为它们在视圆锥中占据了更高的位置。这一点从这些射线穿过平面FI的位置可以清楚地看出。

体的完整图像是沿着可视火流到达眼中的。一些希腊思想家甚至认为这些图像是由物体表面剥离的一层"原子"构成的。其次，它们对非常巨大的物体，如神庙、山岳、树木之类如何能够进入那样小的人眼感到迷惑不解。因此，就设想从眼睛里发出射线，像渔网一样"罩"住这些景象。他们认为这些射线形成了一个圆锥形，顶点就在眼睛内部，而圆锥的底面实际上是无限大的。

实验性的检验

欧几里得和托勒密都接受"外界说"。欧几里得用几何方法分析了视圆锥，揭示了远处的物体在视平面上总是显得高一些的原因。托勒密用镜子做实验，发现了入射角等于反射角的基本法则。他证明了，一个被反射物体的影像在镜子后面的位置是确定的。

伊斯兰思想家了解这些希腊先哲的思想后，开始把这些想法付诸实践检验。最早在这个领域活动的伊斯兰科学家是海赛姆。海赛姆指出，"外界说"很不符合实际。他的质疑是，这么细微的力量是如何从眼睛里涌出，并在夜晚瞬间照亮广阔的地面和全部苍穹？他给出了一个替代理论，即发亮物体发出的光被其他物体接收了，接受光的物体依次发亮，光就这样传递下去。换而言之，我们看到的是物体反射出来的光。

海赛姆是第一个提出"光线"概念的人。他指出，这些光线从物体各处发出，进入眼睛；而不是整个物体的单一图像穿过空间，只有向各个方向射出的光线交织而成的光网是真实的。通过研究眼睛解剖构造，正如伊斯兰医师所描述的，海赛姆意识到这些分散的光是被透镜一样的东西汇聚的。他保留了视圆锥的理论模型，但把它修改成描述光线如何从远方物体进入眼中，再汇聚成一个连贯的影像的模型。他也认识到，这个影像并非在视网膜上呈现，眼睛不像一架针孔摄影机。视觉是经由视神经传入大脑的，是在大脑中形成了我们"看到"的图像。我们通过与大脑中贮存的经验知识做比较来理解这些图像。海赛姆在光学领域的工作是开创性的，这也表明伊斯兰哲人有时也走在其希腊前辈的前面。

海赛姆
(Abu Ali al-Hasan Ibn al-Haytham, 约965—1039年)

· 拉丁名为海桑（Alhazen）。
· 生于伊拉克的巴士拉，在埃及工作、生活。
· 写了一部关于光学的颇有影响的著作——《光学宝库》（*Treasury of Optics*），直到14世纪后期被译为拉丁文才在欧洲出现。
· 第一次计算了曲面上发生的大气折射和反射。
· 抛弃了希腊人关于眼睛发出射线的荒谬说法。
· 出于研究需要，他制作了球面和抛物面的反射镜和透镜。
· 对数学产生兴趣，写了关于平行线和圆锥形状的文章。
· 传说他曾假装发疯以逃避兑现自己夸下的海口——让尼罗河不再泛洪。

中世纪伊斯兰地理学与地图绘制：
伊德里西
ISLAMIC AND WESTERN MEDIEVAL SCIENCE

　　伊斯兰文化传布多国，地跨万里。伊斯兰思想家对地理学和地图也有一种自然而然的兴趣。到9世纪，他们已经对所有的伊斯兰教辖地作出了细致的描述。只是这些配有文字的地图只有大致轮廓，高度程式化，看起来与实际的地理位置关联不大。这些地图不使用地理坐标，而且也不包括欧洲和亚洲的非伊斯兰地区。

　　伊斯兰传统中最重要的地理学家是伊德里西。他是摩洛哥皇室成员，生于1100年。在穆斯林统治下的科尔多瓦接受教育，并进行了广泛的游历。1140年，伊德里西来到西西里岛为其国王罗杰二世服务。西西里王国是基督教文化与伊斯兰教文化的交汇处。而罗杰二世的

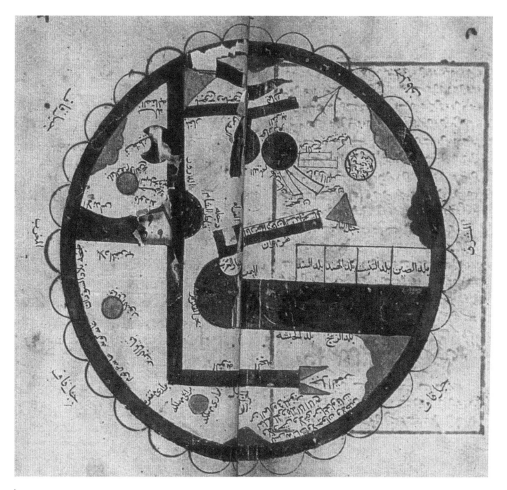

◎在伊德里西之前的一幅世界地图。南方在地图上部。那里的一大片陆地是非洲，尼罗河从中穿过。左侧黑色的海是印度洋，亚洲在它下方，欧洲在右下方。

宫廷也是欧洲最具国际化色彩的宫廷。国王委派伊德里西绘制一张已知世界的综合地图，附带全面的说明与注解。经过15年的研究，他完成了一本古怪而有趣的书，书名为《远方乐旅之书》（*The Book of Pleasant Journeys to Faraway Lands*）。

在编辑地图的岁月里，国王罗杰二世和他的地理学家向当时已知的所有国家派出了使节，为的是带回关于这些国家位置和疆土的资料。在这本书中夹有70张独立构思、独立绘制的区域地图。把这些地图合在一起就是一张当时最为详尽的世界地图。他们把已知世界在赤道以北沿着纬线分成7部分，沿经线分为10部分。经纬交叉就有了70张地图。每张地图涵盖了大约东西600千米，南北500千米的区域。尽管源于中东和西亚伊斯兰地区的地理信息明显比其他地区的丰富，但作者仍然细心地保持着全书前后规模的一致。

该地图的原版被国王刻在了一张巨大的银片上，这张银质地图毫无悬念地消失无踪了。但是它的手抄本很快就出现了，许多手抄本从14世纪流传至今。伊德里西以如下话语记录了国王的委托：

> 他希望能够准确了解所有国家的详情——它们的边界和道路，海岸线与腹地，海湾与海洋，水道及河流的方位，有人居住的地区和不毛之地，还有各个地点之间的距离几何。

伊德里西知道托勒密的地理学著作，并用阿拉伯人和基督教徒的旅行日志充实了这些著作。伊德里西留下的笔记完整地记述了他是如何编辑改进已有地图并利用新信息进行工作的。

一张已知世界的地图

伊德里西知道的世界大致就是古典时代末期托勒密所知的那个世界：阿拉伯半岛在中间，欧洲（除了北

部）、亚洲大部、北非等都以相当高的精度绘出。七十张分区地图都画在长方形的画板上，把它们拼合到一起，得到的全图也是长方形的。但这只是一种绘图习惯，当然不表示伊德里西相信世界是长方形的或平坦的。他的手稿中有一张小些的，但概括性更强的世界地图。上面清楚地把世界画成了球形。这张世界地图与所有的分区地图一样，方向不是"上北下南"，而是"上南下北"——当时还没有发明磁罗盘，没有理由把北方看作首要的方向。事实上，对于伊斯兰世界的绝大多数地方来说，圣城麦加是位于南方的。作为神圣的方向，把南方放在地图的上方也就在情理之中了。

与早期伊斯兰的地图绘制学派不同，伊德里西发明了一套图标系统，是表示地图特征的图形语言：河流、山脉、城市、海洋，所有这些都用清晰一致的符号标出。尽管伊德里西采纳了托勒密曾以经纬度给出的许多地点的位置，但他并没有在地图边缘标明经纬度数。伊德里西的世界地图和托勒密的世界地图有一个重要区

伊德里西
（1100—1166年）

· 全名是Abu Abdallah Muhammad Ibn Muhammad Ibn Abdallah Ibn Idrisi al-Qurtubi al-Hasani。

· 生于西班牙的休达（译注：位于北非），在科尔多瓦接受教育。

· 为增进学业，他四处游历，采集植物标本，搜集资料，尤其对药用植物感兴趣。断言药用植物自古希腊时代以来就很少被研究。

· 写了几本关于药用植物及其应用的重要著作。

· 向内科医生介绍了许多新的草药，并用6种语言：希腊语、拉丁语、古叙利亚语、印地语、柏柏尔语和波斯语给这些草药命名。

· 在许多领域，如地理学、动物学、动物志、治疗学里留有著述，这些书很快就有了拉丁文译本。

· 对亚洲、非洲和欧洲的世界地理很感兴趣。不但描述各地的自然特征，还讲了当地的经济与文化状况。

· 最后定居在西西里巴勒莫罗杰二世的诺曼王宫中。在那里，学者受到尊重。

· 为他的庇护人写了本《罗杰之书》（*Al-Kitab al-Rujari*）。

别，那就是印度洋不再是封闭的，而是向亚洲和非洲的海岸开放。这一定是印度洋上伊斯兰渔民给伊德里西提供了正确的地理信息。在伊德里西的时代，阿拉伯已经建立了与印度、中国以及南至赞比西河的东非的海上贸易。

伊德里西所绘的世界地图的突出特点是：首先，其目标是展示整个已知世界而不局限于伊斯兰世界；其次，地图细节的精度很高。第一点很容易做到，因为地图是由一位身处欧洲和伊斯兰世界之间的国际化宫廷的君主倡议绘制的，其眼界非目光局限于伊斯兰地区的统治者所能比；第二个特点在于其使用了托勒密的经典方法。伊德里西尝试用比例尺和一套图例系统来建立新的制图方法，以绘出科学的世界图景。

这时的欧洲还没有此类地图。几百年后欧洲制图专家才能达到这个水平。因为伊斯兰国家边界的阻隔，欧洲与世界其他地区似乎隔绝了。因此，伊斯兰学者掌握的对亚洲、非洲和印度洋的认识要比其欧洲同行广博、写实得多。

◎传教者用于宣传的地图。图中展示了亚当与夏娃所生活的早期天堂和耶路撒冷城，还有山脉和河流。

◎伊德里西的小型世界地图。方向设定为"上南下北"。

◎伊德里西时代之前的宗教地图中的波斯湾，地图上部为南方。

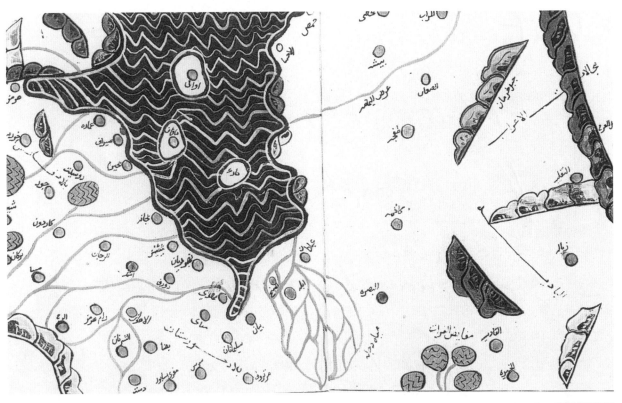

中世纪伊斯兰医学：传承盖仑
ISLAMIC AND WESTERN MEDIEVAL SCIENCE

伊斯兰医生无论在医学理论还是在医学实践方面均取得了许多成就。也许，在深入理解希波克拉底与盖仑的古典遗产的基础上，希望能延续这一传统并在思想和治疗手段上有所创造是他们工作的突出特色。

拉齐是阿拔斯黄金时代的一位伟大的医生，他是巴格达一所医院的院长，因拒绝服从科学教条而闻名。他写道："医学的技艺是一种不向任何权威低头的哲学，是任何观点都必须经过相应的考查才能被接受的哲学。"

古代医学总是集中注意力于症状上：疾病就是症状。拉齐和其他伊斯兰医生开始通过仔细观察来给不同的疾病分类，并且区分不同的症状。例如，拉齐把麻疹与更为致命的天花区分开来，还给天花患者许多减轻痛苦的建议。他保留着详细的病人病历以及在自己身上做各式药物试验的记录。他临床试验作出以下记录：给两组同患脑膜炎的病人施以不同的疗法，一组是放血，另一组是抑制。这类的试验使他对放血疗法产生了怀疑，而放血疗法在当时几乎是治疗任何疾病的传统方法。

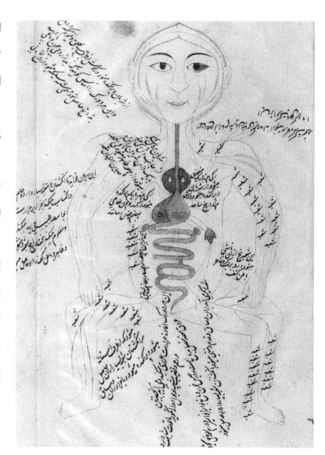

◎消化系统的解剖图。还绘制了与之相似的图用来表现神经、静脉血管和动脉血管。

医师中的王子

伊斯兰医生中最伟大的医学权威是伊本·西那。他在西方被称为阿维森纳，是波斯东部人。他曾治好许多皇室成员的病，因此以"医师中的王子"和"王子们的医师"为人所知。他最伟大的著作是《医典》（*The Canon of Medicine*），这是一部涵盖医学所有方面的百科巨著，其中包括解剖学、生理学、外科学、治疗学、心理学等方面。他还用诗歌体写了一部篇幅较小的著作供学生记忆。伊本·西那接受古典的盖仑学说，认为四种体液的不均衡是产生疾病的内因。但他也认识到发病有外部因素的作用，把瘟疫的爆发归于寄生虫的存

◎在英国伦敦重建的
　阿拉伯药店。

在。虽然他没能找出传染病的真正机理，但这在当时已
是非常先进的理论了。

　　伊本·西那延续了拉齐给疾病命名的传统，为癌
症、肺结核、脑膜炎、肠胃炎等疾病命了名。他的药物
目录中源自草药的数量非常之多，这再次显示了伊斯兰
医学的特点，因为伊斯兰世界广阔的土地上生长着种类
繁多的植物。他还在外科手术时试着使用天然麻醉剂。
伊本·西那也是位造诣颇深的哲学家，他思索灵魂的本
质，在医学著作里引入了不少心理元素。他认为灵魂可
以通过很多种我们不理解的方式影响肉体，但是他确
信，身体的健康常常取决于心灵的健康。

　　在实用医学领域，中世纪的西班牙医生阿布·卡西
姆写了最详细的外科手术教程。他呼吁医学应放弃理
论，回到治疗实践上来。他也是使用天然药物的伟大试
验家。例如，他制作了一种以鸦片为原料的药物来引发
幻觉，他称之为"欢乐的使者"，因为它可以放松心
灵。拉齐、伊本·西那和阿布·卡西姆的著作全都被翻译
成了拉丁文。他们和盖仑的学说统领着西方医学，直至
16世纪在大学中形成了基础医学教学为止。

◎阿布·卡西姆手稿中的外科器械。

 # 宗教的影响：伊斯兰科学的衰落
ISLAMIC AND WESTERN MEDIEVAL SCIENCE

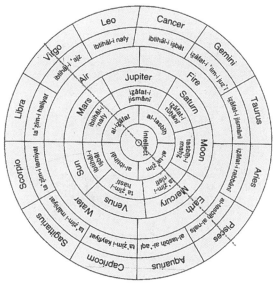

◎伊斯兰教的宇宙图。在阿拉伯文惯用语"别无他主，安拉是唯一的真神"中，有4个单词，7个音节，12个字母。伊斯兰神秘主义者认为这与宇宙的结构相关联：四种元素，七颗行星，黄道十二宫。这种诡秘的哲学式附会为正统的伊斯兰教信徒所反对。

在9世纪的巴格达，伊斯兰哲学和科学的基础已经奠定。当时，金迪有意将希腊思想与正统的宗教融合在一起，他写道：

承认真理并从各种渠道吸收真知，哪怕这是先人和异族人交给我们的。我们不应为此感到惭愧。

对于金迪而言，希腊哲学家掌握的真知与先知传授的真知是一样的。只不过后者是神偶然授予人类的，而前者是人类理智经过长期锻炼后发现的。金迪探索了古典科学的各个方面：光学、数学、医学、天文学和占星术，确立了这样的原理，即伊斯兰哲学应该建立在古希腊人成就的基础上。比其他的伊斯兰思想家更前进一步，伟大的西班牙哲人伊本·路世德（在西方以阿威罗伊斯闻名）认为，世界的性质和人类思想的结构，包括宗教思想，只能通过希腊思想，特别是亚里士多德的逻辑和形而上学来理解。

宗教的影响

不可避免地，宗教会对希腊哲学在伊斯兰的重要性产生影响。医学家拉齐、占星师阿布·马沙、哲学家兼医生伊本·西那都热诚地信奉希腊思想，以致他们多次被控为异端或无神论者。第一个极力反对外来哲学的是神学家加扎利。他是波斯人，出了一本有名的书叫作《哲学家的语无伦次》（*The Incoherence of the Phi-*

losophers）。加扎利并非完全反对逻辑探索或哲学思辨，但他坚持许多最深奥的真理不是凭人类的理性所能掌握的。他也不接受哲学和理智与神圣的《古兰经》处于同一层面上。

更为严厉的批评来自神学家伊本·泰米亚。他论证地认为希腊哲学的整套体系对真正的宗教是一个威胁，其中并未给伊斯兰的世界留出位置。政治在这些智慧的冲突中一次又一次地扮演着重要角色。例如，权力中心位于巴格达的阿拔斯王朝被其敌人攻击时，罪名就是以希腊思想败坏伊斯兰教。在10世纪的西班牙安达卢西亚，科学书籍被正统的伊玛目（译注：伊斯兰教领袖的称号）烧毁，哲学被逐入地下。

然而，掩盖不住的事实是：尽管有这些反对因素，理性的哲学与科学在伊斯兰世界里至少又发展了400年。伊斯兰思想家以希腊知识为基础，在精密科学如数学、天文学以及理论性更强的医学、地理学和占星术上达到了同时代欧洲人不能企及的高度。

伊斯兰科学的衰落

1300年左右的伊斯兰科学发生了什么，为什么它停止了发展，没有人知道问题的确切答案。政治变迁应该是原因之一。在12世纪，位于西班牙的伊斯兰王国被基督徒重新征服。不久，阿拔斯王朝因蒙古军队入侵而覆灭。

奥斯曼土耳其人是伊斯兰世界的新生力量，但他们对纯粹科学的兴趣远不及其祖先。战争和内部纷争成了1300年以后伊斯兰土地上的痼疾。掌权的宫廷支持科学研究的盛举一去不复返了。

科学被限制在解决"神圣方向"和历法问题的范围内，而这些问题在很久以前就已经解决了。伊斯兰与欧洲思潮之间的联系几乎不复存在。因此，欧洲发生的科学革命对伊斯兰世界毫无影响。

◎兀鲁伯的经院——最古老的伊斯兰学院。它围绕着撒马尔罕的古代集市广场而建。随着宗教的作用日益加剧，学院就向伊斯兰教法屈服了。

西方科学：中世纪早期

ISLAMIC AND WESTERN MEDIEVAL SCIENCE

在罗马帝国晚期，学术与哲学衰落之时，古典科学的精华版本被保留在少数关键的拉丁文文本中。5世纪，马丁纳斯·卡佩拉写了一部名为《哲学与墨丘利神的婚姻》（On the Marriage of Philosophy and Mercury）的寓言。书中婚礼上的几个女傧相描述了她们代表的学科：几何学、算术、地理学、天文学、音乐和逻辑学。随后，马可比乌斯所著另一部虚构著作《西庇阿之梦的解说》（Commentary on the Dream of Scipio）中包含了古典天文学的概要，按照亚里士多德和托勒密的理论叙述了天球层的结构和地球的地理情况。西塞罗是亚拉图的《现象》（Phenomena）一书的拉丁文译者，这是一本讲述古代星座的书。

类似这样的书被年复一年地研究、传授，直至进入中世纪。这些书保存了古典学术的概要。但是与同期伊斯兰世界的情况一样，欧洲的学者没有在这些著作的基础上更进一步，也没有产生任何原创性的思想。400—1000年，前罗马帝国辖地的社会混乱毁灭了科学与哲学的古典遗产，称这一时期为"黑暗时代"也是恰如其分的。

在西欧，村镇与城市的重要性大不如前了，学术的中心开始转向基督教的修道

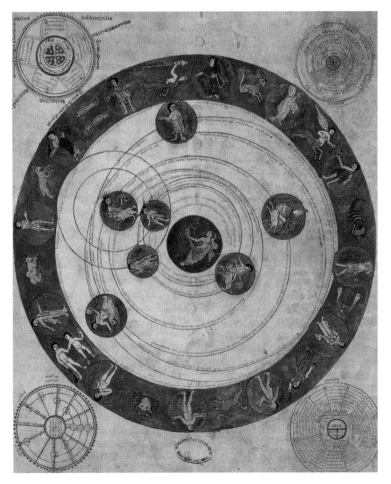

◎法兰克王国卡洛林王朝时期（751—987年）的宇宙体系图。地球位于行星和黄道十二宫的中心，但不同寻常的是，水星和金星被画在太阳轨道的左侧。这套体系曾被一些希腊学者提出过，很多年之后才在第谷的手中复活。

院。人们将所有的精力和智慧都投入神学，自然哲学几乎销声匿迹。

波伊提乌

罗马时代末期最伟大的学者是波伊提乌，他致力于把柏拉图和亚里士多德的主要著作翻译为拉丁文。他曾为欧几里得的数学著作写过一份缩写本。因为反叛东哥特王国国王狄奥多里克，他被捕入狱。在等待处决的日子里，他写下了他最著名的作品《哲学的慰藉》（*The Consolation of Philosophy*）。书中他断言人类通过理性或取得的知识可以达到神明的高度，能够掌握宇宙的规律。他相信，自然是由因果链条构成的，尽管这样，普通人仍不能理解这一点。

我们还不能够确认波伊提乌是否为基督徒，但是整个中世纪时期他都被尊为圣徒。在欧洲，他这本书的普及率很高。尽管此书内容不十分科学，但它对自然哲学的发展起到积极作用。

比德

在这漫长的几个世纪里，具有科学思想者寥若晨星，英国修道士比德就是其中之一。他写过关于时间度量的重要文章。在这一时期，没有什么关于钟表和历法的书可供人们阅读并能付诸天象检验。知道准确的时间对于规划修道士的生活是异常重要的，特别是复活节日期的确定更要求准确地计时。这一问题的严重性已经到了可能使教会分裂的地步。

圣徒比德
（Saint Bede the Venerable，约672—735年）

· 也被称为圣比德或比达（Baeda）。

· 是历史学家、学者、神学家。

· 生于英格兰的达勒姆附近。

· 7岁开始在本笃会修道院接受教育。

· 682年，作为新修道士前往位于贾罗的一所新修道院。

· 703年，被任命为牧师。

· 研究范围很广，包括希腊文、拉丁文、希伯来文、医学、天文学、文学和韵律演说。

· 把《新约全书》福音书翻译为盎格鲁－撒克逊语。

· 是一位多产作家，作品范围涵盖了圣徒及修道院院长的传记、赞美诗、语法、自然科学等。

· 731年，完成了关于早期英国历史的书《英格兰教会史》（*Historia Ecclesiastica Gentis Anglorum*）。

· 于1899年被梵蒂冈教廷封圣。

◎比德书中的星座图。

在关于时间的著作中，比德阐述了构建历法的天文学基准。他是历史上第一位建议用耶稣基督的诞辰作为纪年基点的人——这一想法很快就传遍了基督教世界。

复活节的问题在于它与犹太逾越节相联系。犹太教历法是阴历，以月亮的盈亏为准，这样复活节就不能正好落在每个太阳年的同一天。比德给出了推算复活节日期的公式，即春分后第一个满月后的日子为复活。他解释说这个日子以19年为周期循环。为了说明计算日期的方法，比德写了一本关于基础天文学的书。

可以说，在欧洲的黑暗时代，除了波伊提乌和比德关于时间的著作，科学或自然哲学并没能被列入议程。

查理曼大帝的统治

是什么改变了这种情势？首要原因当是查理曼大帝，他统一了西欧几乎所有的基督教辖地后，开始实行教育改革，在他的领地上把学校置于大教堂与修道院的属下。这些学校教授拉丁文语法和神学，也教基本的数学知识。随着时间的推移，其中一些学校发展为欧洲的中世纪大学。

这些学校鼓励任教的学者进行前瞻性的研究，他们也寻找新的书籍和信息来源。欧里亚克的热尔贝是这些学者中的一个典型人物。他后来成了教皇西尔维斯特二世。他在法国南部欧里亚克的一所修道院学校学习，在那里他听说西班牙比利牛斯山脉的另一侧有先进的数学教育。他是第一位到西班牙旅行并学习伊斯兰科学的欧洲学者。当他回到位于兰斯的学校后，开始以伊斯兰科学的模式教授数学和天文学。

热尔贝是一位先知，因为欧洲从此可以从伊斯兰世界发现已被遗忘的希腊科学的财富。11—12世纪，基督徒征服了穆斯林西班牙。1085年，托莱多的沦落使欧洲最丰富的科学图书馆落入西方人手中。来自英格兰、意大利和德国的学者前来学习阿拉伯语，其中最主要的翻译家是来自英国巴斯的阿德拉德和来自意大利克雷莫

◎这张地图显示了1100—1300年西欧建立的大学。

纳的杰拉尔德。他们把金迪、阿布·马沙、花剌子米、托勒密、欧几里得、阿基米德和盖仑的书翻译成拉丁文文本。也许，其中最重要的是，他们将亚里士多德的科学著作从阿威罗伊斯的阿拉伯文版翻译过来。

新的知识问题

这些教科书在西欧的学校中很受欢迎，由此引发了12世纪自然哲学的复兴。在巴黎、牛津、科隆、博洛尼亚等许多城市的学校中，基督教思想家开始关注新的知识问题和解决这些问题的新方法。伊斯兰学术界首先保护了古典文化遗产，现在它又成了古典科学进入欧洲的桥梁。

在这些年，最重要的成就是人们重新发现了自然与理性。就像之前的伊斯兰哲学家一样，基督教思想者开始探寻自然界是怎样运行的。上帝创造宇宙的信

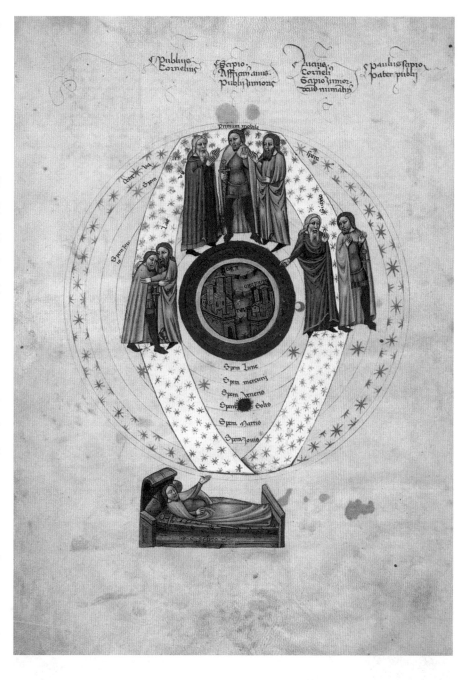

◎西庇阿之梦——死者的灵魂升入群星中。

条是毫无疑义地被接受的，但是上帝赋予宇宙怎样的结构呢？仅仅是因为上帝希望它怎样运行，宇宙就怎样运行吗？还是宇宙按其内在的规律运行着？人类能发现这些规律吗？

一种新的自然哲学

《旧约全书》是关于上帝创造性活动的最权威解释，但是书中没有提供任何知识框架。能用得上的向导只有希腊哲学家和他们的伊斯兰追随者。他们发明了确定的概念，如天球和四元素，这可以解释宇宙万物的结构和运行情况。因此，自12世纪以来，基督教徒开始建构一种新的自然哲学。这种带有理性和科学思想的哲学可以使关于万物起源的叙述变得更和谐。

亚里士多德"第一推动力"的概念——一种可以转化为宇宙机制的力量很容易就被赋予上帝，尽管亚里士多德生活在耶稣基督诞生前许多年。所以，人类是有可能仅凭理智独立发现关于上帝和宇宙的基本真理的。这种想法在基督徒身上扮演了重要角色，他们把科学与神学相结合，力图展示人类有能力发现自己所在的宇宙是一个理性的、有秩序的造物。而上帝、造物主，实际上就是希腊人猜测一定存在的"超凡的智慧"。这样，人类除了信仰，还应该能够领悟上帝和上帝创造的宇宙。

西方科学：12世纪的复兴

ISLAMIC AND WESTERN MEDIEVAL SCIENCE

　　12世纪，西方以伊斯兰学术作为中介，重新发现了古典科学。基督教思想家开始建构一套理性且能与宗教教义相调和的自然哲学。在中世纪，所有的学术讨论都是以书本为中心，并且是具有神学性质的。源于书面的想法远比实验更令当时的人信服。一些权威被尊为真理的来源，是永远正确的人。

　　在逻辑学、物理学和宇宙论方面，亚里士多德是最大的权威；天文学即由托勒密创造的体系；医学被盖仑的思想统治着；自然史几乎都源自普林尼的著作。在学术辩论中，人们会用一本书去权衡另一本。只有两种知识来源得到承认——启示和理智：启示意味着《旧约全书》上说的全是真理；理智表示遵从古典作者的教诲。实验和用经验检测理论的思想还远没有出现。

　　基督教自然哲学家的统治思想是上帝创造的世界具有自我延续的机制。大自然被设计成按照理性的物理法则运作。这个原理在伟大的法国教师——沙特尔的蒂埃里的著作中得到了充分阐明。蒂埃里认为上帝造物的第一天创造了四种元素，这四种元素相互作用，形成了物

第一因和第二因

　　中世纪学者和科学家的一个核心思想就是第一因与第二因。这是借助于亚里士多德的说法。举一个简单的例子：上帝的力量使种子长成植物，那么上帝就是植物生长的第一因。但上帝也使用自然机制令植物生长——温暖潮湿是基本条件，那么温暖潮湿就是萌芽的第二因。因为上帝不需要亲身干预每颗种子的生长，所以科学家的任务就是研究第二因。

◎希尔德加德所绘关于宇宙与人类关系的插图，取自《拉丁圣书》（*Codex Latinum*）。

◎罗杰·培根，英国哲学家和科学家，绘于18世纪。

将科学与神学结合

12—13世纪，一些主流的思想家想用某种方式把科学和神学结合到一起。其中就包括英格兰的罗伯特·格罗斯泰特和罗杰·培根、德国的大阿尔伯图斯和法国的圣·托马斯·阿奎那。

格罗斯泰特是林肯区的主教，牛津大学的校长，研究过柏拉图、亚里士多德和伊斯兰科学家的著作。他认为数学是分析物理世界的根本，宣称"一些自然现象的原因都可以归结为用直线、角度和数字表示"。格罗斯泰特有一些关于光的非常特立独行的想法。他认为光是自然界的基本力之一，阳光能把一种元素转化为另一种元素，而月光可以引发潮汐。他暗示占星术背后的力量在于不同天体的光以复杂的几何模式射在地球上，对人的心理和身体造成了复杂的物理影响。

新发明的预言者

所有中世纪科学家中最不同寻常的一位要数英国圣方济会的罗杰·培根了。他因为是新发明的预言者而闻名。他研究了磁铁和透镜的性质，并且很可能在望远镜正式发明以前三个世纪就制出了一架早期望远镜。他曾写道，用透镜可以"在难以置信的距离上读最小的字母"，还能"使太阳、月亮和星辰好像降到地球上来了一样"。他开出了制造火药的配方，还预见了可以在空中飞行、水下遨游的机器。他建议用动物做饮食实验，以发现哪种食物可以延长人的寿命。他为地圆说辩护，并提出人们可以从西班牙向西航行到达亚洲，事实上，他的这部分工作为后来的哥伦布所知。

质世界。火元素一被造出就不能保持静止，聚合成一颗火球——太阳；热量使水汽蒸发，上升的水蒸气形成了《旧约全书·创世记》里提到的"天空上的水"；天空中冷却下来的水形成了星辰与月亮；陆地上的土被加热形成了植物与动物，也包括男人和女人。这是蒂埃里根据自然法则对《旧约全书》中创世过程的理性描述。虽然这看起来很粗糙，但它的突出特点是对事物的自然主义描述，在《旧约全书》中，这通常被称为神迹。

圣·托马斯·阿奎那

(St.Thomas Aquinas, 1224—1274年)

- 神学家，形而上学者，哲学家。
- 生于意大利阿奎诺的洛卡塞卡堡。
- 在蒙特卡罗·卡西诺的本笃会僧侣处接受教育，后来进入那不勒斯大学。
- 1243年，进入多明我会成为托钵修会修士。后拜入著名的多明我会教师大阿尔伯图斯门下。
- 1248年开始执教，教授非常受欢迎的哲学化神学。1252年迁至巴黎教学，直至1258年被教皇招至意大利教书。
- 是第一个强调感觉的重要性的人，也是首先强调人类知识的实验基础的人。
- 受亚里士多德学说的影响，试图将科学理性主义与基督教的信仰和启示的学说综合到一起。以天使博士（Doctor Angelicus）为人所知，他写的许多著作对教会思想的发展影响巨大。1259年发表了关于自然宗教原理的一篇研究。1266—1273年，为《神学大全》（神学百科全书）一书而操劳，直到去世。书中包含了他论证上帝存在的五个证明。
- 于1323年被封圣。

◎圣·托马斯·阿奎那，《神学大全》的作者。

他也从事诸如炼金术之类的科学研究，得到了"魔术师"的称号，尽管他"做了一个会说话的头颅"的故事是后人的杜撰。虽然他描述的那些机器并没有建造出来，但培根对应用科学着迷和狂想的态度是那个时代罕见的。

大阿尔伯图斯

中世纪最令人信服的亚里士多德学说的拥护者非大阿尔伯图斯莫属。他注释了所有亚里士多德的著作。大阿尔伯图斯认为在信仰和理性之间不存在冲突——因为自然界发生的一切都取决于上帝的意志，科学所能做的只是探寻上帝设计这一切的过程而已。他以《旧约全书》的大洪水为例——当上帝想惩罚人类时，他不是突现神迹，而是用自然的破坏机制。

圣·托马斯·阿奎那

大阿尔伯图斯最著名的学生就是圣·托马斯·阿奎那。阿奎那撰写的中世纪神学概要——《神学大全》（Summa Theologica）成了天主教会最权威的官方文献。在这部著作中，他以探讨知识问题的姿态讨论了诸如世界的创造、天空的结构、灵魂的不朽等问题。他宣称理性就像神圣的光一样被植入人的头脑中，这不会与信仰揭示的真理相冲突，因为两者都是上帝的赐予。

他指出，有两本神圣之"书"可以把我们的思想引领至上帝面前：《旧约全书》，是启示之书；自然，是理性之"书"。人类从对自然的研究中能够发现上帝，因为宇宙中到处可见奇妙的设计，而这一切定有一个设计者在支配着。

阿奎那使用亚里士多德关于本原和形式的概念来解释造物的多样性、所有实物都是由相似的本原构成的，但是它们的内在特性、它们的形式，是由上帝赋予的。所以灵魂是使人类异于其他生物的形式。灵魂是不灭的，只有死亡时才与肉体分离。

◎这幅画作将上帝比作宇宙的设计师。这幅惊人的图画包含着中世纪的信念——数学法则和比例协调被建构在宇宙中。

阿奎那讲出了自然界的第一因和第二因。上帝是所有事物的第一因，但是他规定自然界的运行必须遵循其自身的第二因。阿奎那用这样的语言试图把科学与神学糅合在一起。事实上，他把神学看成一种科学，因为他相信神学可以用理性来证明。

对理性主义思想的反抗

就像在伊斯兰世界一样，欧洲也存在对异教徒的舶来品（译注：指希腊学术）和理性主义哲学进入基督教哲学的反抗。1277年，巴黎大学的神学院声讨理性主义者和亚里士多德学派的观点，也谴责了许多出自阿奎那的思想。尤其是自然界不依靠上帝的指引就能持续运行的思想被认为是危险的错误。因为这暗示了宇宙以一种可以被预知而且不需要上帝的方式运行着。但是，这些谴责几乎没有任何效果，因为阿奎那于1323年被封为圣徒；1567年，他被冠以教会圣师头衔。

尽管经院哲学几乎只解决理论思想而不是用于真实世界，而且在实用科学上几乎没有贡献，然而12世纪的这次复兴已经为自然哲学回归知识分子生活的中心做好了准备。

西方科学：天文学和宇宙论

ISLAMIC AND WESTERN MEDIEVAL SCIENCE

在西方基督教文化中，天文学一直是描述性的，也就是说，天文学的目标是勾勒宇宙结构的图景。但天堂不仅仅是一个实在的地方，还是精神的家园，是上帝和天使的居所。因此，天文学与宗教和哲学思想的关系就比其他科学要密切得多。基本天文学已经在诸如马可比乌斯的著作中得到了介绍。但是到12世纪晚期，托勒密和亚里士多德的著作从阿拉伯文翻译为拉丁文后，科学变得更为丰富和复杂了。

当时，人们普遍认为，必须在天球的圆周运动和地心体系的条件下理解天空。但究竟有多少层天球、天球如何运动、天球之间关系如何等问题仍是意见不一，充满了争论。没有解决这些异议的最终方法，也无法检验不同的想法。所有这一切都是猜想和理论。问题的关键在于柏拉图和亚里士多德关于宇宙是否为均质——所有物质都由同种物质构成的见解不同。柏拉图相信宇宙

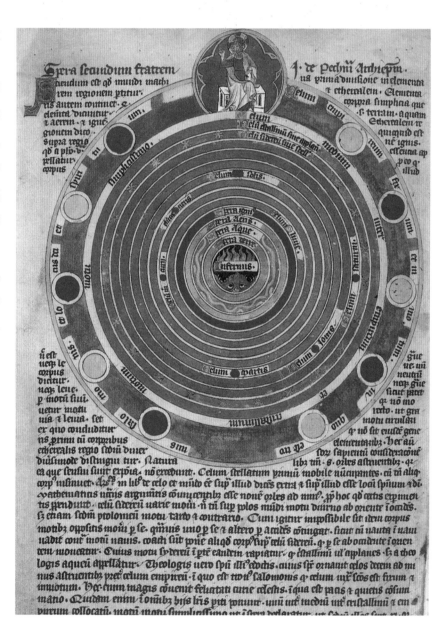

◎中世纪的宇宙，上帝和他的天使在宇宙最高的天球上规范着恒星与行星的运动。地球在这个宇宙体系的中心，静止不动。

是均质的，但是亚里士多德把宇宙分成两个主要的部分。月球之下的区域，包括地球，是由四种元素构成的，在这里一切都在变化中，又向各个方向运动，事物在这里发生和结束；而在月球之上的区域根本就不发生变化，唯一的运动形式就是圆周运动。因此，这个区域一定是由一种完全不同的并且永恒的第五种元素——以太构成的。

◎中世纪宇宙中的天球层。这幅珍贵的描绘宇宙的艺术品陈列在意大利比萨。

天球

另一道谜题是：宇宙是有限的还是无限的？亚里士多德认为宇宙是有限的，最外层天球之外再没有空间或物质存在了。但在中世纪的基督教文化看来，这似乎为上帝的力量设置了一个界限。这也是1277年亚里士多德学说遭到谴责的原因之一。许多神学家认为上帝有能力创造其他的宇宙，但在这种情况下，在我们的空间之外必须还有空间以便创造其他的宇宙。这种可能性甚至暗示了宇宙应该是无限的，因为如果上帝选择创造多个宇宙，他会这样做的。

在我们的宇宙中有多少层天球呢？据信所有的恒星都是天球上的光点，而天球以确定的距离绕地球运转。自古以来，人们知道有七颗行星：水星、金星、火星、木星、土星，加上太阳和月亮。所有这些行星的运动都独立于恒星。因此，一定有8层天球。但是绝大多数天文学家相信这些天球像齿轮组一样运转，它们的运动受整套体系之外的另一个球层的驱动。他们把这称作"第一推动力"。

《旧约全书》也提到过"地球上的水"。为了与这一记载相符，又增加了一个凝固的水晶化的水球层。在这之上，还添加了最后一个火球层——最高天。这样一共就有了10层天球。正如亚里士多德指出的，行星球层不可能简单地一层套着另一层，因为其间没有空余的空间，它们可能需要媒介球层减弱或消除临近球层的运动。就像我们在

托勒密体系中所看到的，每颗行星都需要在环绕地球的主轮上附加一个本轮来符合它们在天空中周期性的位置变化。

本轮球层通常可被视为包含在主传动天球层里。设想如下情况，一些神学家设计了由五个或更多天球构成的体系，这些球层相互啮合，以复杂的相对运动绕地球运转。每个球层都紧贴着另一个球层，之间没有空隙。这些球层实际上是什么没人知道。它们一定是可见的或半透明的，可能是由某种玻璃或某种液体构成。据信，宇宙的尺寸是可以被估算出来的。就像托勒密曾经用视差计算过的那样。通常认为，整个宇宙的半径——从地球到上帝和天使们的住所，有8850万千米。

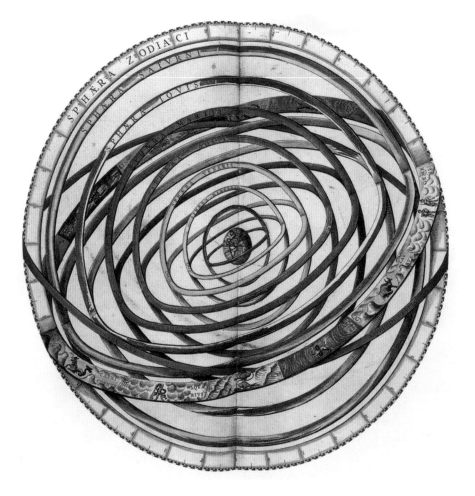

◎一幅17世纪的图画：哥白尼体系出现之前的天球，地球在宇宙的中心。

不运动的原动力

中世纪宇宙论最终极也是最模糊的问题就是，推动这些球层运转的力量是什么。天球层一个套一个，但这个序列一定有一个开始之处。不动的原动力的想法很容易就与上帝挂上了钩。但是问题在于亚里士多德曾说过第一推动力不止一个，而是有好几个第一推动力，分别与每一个天球层相对应。很明显，在基督教体系中，不可能允许天空中有多位上帝的存在，所以这些推动力可

能来自天使。事实上，中世纪的许多画作中都把摇动着曲柄的天使放在天球周围。

一些非常有原创精神的学者建构了一套完全不同的天体运动理论。巴黎的教师让·比里当认为上帝在创世之初给了整个系统一个推动力，现在这个体系仍在自由地运动着。这种思想非常大胆，引发了不少争议，就像第一因和第二因引发的讨论一样。这暗示了上帝的力量只局限于创造世界之时，从那以后，自然机制就是自给自足的了。许多神学家都不能接受这一说法。

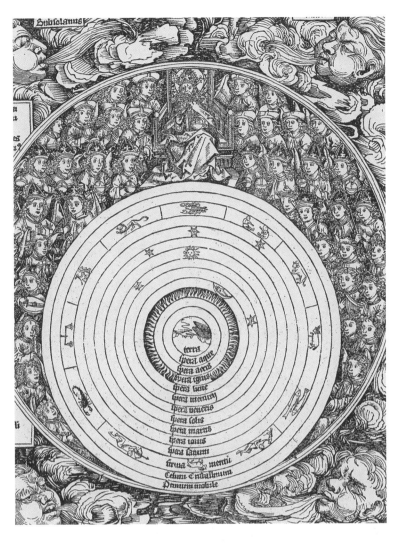

◎这幅中世纪木版画表现了哥白尼之前的宇宙模型。

天文数据

12世纪，当西方学者开始重新关注数理天文学时，他们并没有大量的观测数据。因此，他们从伊斯兰科学家那里借用了编辑好的星表，特别是那些11世纪在托莱多制作的星表。还有一套阿方索星表是在基督教征服西班牙以后完成的，如此命名是因为这些星表于1252年献给了智者国王阿方索。以后几百年，欧洲学者都是使用托莱多星表和阿方索星表提供的天文数据，直到他们也有能力制出精确的星表。尽管到14世纪星盘已经被广为应用，但欧洲从来没有建起伊斯兰式的天文台。

以中世纪的眼光看来，宇宙是一个精密、复杂却有限的机械结构，是一个由上帝约束着的自治地，我们人类的世界就在它的中心。虽然对宇宙细节讨论可以无休止地进行下去，但它总的结构是可以被人类理解的。这个观点统治着欧洲人的思想，直至文艺复兴的来临。

科学与宗教的汇合点

但丁的伟大诗篇《神曲》（The Divine Comedy）中就有这样的幻想。在梦中造访了地狱和炼狱后，在长诗的最后部分《天堂篇》中，但丁被带离地球，开始了穿越十重天球的旅程。和柏拉图和希腊人一样，在中世纪思想里，人们也认为天球是人类灵魂的居所。他描述了每个天球层的特点：太阳所在的天球是光的来源，在这里，但丁遇见了方济各（译注：方济各会创始人）和圣·托马斯·阿奎那；在木星（译注：木星在西方叫Jupiter，是罗马神话中统治诸神主宰一切的主神）所在的天球，他遇见了伟大的统治者如古以色列国王大卫和君士坦丁大帝；在恒星间，他遇到了耶稣的十二门徒的灵魂；最后，在第十层的火球层，物质世界之外，他与上帝面对面了。他的这些幻想，显示当时的天文学就是科学与宗教的交会点。对于那些不能企及亚里士多德和托勒密的物理学的人来说，这也是一个充满意义的梦境。

 # 西方科学：被视为自然哲学的占星术
ISLAMIC AND WESTERN MEDIEVAL SCIENCE

◎占星术的形象——室女宫。占星术认为黄道十二星座和行星可以控制生活的方方面面。

在古典时代末期，占星术在希腊世界和罗马帝国广为传布。起初，人们相信占星术的力量是天上异教徒的神明产生的。但是，希腊的理论家，特别是托勒密，制造了一套占星术是完全自然主义和科学化的理论。因为太阳可以通过散发热量和改变位置使地球上的生物生长、产生四季变化，托勒密认为其他行星对地球上的事物也有如此这般的影响。

通过对恒星和行星运动的精确分析，人们可以解释这些影响并能预言事情的发生和人的性格。由于这个原因，占星术得以跻身古典科学之列。天宫图是一种关于天空的图，画的是一个特定时刻的行星位置，从中可以推测出哪些恒星和行星对人和事的影响最大。这种图只能由懂天文学的人来画。在罗马帝国的统治阶层中，能看破未来的占星术在政治上很有权势，从奥古斯都和提比略开始的所有的皇帝都拥有御用占星师。

异教徒的遗产

从2世纪开始，早期的基督教会就把占星术当作异教徒的遗产而谴责它。基督教徒将占星术视为对上帝力量的限制，因为它宣称恒星和行星能主宰人生，这将破坏人类的自由意志学说。早期基督教神学家，如圣奥古斯丁，认为占星术和最坏的异教异端是一路货色。此外，罗马帝国的西部正日益与东部分离，用天文学知识进行占星术计算的需要也逐渐消失了。

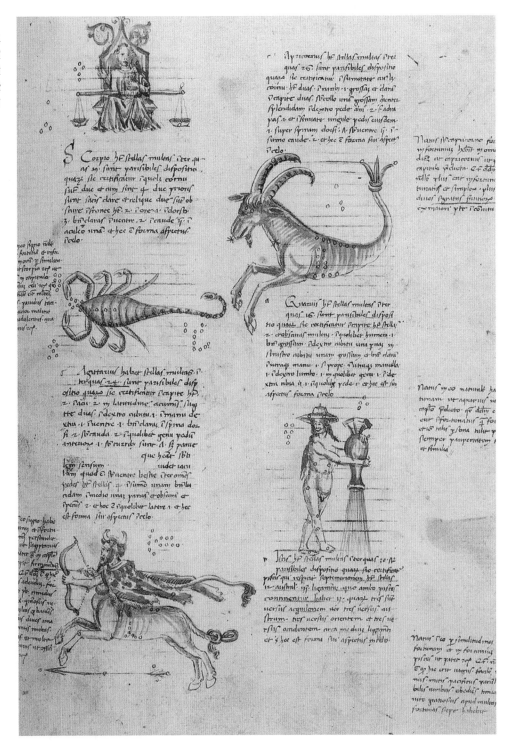

◎黄道十二宫的图形。
上帝创造了黄道十二
宫。占星术通过假定
上帝创造了黄道和黄
道星座，并赋予这些
星座以不同属性的方
式与宗教相处和谐，
用这些来掌管世界。

当时，没有拉丁文的天文表格，也没有行星的位置和运动导引。没有这些，占星术是不能存在下去的。因此，从3世纪开始，占星术在西方凋败，并最终消亡。

兴趣的苏醒

在12世纪，占星术作为重新发现的古典科学的一部分回到了欧洲。这次的中介还是伊斯兰学者。托勒密经典的占星术著作《天文集》（*Tetrabiblos*）和阿布·马沙的书很早就被翻译过来进行研究，并与亚里士多德的著作同时进行。阿布·马沙根据行星"大交会"对世界历史进行解释的理论在欧洲扎根很深。欧洲人从伊斯兰老师那里学来了天宫图的画法、行星位置数学表格的制作法以及所有从事占星术所必需的理论。

但是占星术如何才能与基督教会和解呢？在3世纪和4世纪它已经被像圣奥古斯丁那样的权威否定了，现在又怎能被接受呢？答案就是，尽管12世纪的人们依旧认为上帝控制了一切，但此时对于自然和自然界具有自我运行机制的理论有了新的发现。当时的人们认为上帝把恒星作为他管理宇宙的中介，他创造了所有的天体并赋予它们特殊的属性，就像他曾赋予太阳以促进生命生长的力量、赋予月亮以引起潮汐的力量一样。在这里我们可以再次看到第一因和第二因之间的重要区别。上帝已经赋予恒星独立的属性，现在它们可以自由运行了。

一位叫作伯纳德·西尔维斯特的中世纪神学家称恒星和行星是"亲自服侍上帝的神明，他们从上帝那里得到关于未来的秘密，再强加给宇宙的低等种族"。他还写道，"我请您把天空视为铭刻着种种变化的一幅图画，它就像一本敞开的书，用神秘字母记录着未来。我已经泄露了我亲眼所见的秘密"。一些中世纪占星师为了证明自己理论的合理，往往简单地反诘：如果恒星没有特殊的作用，为何上帝还要造它们？很

◎14世纪一部手稿中的插图：一位占星师正在工作。

明显，这是古代自然统一信仰的基督教式体现。占星师继续描述恒星、行星、自然与人类之间的作为一个整体的紧密联系。矿物、植物、动物、一周七天、七艺、色彩、金属、美德、人身体的各部分——所有这些都被视为在宇宙的体系中相互联系、互相影响。

自然的统一

这些"联系"通常源于传说和迷信，不是都能在知识上说得通。但占星术形成了一个包罗万象的自然哲学基础。一些主要的思想家，如罗伯特·格罗斯泰特，完全接受自然统一的想法，也相信星星真的能影响万物。格罗斯泰特写道："即使没有自然的作用，植物的繁殖、金属的变形、疾病的治愈等，都可以在

天文学的支配下完成；除非天上的力量要改变或指导某事，否则自然不可能对任何事施加影响。"

为何基督教会放任这样一种根植于希腊和伊斯兰哲学的科学发展，不怕其过于繁荣呢？如果在3世纪它被归为异端邪说，为何现在不是？其差别在于当时基督教会还是少数派，要在充满敌意的世界中求生存。现在，在中世纪的顶峰，基督教会是统治者，异教徒已经被遗忘了。基督教会可以接受新思潮并将其纳入自己的体系中，就像阿奎那曾经对理性的希腊哲学所做过的处理一样。

占星术的限度

但是关于占星术限度的争论仍然存在。恒星和行星是自然系统的一部分是肯定无疑的。它们引起了季节变化和潮汐，对人类的肉体和精神都产生了影响。基督教的全部基础是人类可以自由选择善与恶，通过神的怜悯自由寻找通往上帝的道路。人类的心智和灵魂一定是自由的，因此许多神学家强调，星星可以决定先天的品格，但不会将其固化。

"群星有意愿，但绝不强迫"（The stars incline, but do not compel）是众口相传的俗语。

> 上帝给了群星统领一切的权力；它们有掌管树木和藤蔓的权力，有掌管五谷的权力；它们管理天上的鸟，统治森林里的动物，号令水中鱼类和土里的虫子。所有这些都在上帝赋予群星的权力之下，只有一样例外，那就是人的自由意志。

◎14世纪时托勒密《天文集》手稿中的插图：一位占星师在工作。

相信"命运"

但是人类想要预知未来的热望是无法压制的。这些限度不能阻止占星术深深地介入中世纪生活。因为人们相信星星可以影响人的健康，人体每一部分都受星座和行星的特定影响，所以它成了医学的核心。

不仅是个人，就连城市和国家都被星星所影响。每种职业都有特定的黄道星座或行星掌管。国王和女王在宣战或订婚之前都要请教占星师。天宫图不但用于个人，还被用于推算良辰吉日，比如：结婚、长途旅行、加冕、签署商业契约等。占星术总有敌人和怀疑者，但它仍然成为中世纪科学体系的一部分。它根植于天文学，在大学中讲授，在宫廷里实践，相信命运和星星的力量成了那个时代的共同语言。

中世纪物理学：运动和速度

ISLAMIC AND WESTERN MEDIEVAL SCIENCE

"物理"（physics）这个词最早源自希腊语"physis"，意思是"本质"。物理科学是从探索"事物本质"，即物质怎样构成、如何表现这样的古典思想发展起来的。"本质的就是将物质还原为微小的构成部分"的概念是希腊人提出的。他们认为构成物质的微粒有四种，分别叫作土、气、火、水。因为没有别的理论可供选择，中世纪科学家就从亚里士多德和他的伊斯兰注释者那里继承了这些概念。

有了这个原理，物理学的中心问题就换成了这道问题：这四种元素是怎样通过化合、重塑而构成整个物质世界的呢？亚里士多德的另一道居于中心地位的哲学问题使得这道问题变得更加复杂了：所有事物是内容第一，形式第二。内容是中性的，世界上所有事物的组成物质都是相通的；而形式赋予事物以单独的属性——赋予一匹马、一棵树、一个人、一块石头、一条河流等等。形式和内容是不可分割的整体，但它们确有显著的差异。你见过长毛的动物或四条腿的桌子，"长毛"和"四条腿"是其真实的属性之一，但没有这种属性的动物或桌子照样能够存在，毕竟也有毛发不长的动物以及不是四条腿的桌子，但我们还是能一眼认出这是动物、那是桌子，就因为其具有动物和桌子的基本形式。

所有这些听起来都是含糊不清，而且充满了形而上学的意味。然而这指出了意义深远的一点，那就是这些思想家意识到所有的物质都由内在法则组织起来，形成有意义的结构。一些结构之间有联系，而另一些结构是

截然不同的。我们可以用DNA的例子作比方，DNA是定义一个物种或一个物种中亚群的基因代码。我们也可以借助原子结构来理解，不同的原子结构决定了为何许多物质存在非常紧密的联系而另一些物质在各个方面都大为不同。但是所有的事物，无论是有生命的还是无生命的，都是以某种方式结合在一起的，而不能作为毫无特点的、无确定性质的中性物质而存在。尽管他们用来表述思想的语言与我们现在使用的不一样，但这一核心原理确实已经被古典时期和中世纪的哲学家所掌握。

一切变化皆运动

因此，整个自然界都由物质构成，形式对其产生影响。那么这些形式从何而来呢？在诸如中世纪基督教世界的宗教文化里，答案显然就是源于上帝，上帝设计了我们身边万物的蓝图。但是这个答案又归诸第一因。正如我们已经看到的，中世纪新的自然哲学的任务就是寻找第二因，以解释自然界无须引导的运行机制。在当时物理学发展水平下，因为没有足够的数据，中世纪科学家无法解决这些谜团。

问题被分解成几部分或几个学科。第一种途径是分析诸如形式、实质、元素、混合物之类的哲学概念；第二种途径就是炼金术的实验，因为炼金术的研究对象是神秘的物质转换，或多或少地与魔术和神秘主义有了牵连；第三种途径是不仅仅关注被研究的事物本身，还注意事物在变化和运动中显现的属性。正是第三种方法取

◎拉斐尔画作《雅典学派》中的亚里士多德。亚里士多德对中世纪东方和西方科学产生了巨大的影响。

得了一些积极的成就，并且一脉传承，孕育了后来的科学。变化是物理学的中心思想，就某种意义而言，所有的变化都是运动，是构成物质的元素在空间上的重新组合。这一点为中世纪哲学家所理解，并在后来得到现代核物理学家的回应。

什么是运动？

那么，首要问题就是：什么是运动？中世纪逻辑学

◎圣徒大阿尔伯图
斯在工作。作画
的是托马索·莫
代纳。大阿尔伯
图斯生于德国，
在巴黎大学和科
隆大学任教。他
为亚里士多德的
所有著作加了注
释，还写了关于
物理学、生命科
学、占星术、炼
金术的著作。他
也是圣·托马斯·
阿奎那的老师。

家认为首先弄清运动是否存在是必要的。他们认为，一个运动物体就是占据一系列空间的物体，除此别无其他实体可以被称为运动。这个思想源于龟兔赛跑悖论：每次兔子到达乌龟占据的最后一点时，乌龟又向前移动了一点，这样兔子永远也赶不上乌龟。它们之间的距离一直在缩小，但兔子永远也逾越不了这一距离。这种思维游戏启迪了中世纪思想家的头脑，对科学研究却没什么帮助。

更明显的进步出现在14世纪牛津的一群学者中，其中就有托马斯·布拉德沃丁，他后来成了坎特伯雷大主教。这个团体的成就是首次运用数学工具分析了运动问题。他们把动力学和运动学区分开来。动力学是研究运动原因的学问，而运动学是描述物体运动的学问。他们开始意识到，如果可以度量属性，而运动就是物体位置改变量度的属性，他们将"运动的量度"称为速度。

快速前进

"速度"在中世纪的语境中是一个相当微妙的概念。当时没有运动得很快的东西，所有的距离行程都以小时或天为单位来计算。把一个运动物体在任意时刻"冻住"再描述其速度的想法在当时是相当新颖的。牛津的学术团体只是口头地讨论这些思想，但后来巴黎的一些学者如尼科尔·奥雷姆认为可以用几何学的形式更清楚地表现运动状态。第一步是将速度分解为两部分——距离和所用的时间。他的过人之处就是看出这两部分可以用两条线来表示，距离和时间的长短可以从这两条线的长短看出。很明显，这就是现在示意图的起源。奥雷姆对速度的不同模式——匀速、匀加速运动、非匀速运动，采用了特定的几何图形来表示。

奥雷姆还用几何图形表示了更为复杂的速度模式，其中最有趣的一个就是"平均速度法则"。这本是由牛津的学术团体阐述的：一个物体以匀加速运动走过的距离等于它在同样时间内用平均速度走过的距离。这是

应用数学进行物理研究的一个重要的原创性成就，属于运动学范畴。动力学的问题——运动的原因可能更难量化，当时普遍接受亚里士多德所说的运动是有原因的说法，这意味着要运动就得有一个力持续作用于物体上。有些力和一些运动是"自然"的，例如天体的坠落；而另一些则是"被强迫"的，就像掷出一支长矛一样。亚里士多德认为长矛在飞行过程中仍然受到周围媒介给它的推动。换句话说，是某种旋涡保持了长矛的运动，当旋涡消散时，长矛就落下了。所以，一旦亚里士多德的权威被质疑，一些更令人满意的概念如推力或"强迫运动"就被发明了。

巴黎的学者奥雷姆和让·比里当开始以质量乘以速度来分析推力并计算阻力。这是数学物理的开端，也是中世纪科学的主要成就之一。

数学应用于物理

尼科尔·奥雷姆用几何学形式给出的平均速度法则是用数学解决物理学问题的早期尝试。在下图中：

ACG = 匀加速运动
BE = 平均速度
ACDF = 匀速运动
三角形 ACG 的面积就等于矩形 ACDF 的面积

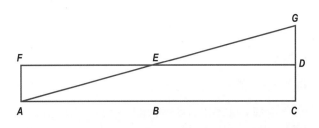

 # 西方炼金术：物质的本质
ISLAMIC AND WESTERN MEDIEVAL SCIENCE

中世纪科学宣称，炼金术的工作是探寻物质本质。炼金术建立在物质的基本组成统一的信念上。炼金术士相信所有物质都由四种元素或四种属性——热、湿、冷、干构成。如果四种属性的比例失调，物质的形式就会发生改变。人们相信自然界存在这样一个过程：成千上万年来，物质在地球内部不断地被加热、溶解、压缩和烘干。这种方式造就了地球上的万物。

炼金术士的目标就是把上述过程缩短，在其工作室里完成。他们的兴趣总是集中在金属上。为了开展这项工作，他们用熔炉和试管开发了一套加热和蒸馏技术。从这种意义上说，炼金术是一项名副其实的经验技艺，它的结果必须得到实践的检验。但是它的知识体系是不完善且混乱的，它也成了神秘的自然哲学的一部分。

基本信念

炼金术的一条基本信念就是水银和硫黄是构成所有物质的基石。它们不是我们所知的化学物品，而是由四种属性构成的两种元素：水银是冷和湿，硫黄是热和干。炼金术士的目的就是除去所有自然混合物中的杂质，将其变回水银和硫黄，再将其提升至金属的形态，特别是黄金。古代文献给出了达到这一目的的步骤和配方。这些文献的结尾通常是这样写的："某种属性使另一种属性'活泼'，某种属性能战胜另一种属性，某种属性可以支配另一种属性。"

伊斯兰科学家继承了炼金术的传统。这个领域的两个杰出作家是医师拉齐和哈扬。12 世纪时，这些人的书与其他阿拉伯科学、哲学著作一起传到了西方，西方炼金术的传统就此诞生了（许多阿拉伯语词汇是无法翻译的，所以英文就直接使用了一些词汇的音译，如：alkali 碱、alcohol 酒精、camphor 樟脑、borax 硼砂等）。

像大阿尔伯图斯和罗杰·培根这样的哲学家早就把炼金术看作一门新兴的、真正的物质科学。以拉丁文版本出现的新的著作总是假托古代权威的头衔出现，例如《完美之总和》（*The Sum of Perfection*）、《秘中之秘之书》（*The Book of the Secret of Secrets*）。对于炼金术士来说，宣称其技艺来自古代是很重要的，因为这就意味着它蕴含着只有极少数人知道的秘密，还可能是最初的神化的人物提出的。能将一种物质转化为另一种物质，在当时是非常神秘的行为，因此实施这种行为的人被提升到"神"的地位。事实上，炼金术越来越神秘，并成为宇宙哲学的一部分。

炼金术的起源

炼金术的起源尚无定论，但它一定是金属冶炼活动的派生产品。当时人们发现加热可以改变许多物质的性质和纯度。炼金术（alchemy）一词源于阿拉伯文，但词根 chemy 来源于希腊文，是炮制和混合的意思。炼金术也存在于古代中国和印度。西方最早的炼金术著作出现于 300 年左右的亚历山大城，名为《佐西马斯》（*Zosimus*）。我们现在已无从知晓《佐西马斯》的内容，其中可能描绘了一所炼金术士学校的情况。因为炼金术总被说成是人类学习神明创造力之秘的活动，另一些同时期埃及的著作的作者被归为古代的技艺大师，包括希腊神明赫尔墨斯。

天之属性

炼金术士相信地上的物质与天体有紧密的联系。太阳代表黄金，月亮代表白银，金星代表铜，木星代表锡，火星代表铁，土星代表铅。炼金术的占星术解释出现了，这种学说认为，当炼金术士对这些材料进行操作时，他实际上是在把天体的力量引入下界。人们认为制作一张天宫图推算炼金术操作的最佳时间是很重要的，以使天体对炼金术施加影响。

以制造黄金为目标，是炼金术最广为人知的一面。显然，这有很高的实用性。但这个目标也有象征意义，那就是将炼金术能手的心智提升到最高的精神层次。著名的炼金药也叫"点金石"（译注：philosopher's stone，也称哲人石），据信是一种可以把基本金属转化为黄金的魔力物质。对点金石的探寻就成了炼金术的中心任务。但是这种思想与魔术和医学混为一谈，炼金药被说成是一种可以使人长生不老的灵丹妙药。

炼金术慢慢地被神秘主义和庸医之道所侵蚀。一些炼金术从业者变得有名气。巴黎的尼古拉斯·勒梅在14世纪60年代宣称他曾在梦中看见一本神秘的书，后来真的找到了这本书，按照书中的指导，他炼出了黄金。

炼金术士受到君主和其他希望获此技能的人的追捧，但是炼金术士的命运通常很悲惨。有许多故事讲到，炼金术士被投入监狱、严刑拷打，以迫使他们说出炼金的秘诀。这些秘密的配方可能隐藏在一些炼金术书籍使用的象征性语言中，比如用两个人的"婚姻"象征物质的结合，或者用人的死亡与复苏代表蒸发和蒸馏物。

然而，炼金术士在发现物质溶解和化合的新方法时确实取得了不少成就。到1400年，他们已经鉴别出三种矿物酸——硝酸、硫酸和盐酸，并知道如何制备这些酸。尽管当时炼金术士没有用诸如硝酸、硫酸和盐酸之类的名称，但他们也为这些酸起了描述性的名字如"强水"（aqua fortis）或"矾油"（oil of vitriol）。他们还蒸馏酒精，并对砒霜使金属染色的能力特别着迷。

◎戴维·特尼尔斯的画作《炼金术士》（*The Alchemist*），现藏于西班牙马德里的林荫大道艺术画廊。

在这些活动中，炼金术士获得了许多关于不同物质如何作用的实用知识，但是他们没能成功地把这些知识汇集到一起，形成化学体系。直到18世纪晚期才在这方面取得进展。在文艺复兴时期，也一直有人研究炼金术，在17世纪的科学革命中也未停止过——就像占星术的情况一样。实际上，炼金术就是现代化学的先行者。尽管诸如玻意耳的早期化学家们反对炼金术的神秘主义成分，但他们还是采用了炼金术的方法、设备和实用知识。就连艾萨克·牛顿这样伟大的人物也花费了许多年从事炼金术研究，因为他认为这是一门非常重要的科学——尽管他在尝试创造一种条理分明的关于物质的化学理论时遭遇了失败。

中世纪医学：四种体液
ISLAMIC AND WESTERN MEDIEVAL SCIENCE

在后古典时期，因为与希腊医学理论及实践的联系被阻断，和其他学科一样，西方医学走向了衰退之路。正兴起的基督教也曾试图敌视希波克拉底和盖仑的自然主义取向，将疾病视为神之惩罚的观点再次出现。圣徒以及他们的遗物能奇迹般地治愈疾病的信念广为传播，由病人构成的人流持续涌向圣地，这一切都说明当时人们确实认为疾病是天谴。如果疾病来自上帝，那么显然祈祷就是最好的药方。

中世纪欧洲的预期寿命远远低于西方现在的水平，到处都有死亡的阴影——疾病、战乱和饥荒。关于疾病是由于人体某些功能的紊乱以及医学是可以战胜疾病的科学的观念已经丧失殆尽。治疗成了一门手艺，由那些知道如何包扎伤口和制备草药的人来实施，但是这些治疗者中很少有了解医学知识架构的人。

12世纪医学的复兴改变了这种状况，这次复兴也得益于伊斯兰医生的作用。希波克拉底和盖仑的著作经过了拉齐、阿维森纳和阿布·卡西姆的补充，直至16世纪，这些著作家都被欧洲医师视为最大的医学权威。中世纪的医学实践集中于修道院中，但第一批城市医科学校创立于意大利——出现在萨莱诺、博洛尼亚和帕多瓦，后来在巴黎和牛津也陆续建起了医科学校。

当这些机构发展为大学时，医学也跻身逻辑学、数学、天文学和神学之列了。一种新的、更为睿智的医学形式出现在中世纪的世界观中，它包含了上帝、自然和人类的所有方面。医学开始从治病的手艺转化为有着坚

◎中世纪的解剖学。

实知识基础的专业。医学理论和宗教的紧张状态仍然存在，而不同的社会阶层无疑有着不一样的医学思想和医疗水平。

◎中世纪的医学会诊，详细显示了放血
　疗法。

四种体液

中世纪医学的核心理论源自盖仑，即体液的理论
体系。体液是人体中四种元素——冷或热、湿或干的表
现，每个人都有属于自己的"气质"，那是四种体液中
的一种或几种起主导作用的精神和肉体的特征。血液是
热和湿，胆汁是热和干，黏液是冷和湿，黑胆汁（忧郁
质）是冷和干。几乎所有的疾病都是这些"气质"失调
的结果。

疾病的原因可以通过尿检、脉诊、测量体温、检测
皮疹等方式找出。治疗通常是用草药，更多的时候是

放血——通过静脉穿孔来放血被认为可以恢复体液的平
衡。体液在人体内是不可见的系统，它就像血管和神经
一样构成了身体的组织，如同四种元素构成了整个世界
一样。一种万能药叫作解毒剂，是用蝰蛇的肉制成，一
开始它是用来解毒的，后来加入各种成分后，就成为包
治百病的药了。

体液不平衡的首要原因被认为是来自天象。占星术
在中世纪医学中扮演着越来越重要的角色。两者的联系
被说成是黄道十二宫被四种元素控制着，每颗行星也都
具有元素的属性。太阳和火星的属性是热和干；月亮和

金星的属性是冷和湿；木星的属性是热和湿；土星的属性是冷和干；而水星的属性是不定的。

行星的影响

行星在天空中的变幻造成了体内体液的升与降——就像月球造成地球上的潮涨潮落一样。占星术知识成了医师训练的基本内容，他需要为病人出生和发病的时刻占卜，还要绘制"天宫图"以推算出"临界日"。这个时刻是行星和恒星引发疾病的临界，可能向好的一面转化，也可能是坏的一面。

另一种重要的诊断工具是"黄道人"，用一张人体图像表现哪处部位由哪个黄道星座控制，从白羊座控制的头部到双鱼座控制的脚部。在治疗相应部位时，知道病人生日以及发病时期的上升星座也是很重要的。特别在放血时，对于特定行星掌控的特定血管是否可以放血也有严格的规定。在乔叟写的《坎特伯雷故事集》（*The Canterbury Tales*）中有一个人物——"医学博士"，他显然懂得占星术：

> 他能准确推测太阳的上升，
> 病人的命运就在此时。
> 他通晓每种疾病的过程，
> 知道它是热、是冷、是干还是湿。

除了"黄道人"，还有"行星人"。据信身体的每个部分都在一颗行星的掌控之下：土星是脾脏、膀胱和骨骼之神；木星是肺、动脉和触觉之神；火星是肾脏、静脉和生殖器之神；太阳是大脑、心脏、神经和视觉之神；金星是嗅觉、肝脏和肌肉之神；水星是思想与演讲之神；月球是嘴、胃、子宫和味觉之神。

与这种诊断医学相比，外科被视为不那么高级的、也不聪明的方法。但是中世纪外科医生确实能做一些大胆的手术，尽管我们不知道成功率是多高。他们实施的

◎一位妇女拿着盛放尿液的烧瓶——医学技术的化身。图片取自15世纪中叶印制的一本德文书。

◎一所中世纪医院的图景。图中，医生正在照顾躺在床上的病人和走进来的伤者。这幅图画取自一部中世纪的手稿，珍藏于意大利佛罗伦萨的洛伦佐图书馆。

手术有治疗胆结石、白内障、静脉曲张、各种肿瘤以及拔牙、截肢等。许多令人毛骨悚然的手术图片在中世纪的书中被保存了下来。

中世纪的解剖学和生理学知识在盖仑的基础上没有什么提高。在医科学校里用死刑犯的尸体做解剖实验，但经常是由助手动手来做，而教师在上面讲解。医生希望能从人体中找到在盖仑著作中读到的东西，但是医学著作中的人体图并没有按照解剖学上的发现画出，而是凭想象画出了血液循环系统、神经系统和消化系统。

医科学生作为观察者，而不是寻求新知识的实验者，被动接受导师的课程。与其他中世纪科学一样，医学也被过去的古典权威理论统治着。但是它也证明了自然统一的科学观念，没有物理学和天文学理论的补充，人的本性就不能被理解。

中世纪科学： 黑死病的影响
ISLAMIC AND WESTERN MEDIEVAL SCIENCE

没有什么历史事件比1348年的鼠疫更能挑战中世纪对自然力量的理解了。这场鼠疫也被称作"黑死病"，由一位目击者，著名的医生肖利亚克记录了下来。他本人也感染了鼠疫，但他幸存了下来。

肖利亚克生动地记述并描绘了瘟疫席卷欧洲时所带来的恐惧感。当时人们深信普天之下都在闹瘟疫，人类文明会被毁灭。这样重大的事件一定有一个起因，回顾当时人们对此的解释，我们可以借此深入了解中世纪的思想。

当瘟疫在欧洲一出现，就有小册子告诫人们如何避免感染。这些小册子按照通常的说法把瘟疫的起因说成是一种"空气的腐化"。最重要的声明由巴黎大学的医学系发表于1348年10月。国王菲利普六世要求医学系找到瘟疫发生的原因，医学系的研究人员却将占星术纳入解释之中。他们说，三年前的1345年3月28日，在宝瓶宫发生了火星、木星和土星的三交会。正是这次事件引起了"四周空气发生有害的变质"。

疫情的原因是被这样解释的：木星是一颗温暖潮湿的行星，它从地球的陆地和海洋上吸收了邪恶的蒸汽。火星的性质是热且干，它射出火到那些蒸汽上，使其产生闪电和风暴。火星是一颗邪恶的行星，在它进入狮子宫后其力量增长了，这是战争之兆。于是产生了大风、雨水和空气的腐化。

另一本印于意大利的小册子迎合了这种解释，但是增加了一条，说瘟疫源于印度和阿拉伯，后来向西传入欧洲。这本小册子还说，早在瘟疫到来之前，凶兆已经显现：天空变黄，海中的鱼大量死亡，水果在树上腐烂，成群的爬虫出现。

星相决定一切

古典科学和中世纪科学都不区分大气层和群星所在空间的区别，所以所有的神秘现象都被看作是恒星与行星的影响所致。以同样的方式，人体中的四种体液也受行星的影响。因此，腐化的空气就成了个体疾病的宏观起因。

这种关于瘟疫的占星术解释被广为接受，但它也留下了没有解决的问题。为何瘟疫扫荡了某些城镇却没有波及另一些地区呢？为什么瘟疫隔了三年才发生，而不是早些出现？为何以前的行星交会没有造成如此可怕的

黑死病

1348年6月，阿维尼翁死了很多的人。当时我正服侍在教皇克莱门特五世身边。瘟疫的症状是发热、吐血、体表生瘤，尤其是腋窝和腹股沟最为严重。病人会在三天内死去。它的传染性是如此之强，不但人们接触后会被感染，甚至互相看一下也会染病。人在没有受到照料的情况下死去，入土时也没有牧师到场。慈善组织也没有了，希望全无。我称其为"大"瘟疫是因为它席卷了整个世界，它肇始于东方，掠过我们的土地向西而去。这场瘟疫的规模是如此之大以至于只有不到四分之一的人幸存下来。

——肖利亚克

结果?

一些占星师宣称这次行星交会很特殊，因为其间还有月食发生（也在1345年3月），这是灾难的真正起因。一些小册子反对这些与占星术有关的解释，作者宣称是1347年在德国、奥地利和匈牙利发生的地震引发了瘟疫。他们说，地震使地球裂开巨大的缝隙，使地球内部的有毒气体进入空气，并使空气腐败。

占星师也不得不解释为何他们没能预言这种重要的行星交会会造成如此可怕的结果。他们是事后诸葛亮吗？

这些复杂的解释并不意味着他们对传染病的性质毫无经验性的了解，他们知道传染病是怎么一回事。在瘟疫开始后不久，人们还从病死的人身上拿衣服，当他们发现穿了这些衣服的人也会染病后，就不再穿病人的衣服了，他们会把这些衣服迅速地烧掉。此外，将麻风病人和感染瘟疫的人与正常人隔离开也防止了疫病的蔓延。但采取这些措施只是减轻了疾病的影响，并不能解释疾病的起因。就像地球上所有其他事件一样，这场灾难性瘟疫的根本原因也被归于上帝的意志。

对瘟疫起因的占星术解释有一个突出特点，那就是人们相信上帝运用天体的运行机制来惩罚人类。星星被看作是上帝用以掌管宇宙的媒介。四种基本属性的理论不但为天上和人间搭建了一座桥梁，并且展现出人类和宇宙相互依存的信念，这种信念统治了中世纪科学。无疑，上帝是宇宙的主宰，但他通过自然进程来统治宇宙。科学的目标就是理解并解释这些进程。从这一点上看，基督教并不是自然科学的敌人。黑死病以及这场瘟疫源自星星的想法提高了占星术的声望，占星术在中世纪科学中的地位更加稳固了。

◎两幅中世纪书稿中的插图。图中显示了意大利腹股沟腺鼠疫的流行造成的后果——注意图中的镰刀。这幅名为《色卡比药典》（*Sercambi Codex*）的手稿，珍藏于意大利卢卡的国家档案馆。

 植物与草药和动物寓言

ISLAMIC AND WESTERN MEDIEVAL SCIENCE

我们已经看到，中世纪的思想及科学大多是理论化的，并且被典籍以及古代权威所统治。那么自然世界又是怎样一种情况呢？中世纪的人是不是比我们更接近动植物，并建立起细致的知识体系呢？答案是肯定的。但是这些知识过多地涉及了想象和传说。

有两个传统源于古典模型：草药和动物传说。除了作为食物，植物还作为药物来源在医学领域扮演着重要角色。植物图集在中世纪传播很广，其代表就是迪奥斯科里季斯的《药物证》，是1世纪在亚历山大城编撰的论述药物和提炼药物所用植物的著作。书中记载了每种植物的生长环境和药用价值。几百个条目按字母顺序排列起来以方便查找，但是并没有关注植物分类或谱系。

就像一些被多次传抄的书籍一样，这本书中的插图变得走样了。在占星术的影响下，文字也变得理论化了。人们认为许多植物都受到天体性质的影响，当行星在天空中处于有利的位置时再采摘它们会取得更好的效果。例如，太阳是光的来源，所以对眼睛有好处的白屈菜是一种太阳草药，但要使白屈菜的药性最强，必须在太阳进入狮子宫时采摘。

另一种稀奇的想法是某些植物与人体部位有某种自然的类似之处，可以用于治疗这些部位的小毛病。一个极端的例子可能是曼德拉草，它的根部分叉就像人的双腿一样，人们认为它是在地下埋着死者的位置发芽的，正因如此，它被连根拔出时定会出现致命结果，

所以当时的人们用脖子上拴着细绳的狗来拔它，当它的根被拔出时会发出叫声。

草药——半是虚幻半是实际，一直兴盛到19世纪。它们是更为科学的药典的源头。而真正的植物学书籍被称为"植物志"。

◎迪奥斯科里季斯《药物证》的一份副本中的悬钩子属植物。此副本制于1460年。

动物寓言

野生动物的用途没有植物这么多，与医学也没有关系，但是它们启发了中世纪人的灵感，使其编写动物志集。这些寓言的原型是一本无名氏写的希腊文书籍，叫《怪物图鉴》（Pysiologus），编于2世纪的亚历山大城。书中的许多动物都是外来的，欧洲根本没有，例如，书中出现了大象而当时欧洲人是没有见过大象的。从很早开始，寓言和道德的成分就进入了动物志中，一些动物的存在完全就是传说，比如凤凰，它每五年就要投火而死，为的是涅槃重生。还有一些真实的动物有着令人难以置信的特性，比如鹈鹕会用自己的肉喂养幼崽。

这类传说中的野兽很多是罗马作家普林尼描述的。欧洲的读者根本不知道这些动物是否真的存在过。在《伊索寓言》中，动物被视为具有不同性格的人：狡猾的狐狸和它欺骗性的捕猎方式使它成了恶棍的象征；刺猬用它的刺收集过冬的食粮使其成了审慎的象征等。

自然的统一

这一切也许对科学没什么用处，但它们说明中世纪对自然统一的关注。人们相信，动物和植物一定有其存在的目的，它们是与人类生活相联系的，并作为宏观设计的一部分而被安置在地球上的。

◎迪奥斯科里季斯关于植物和医学的著作在世界范围内得到应用。这幅13世纪阿拉伯文版的插图画的是迪奥斯科里季斯和他的一名弟子正抓着一根曼德拉草。

下面是13世纪动物寓言中关于独角兽的记述："要捉住独角兽，猎人只能在它经常出没的地方放一名童女。它一看见那女孩就立刻跑向她，躺在她脚边，忍受被猎人捕获的痛苦。独角兽象征着耶稣基督，它的独角象征真理的一个福音。"

这个故事代表了将自然世界和理念世界融为一体的愿望。故事背后的心理无法用我们的认知科学地表达，但是这些人将自然看作一本书的篇章，如果他们能准确地读懂它，就可能通往自然之书的作者——上帝那里。

绘制中世纪的世界地图：
赫里福德的《世界地图》
ISLAMIC AND WESTERN MEDIEVAL SCIENCE

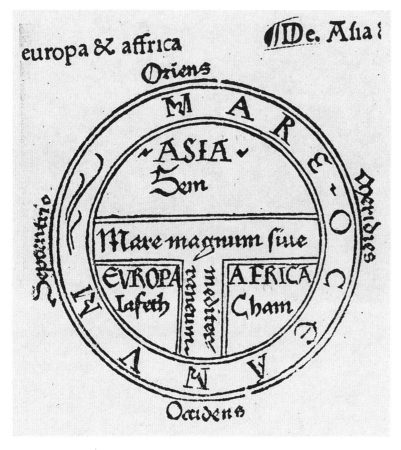

◎小世界地图：三块大陆环绕着地中海，而一片单独的大洋围绕着它们。三块大陆被分别分配给大洪水过后诺亚的三个儿子：闪、含和雅弗。

中世纪的欧洲学者是怎样知道他们所在世界形状和位置的呢？当时，托勒密关于天文学的经典文献已经广为人知，但是直到15世纪的文艺复兴时期，他的地理学论著还没有拉丁文译本。因此，诸如纬度、经度、比例尺、地图投影、估算地球大小等这些绘制地图所需要

的知识，对于当时的欧洲人来说还都是未知的。与此相反，中世纪的地理学家关注的是一种不同的绘制地图的传统，这种传统对世界的基本描述是一些小张的世界地图。这种地图呈圆形，其上唯一一块陆地被水环绕，粗略分为三部分。每部分都代表已知世界的大陆：欧洲、亚洲和非洲。

像这样的小地图配有文字说明，赛维利亚的伊西多尔编撰了一部关于6世纪知识的简明百科全书。这些简单地图的来源可能是罗马世界的地图。由于地理上的巧合，这些地图都把耶路撒冷——宗教圣地，置于世界的中心位置。这唤起了《旧约全书》中上帝所说的："这就是耶路撒冷，我曾将她安置在万邦之中。"照字面意义来看，这似乎描述了耶路撒冷的地理位置，但是这也有宗教和宇宙的意义。

在13世纪，这些小地图与解释它们的文字说明分离了。在法国、意大利和英国，出现了更大尺寸的地图，上面可以容纳更多的地理细节。流传至今、名气最大的要数《世界地图》（*Mappa*

Mundi）了，它被挂在英国赫里福德郡的大教堂里。这张伟大地图的作者在上面署下了自己的名字：霍丁汉姆的理查德，作于1300年左右。这张地图的直径大约有5英尺（约1.52米），被设计成壁挂式。但最初是否选择挂在大教堂里还不得而知。

第一眼看到这幅地图时，你很容易被搞糊涂，以致很难把它看成一张世界地图。原因很简单，地图朝上的方向不是北方，而是东方。如果把它旋转90度，就很容易识别它的形状了。就像伊斯兰地理学家伊德里西的情况一样，如果不考虑磁罗盘的指示方向，根本没有理由将北方置于地图的上方。而东方，作为"神圣的方向"，在这张地图里占据了上方的地位。在地图的中心，有横亘东西的地中海。

近距离审视这张地图可以发现上面的两座大岛屿：一座是西西里岛，可以看到埃特纳火山；另一座是克里特岛，上面画着传说中的迷宫。位于地中海北面的大陆是欧洲，可以看到不列颠群岛与欧洲大陆的西北边缘是分离的。地中海南面是非洲，尼罗河在其东南方流淌。另一条大河是尼日尔河，许多古典文献都曾提到它。地图上东方的剩余部分为亚洲所占据。一大片红色的区域代表红海和阿拉伯海的水域。地图的正中是耶路撒冷，上面附有一幅耶稣在十字架上的图画。

地图的价值

这幅地图最具革命性的改变是其添加附注的方式：地图上布满了小图片，辅以拉丁文的说明文字。其中一些图片画出了城墙和城堡的城市，如：巴黎、罗马、亚历山大城、安条克等；有些景象来自《旧约全书》的描述，如：耶路撒冷的东面矗立着巨大的巴别塔，在死海岸边罗德的妻子正在化为盐柱，诺亚方舟搁浅在阿勒山，在埃及标着"约瑟夫的谷仓"——金字塔；还有一些图片画出了古代的神话：黑海边上可以看到金羊毛，德尔斐有阿波罗的神谕。

在这些图片中也出现了动物或人的样子。其中一些是常见的东西，而另外一些形象则有些神秘莫测：美人鱼、大象、半人马、独角兽、中亚的食人者、斯堪的纳维亚的滑雪者，还有各种各样奇怪的半人半兽的生物。这些奇怪的动物和人物是普林尼曾经描述过的，也出现于中世纪动物寓言集中。

那么理查德想通过这幅地理模糊而图片丰富的地图来表达什么呢？

首先，他尽可能精确地画下他所知道的地理情况。在欧洲，莱茵河、多瑙河、罗纳河等大河被清楚地标出，沿河的主要城市也被注出。追究它们的正确位置是没有意义的。人们知道它们就在那里，一定得标出来。离欧洲越远，地理元素的真实性就越小，它们被想象中的地理图景所代替。古典时期和《旧约全书》中发生的大事都被定位于地图中，且标出了时间。

赫里福德的《世界地图》是真正的百科全书，是可视的中世纪思想百科全书。它成了一个框架，人们把知识和信仰填入其中。创作地图的欧洲学者将自己所在的地理位置画入地图，同样重要的是，他们也为自己的信仰和文化做了定位。这幅地图不但是他们世界的物理图景，也是当时的精神图景。

从地图的顶端可以看出，在世界的边界之外站着审判的救世主，象征着对地球的统治。也许最具震撼力的是地图周围写下的四个字母"MORS"，是拉丁文"死亡"的意思。这除了是理查德认为整个世界连同上面的城市、河流、动物、人民、文化注定要随着时间的流逝而消失之外，还能有什么解释呢？

这张地图是一幅囊括中世纪世界观、知识、迷信和宗教信仰的全景画，学者可以读懂它，老百姓则会对它表示惊讶。它代表了扎根于古典科学和《旧约全书》的中世纪科学开始转向真实的世界。

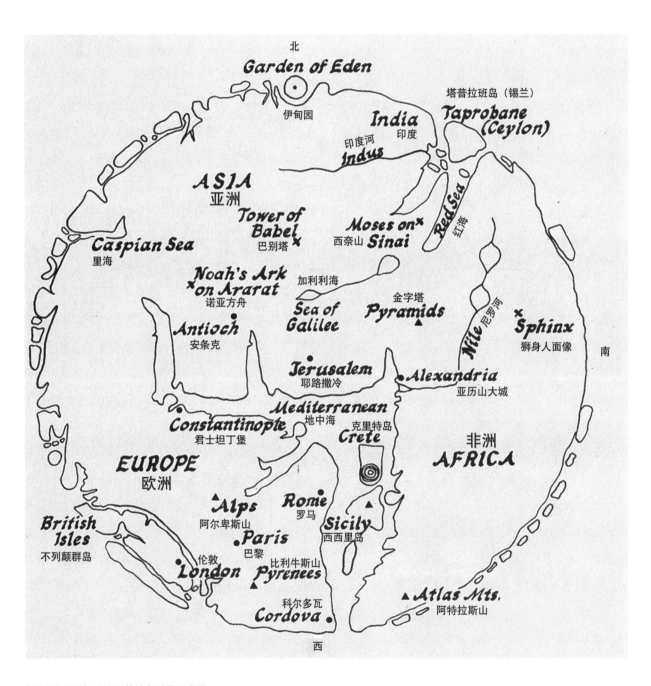

◎《世界地图》中出现的地名对照示意图。

◎英国赫里福德大教堂的
《世界地图》，以及对
它所表现事物的解释。

TRADITIONS OF SCIENCE OUTSIDE EUROPE 欧洲以外的科学

引言：欧洲以外的科学传统
TRADITIONS OF SCIENCE OUTSIDE EUROPE

到目前为止，本书所讨论的科学，或者自然哲学，形成了一条清晰的理性发展路线。这条路线通往 16 世纪欧洲的文艺复兴时期，并且从那里发展出了现代世界的科学。这条路线真的很不平凡——某些科学思想，特别是数学和天文学中的思想，起源于古巴比伦，在传入希腊以后，被大大地提炼了；后来，伊斯兰的学者继承并进一步发展了这些科学思想，并将它们带入中世纪西方的主流科学中。希腊学者的贡献极其重要，他们在寻求物质世界运作的理性、非宗教的解释时，为自然哲学下了定义。

但是处于这条发展路线以外的文明又是怎样的呢？在地中海世界以外的地方，比如在中国、印度和中南美洲，出现了其他文明，且发展出了自己解释自然的理性方法。这些思想与西方极其相似，但总体而言仍有较大差异；在这些文明中，人们可能已熟练掌握某些领域的技能，但对别的科学领域一无所知。例如，中美洲的玛雅文明，利用数学和天文学建立了非常精确的历法，但在其他方面，他们还停留在石器时代。另一个极端的例子是古代中国，他们在欧亚大陆的东方，将理性的传统发展了三千多年，在数学、天文学、生命科学以及许多技术领域都取得了相当高的成就。

失落的知识？

这些科学传统究竟发生了哪些故事？它们是和欧洲的知识融合为一体了，还是逐渐消亡了？在某些情况下，创造这些知识的文明消失了，因此这些科学传统也随之消亡。如中美洲的文明在短

◎位于危地马拉的托尔特克人的石柱。每根石柱都记载了一次天文事件及其发生的时间。

◎悬崖上的宫殿。位于美国科罗拉多州的梅萨维德印第安遗址，是一处悬崖住所。它可以追溯到12世纪，同时也是900年前科罗拉多的文化中心。这里有200多间房间，可以为400多人提供住处；还有23个举行典礼的房间或大地穴，可以通过住所环状的外形辨认出来。

短几年内被消灭了，西班牙的征服者也没有兴趣来保留他们的知识或信仰。在另一些情况下，科学在达到某种程度后就停滞不前了，这可能是因为他们在那时便依赖于一个受宗教信仰支配的静态社会。但是可能这些欧洲以外的科学其共同特征在于他们没有发生过和西方社会一样有影响力的技术革命。航海、仪器、印刷、兵器、动力机、化学——在这些领域，欧洲科学在 1500 年之后便一个接一个地超过其他地区。

与这些技术有天然联系的科学显得比任何其他科学都要强大。当欧洲国家遇到非洲、亚洲或者美洲的科学的时候，他们的科学理论和实践更趋向于同化这些本土的科学体系。有时候，这个过程被清晰地记录了下来，比如 17 世纪基督传教士带着天文学和地理学的新思想来到中国和日本的过程。在某些地方，同化的过程是缓慢的，例如在印度。但是无论在哪里，科学的西方模式——对物证的测量、实验进而形成理论，对物理规则进行探求——都趋向于替代基于宗教或者基于对自然界更直觉化方法的思维系统。

蛰伏的传统

然而，欧洲以外的科学体系还远未达到消亡的地步。首先，尽管它们在学术层面上被取代，但仍然作为一种大众化的文化生存了下来。其次，现在学者正对其进行越来越多的研究，因为他们试图增进我们对过去的理解，以及不同的人对宇宙之谜的不同反应方式的理解。再次，当今人们对它们的兴趣越来越大，因为西方人逐渐认识到现代科学和技术可能存在着许多局限性，这之中有些甚至可能成为破坏力而不是推动力。所以这些非西方的科学传统可能是处于蛰伏期而不是消亡期，而且它们教给我们很多关于科学知识和信仰的发展历史。

不同文化中的时间：不确定性和时间轮回

TRADITIONS OF SCIENCE OUTSIDE EUROPE

时间是一个科学之谜。所有事件都在这个维度中发生，如同在物理空间中发生一样，它也是我们意识的一个层面。我们的生活和我们的思想似乎可以穿越时间，如同我们的身体在物理世界中的运动一样。但是，我们可以用很多方法来描述和定义物理空间，也可以自主选择运动的方向、目标，或者保持静止。但是，时间似乎不可能被定义，最重要的是它只能朝一个方向运动，那就是向前。即使我们完全处于被动状态并且保持静止，时间依然向前运动着，穿越我们，并伴随着我们，所以它看起来是在消耗着我们的生命。在今天的西方世界中，标准时间支配着我们的社会和个人生活，在以天为基础的情况下，我们所有的活动都发生在一个约定的期限之内。在大一点的范围内，我们的生活由一系列需要完成的目标和任务所组成，并且我们的生命也在不可避免地走向死亡。我们的历史意识，也是以时间为条件的。我们把过去视为一系列的相继发生的事件。战争、约定、发明、发现，所有的事情都在向前发展，形成了一个可以向某个方向改进的模式，但是任何人都不具有让时间停止下来或者反向运行的能力。历史中唯一不变的东西就是变化。

◎一座巨大的湿婆神雕像，她是印度的舞蹈之神。

不确定的时间

所有这一切看起来都是显而易见的，那么它在所有已知的人类文化中，就总是真实的吗？不同的社会用不同的方式来感知和测量时间，这听起来好像是令人惊讶的事。和现代西方模式相反的极端是非洲的某些部落，比如苏丹的努尔人，他们的文化仅仅在几十年前才第一次被人类学家记录下来。因为和西方的接触，这些人的

◎图中是大津巴布韦遗址的围栏和圆锥形的塔，这些巨大的围墙可能建于1500年罗茨威的霸权统治时期，人们由此推测此时东非也被卷入黄金和象牙的交易之中。

信仰和实践正在改变，但是很多传统的观念仍旧保存了下来。

努尔人没有常规的关于"时间"或者"年"的词汇。取而代之的是，他们计算出了湿季和干季的循环周期。整个周期被划分为 12 个"月"（moons），每个月都有一个名字。这些季节和月份都与农业活动有关，但是它们没有形成一个严格的次序。如果湿冷的季节比正常情况持续的时间长，就进入了一个新的月份，努尔人会用冬天的名字来命名这个月份。如果炎热的季节突然来临，另一个被命名的月份可能就会被略去，这样他们就到达了一个夏季的月份。

努尔人不用年作为单位来计算个人的年龄，而是将人的一生划分为诸如婴儿、青年、战士、农民、老年人等"年龄集"，老年人最受尊敬。年龄集之间的过渡是以入会仪式和获得牛作为礼物为标志的。但是他们不采用任何方式来纪念死者。我们可以很清楚地看出，这些信仰和实践是由一个高度稳定、几乎不知变化为何物的社会滋生而来的。社会活动以及这些活动发生的时间结构，似乎总是循环的——它们形成了一个无止境的循环模式，在这个模式里面，过去和未来之间永远不存在根本意义上的不同。在某种意义上，它们没有历史，也没有一系列特定的事件去定义努尔人的特性。

这也许是西方和非西方关于时间的理解中最重要的区别。将时间视为一种对连续变化的记录，以及独特事件的单向流动，或是将其视为一种持续到现在的时间感觉，这两者间是有差别的。不过这差别仅仅能由可一再重复其自身的常见的时间循环划分出来。

轮回的时间

在关于时间轮回的信仰中，最惊人的证据存在于亚洲的一些宗教中——印度教、耆那教以及佛教，他们在教义中宣扬转世再生。在这些教义背后，是对地球上的生命都受时间束缚的观念的深信不疑，并且认为宗教的真正目的是把我们从时间中解脱出来。这些宗教把世界看作是永恒存在的，人的生命无休止地轮回，但是最终都是毫无意义的。

◎托纳提乌——玛雅人的太阳神，在他的后背有一个代表地震的符号。依照玛雅人的天文学计算，最终地震将会摧毁现在的世界和太阳。

为使人理解这一点，印度的天文学家乐于设想出被称为"地纪"的巨大的时间段。这些"地纪"不仅用来度量人类的时间，而且还用来度量比人类时间长得多的宇宙至高精神——婆罗门（同时也是天堂轮回）的时间。天体周期性地回到宇宙开始的位置，在那里，历史的循环将重新开始。

在这样的安排下，现在这种纪元的历史被认为是从公元前 3102 年开始的，并将持续 43.2 万年，这个纪元被称为"纷乱期"。一万个纷乱期组成一"劫"，它包含 43.2 亿年。但是每一"劫"对于婆罗门来说不过相当于一昼或者一夜，所以婆罗门的一年包含730"劫"，婆罗门在宇宙中停留了 100 年，也就是73200"劫"，超过 300 万亿年，在轮回开始之前，一个新的婆罗门将会现身。

这些数字有意地把人们对时间的感觉变得渺小，就如同现代人对宇宙年龄的估计一样。在如此巨大的时间段的遮蔽下，个人甚至社会的生命就显得无关紧要了。这种巨大、神秘的时间观念和犹太教与基督教所共有的神的概念形成强烈的对比，他们共有的神直接介入历史，创造时间，并且将在某一天毁灭它。有人认为现代西方认为时间单向流动的观点已经被基督徒的历史观大大地尖锐化了。伊斯兰教也宣扬神创造了时间，并将结束时间。

日历轮

古代美洲的玛雅人也把时间看作是循环的，并把日历雕刻成一个轮子的形状。他们沉迷于计算天数并构想出很多时间段，如 20 天、260 天、7200 天，而这些数字并不是起源于天文学上的周期。为了把这些时间段和宇宙的规划联系在一起，他们创造了"长历法"（Long Count），这种历法认为每一天都处于循环之中，这个循环会在持续 5000 年后重新开始。人类时间周期的重复由神来控制，并依赖于人们所举行的宗教仪式。这样玛雅人就将度量线性历史的技巧与彻底的时间循环观结合了起来。

月运周期

在发明原子钟之前，测量时间的唯一方法就是依据天文事件——昼夜更替、由太阳在天空中的仰角所引起的季节变化以及月亮的状态。因为"年"是一个比较长的时间段，而"天"又比较短，所以居于两者之中的时间段总是被看作是调节社会生活的基础，并且它是由月亮周期所决定的。制作历法的复杂之处就由月运周期的实际情况引起——月运周期平均29天，不能被平均地分配到365天的太阳年中。

时间之王

西方传统科学之外，最精通天文学的要数中国人，他们建立了非常精确的年历，但是其中包含了很强的哲学和政治的因素。季节的循环被认为是由两条宇宙法则——阴和阳的盈亏所造成的。尽管阴阳通常被认为是男性和女性的法则，但是它们的最初意义是黑暗和光明，阴暗和阳光——这些正是用来度量季节发展的基础。中国人相信人类和这些宇宙力量有某种联系，尤为特殊的是，这种联系是通过皇帝的身份达成的。皇帝所举行的开始新季节的宗教仪式贯穿全年，这样便可确保宇宙的和谐。在政治上，皇帝拥有每年发布日历的唯一权力，如此就可确定他时间之王的角色。如

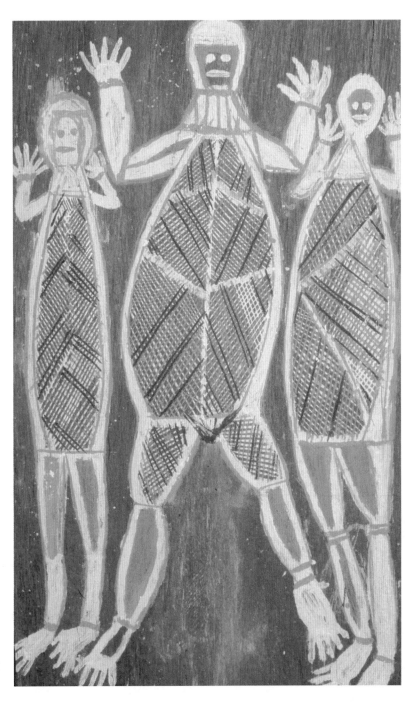

◎一幅澳大利亚土著人的树皮画。图中有三个灵魂形象，传说这是澳大利亚土著神话中黄金时代的超自然生物。

同在古巴比伦和古埃及一样，君主是宇宙有序规则中的一个必需部分。

在现代西方社会，时间被看成是一种机械力，它驱动着我们的生命向前运动。在其他文化中，时间经常被视为一个可由人类和整个宇宙永无止境地漂流于其中的海洋。

非传统的数学：数字游戏
TRADITIONS OF SCIENCE OUTSIDE EUROPE

罗马数字

在西方，众所周知的古代计数体系就是罗马数字，罗马人结束了对欧洲人的政治统制之后，又使自己的文化和语言在欧洲处于支配地位。直到今天罗马数字仍随处可见，比如在建筑物和纪念碑上的题字。以下是一些罗马数字：

1 I

2 II

3 III

4 IV

5 V

6 VI

7 VII

8 VIII

9 IX

10 X

20 XX

30 XXX

40 XL

50 L

60 LX

70 LXX

80 LXXX

90 XC

100 C

101 CI

120 CXX

150 CL

200 CC

500 D

1000 M

1999 MCMXCIX

2000 MM

2001 MMI

在某些数学形式还没有形成一套有条理的系统的时候，它几乎就已在所有的文化中流行。处理数字和说明空间关系的需求激发了非洲、北美和澳大拉西亚人的数学思想，而过去人们常常认为这些数学思想出现于近代科学之前。

甚至在这些社会还没有出现文字的时候，口头计算的方法就已经发展起来了，这很有趣，因为他们揭示了处理数字概念的不同方法。超出一些小数字的计算都需要用到一个"基数"，以使较大的数字能"存储"于其中。和过去的人们一样，我们把 10 作为基数，可能是因为它和我们的 10 根手指有关系。中美洲的玛雅人用 20 作为基数，大概是因为他们把脚趾和手指都加在了一起。罗马人通过用不同的符号来表示大数字：1，2 和 3 就是简单的竖直笔画 I，II 和 III，而 5 就成了 V，10 变成了 X。但是，罗马的数字系统中不包括位置的因素：X 在数字的任何位置都表示 10，因此他们并没有用到"基数"体系。巴比伦人用 60 作为基数。尼日利亚的约鲁巴人发展出了一种依靠对数字实行减法的计算体系。从 10 到 14 之间的数字名称和我们预想的模式一样：11 是"比 10 多 1"，12 是"比 10 多 2"，依此类推。但是到了 15、16，这种方法就发生了改变，它就变成了"比 20 少 5""比 20 少 4"，类似地，29 就是"比 30 少 1"。更大的数字通过乘法获得，所以 60 就是"三个 20"。下面是约鲁巴人对某些数字的计算方式表达：

$$45=(20 \times 3)-10-5$$

$$108=(20 \times 6)-10-2$$

$$300=20 \times (20-5)$$

$$525=(200 \times 3)-(20 \times 4)+5$$

有人认为，这种体系是在数贝壳的实践中发展得来的。这些贝壳被分成 10 个一堆，20 个一堆，50 个一堆，依此类推，然后通过增

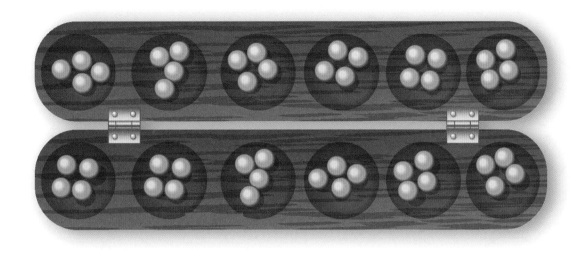

◎魔法师的游戏。

加或减少某一堆的贝壳来进行计算。显然这种方法对于大数字来说就显得非常的麻烦，但是作为一种非书写的体系来说，它是符合逻辑的，同时也是有效的方法。

数字游戏

从传统的西非社会中流传下来了各种各样的涉及简单数学逻辑的游戏。"魔法师"是其中广为流传的一种游戏。它有两位玩家——"魔法师"和他的"牺牲者"。在一块板上，刻有 12 个孔，每个孔里放有 4 枚小石子。双方各从 11 个孔中取出两枚石子，然后魔法师从第 12 个孔中取 3 枚石子，牺牲者取一枚。这样，魔法师就比对方多出两枚石子。现在魔法师必须像使用魔法那样把这两枚石子传递给牺牲者。他喃喃地念几句咒语，对着石头吹气，然后告诉对方把小石子填放在小孔里，每个小孔放满 4 枚，与此同时魔法师自己也这样做。当石子被放回小孔以后，魔法师就只多一枚石子，而牺牲者现在有了 3 枚多余的石子，把戏就这样完成了。

如果我们用数学的方法来分析一下这个游戏，会发现它分为两个部分：

第一步　取石子：

魔法师：$2 \times 11 + 3 = 25$

牺牲者：$2 \times 11 + 1 = 23$

第二步　把石子放回原处：

魔法师：$25 = 4 \times 6 + 1$

牺牲者：$23 = 4 \times 5 + 3$

这个游戏之所以行得通是因为魔法师的石子数更接近于 4 的倍数。显然，魔法师知道这一点，而游戏中的牺牲者却不知道。

另外一种形式的数学逻辑牵涉到在沙地上画几何图形，特别是把它们画成是一根连续的线，但是被这条线所包围的任何一块区域都不会被包围两次。瓦努阿图的马勒库拉人有这样的传说：当一个人死后，为了到达"死者的世界"，他们的灵魂必须经过一个吃人的魔鬼，这个魔鬼就通过在沙地上描绘复杂图形的方式来向他们挑战，画的时候不能抬起手指离开沙子，也不能按照已经画出的路线原途返回。很多保存下来的不同图形都和这个故事有关，这些图形通过将一个既定的小图形旋转 90 度、180 度和 270 度来表达一种对于对称的

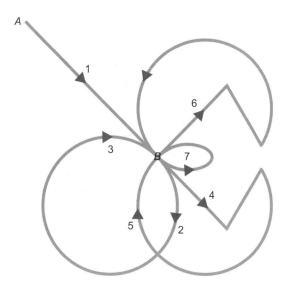

◎图中的色彩增强了复杂图形的对称性。

理解，就像上面的图样。

讲故事的人在讲解的时候，经常会画出这样的沙地模型，来为他们的叙述提供一种形象的表达形式。在这个西非的沙地图形中，一个女人经常丢下家务去和邻居闲谈，所以她的丈夫修建了许多可以把她带回自己家的围墙。邻居的家用迷宫中的点代替，这个家庭主妇可以经过但是却永远无法与她的邻居相遇。

在一些文明中，计数的方法可能会通过符号语言来

进行详细的描述，比如生活在密西西比河上游的欧及布威部落就是这样。右页左上角的图是被刻在一棵树上的象形文字。右边的是两个猎人画在自己的独木舟上的两个动物，这表现了他们的图腾（个人的动物象征）。左图是一只熊和六条鲇鱼，这表示这两个猎人（部落中的其他成员可以认出这些图腾）坐着独木舟经过这个地点的时候，杀死了一只熊和六条鲇鱼。在欧及布威部落的墓碑上还可找到类似的记录方法。

右页下方的插图是一个名叫巴布萨昆迪巴的男子的墓碑，他死于 19 世纪 40 年代。站在坟墓边的解说者应该已经叙述过他生命中所发生的事件了。倒置的鸟表示他的家庭或者氏族的名字为鹤，上面的 4 条横线表示他在战斗中杀死了 4 个敌人。旁边 8 个大头针状的标志代表 8 根鹰的羽毛，是勇敢的象征。中间的 8 根线条表示他曾经参加过 8 次远征队。底部的线是葬礼解说者本人的签名，他也曾经多次参加远征队。

对于这些数学形式，我们可以说的是：它们清楚地表现出了人们在智力上的尝试，在组织数字和对物理空间进行描述的过程中所使用的逻辑思维。这种数学总是

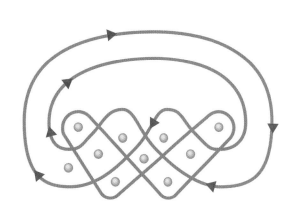

◎西非的沙地图形。

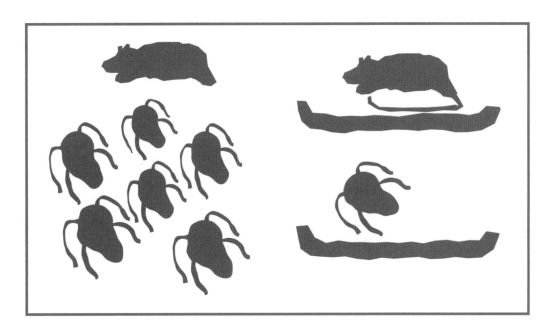

◎欧及布威的象形文字。

很实用，而且经常被运用于解决特定的问题。它永远也
不可能成为一套正式的体系。在尚未出现文字的社会里，
这种情况是无论如何也不可能的，因为任何复杂的计算
形式都需要被书写下来，以显示计算的过程。沙地图形
作为通向书写过程的中间过渡形式——一种非正式的几
何学——是非常有趣的。虽然欧及布威人并没有发明文
字，但是他们的计数方法很显然仍处于朝着象形文字发
展的过程之中。数学就是这样很明确地被嵌入许多文明
之中，但是几乎都不能成为一套正式的体系。

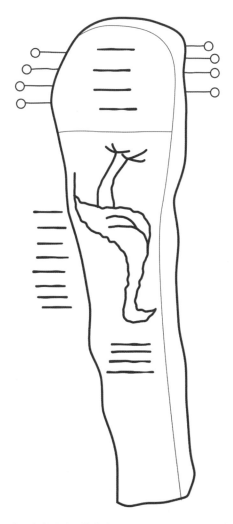

◎巴布萨昆迪巴的墓碑。

非洲、北美和澳大利亚的天文学
TRADITIONS OF SCIENCE OUTSIDE EUROPE

在世界任何地方的文明中都能找到研究天文学的证据。天体的位置常常被用来测量时间和方向，它们也常常被视为宇宙力量的化身。直到不久之前，人们还一直认为只有在近东、中国或者印度等主要的文明中，才有非常繁荣的天文学；但是现在人们认识到在非洲、哥伦布到达之前的美洲和太平洋地区的很多文明中，天文学都发展到了很高的程度。

七颗恒星

埃塞俄比亚南部和肯尼亚北部的博洛南人使用一种独特的历法系统，这种历法是建立在七颗被挑选出来的恒星和不同月相的基础之上的。在肯尼亚的图尔卡纳湖附近，发现了一组用来辅助观测的石柱。人们定义了12个月份，当新月和一颗明亮的恒星从地平线的同一位置升起时，新的月份就开始了。这些明亮的恒星包括金牛座的毕宿五、昴宿星团、猎户座的腰带（译注：指星座中间位置成一条直线的三颗星）等。图尔卡纳湖的这处遗址可以追溯到公元前300年左右，从那时起人们就已经用恒星的位置来对日期进行校正了。博洛南人的历法代表了一种很独特的天文学方法，它是建立在推理和长达几十年甚至几百年的详细观察的资料的基础之上的。

在撒哈拉沙漠以南的非洲地区还发现了有天文学用途的石建筑群遗址。在公元400年之前，大津巴布韦遗址可能就曾有人居住。它里面建有大量的标志物，包括：

标记着夏至时太阳升起的岩石图案，过道的顶上也有夏至时银河的图案；两块大石头被放置在一起，中间形成一道狭长的缝隙，太阳在每年的两个昼夜平分点会非常精确地沿着这道缝隙上升。我们似乎可以确定，这些社会供养了一些专职的天文学家，他们的任务就是进行必要的天文观察。

神秘的知识

可能最为人所知，同时也是最神秘的非洲天文学知识的例证就是发生在马里的多贡部落里的事情。在20世纪30年代，人类学家在研究这个部落的时候发现多贡人对天狼星有着特别的兴趣，这是天空中最亮的一颗恒星。多贡人认为天狼星有一颗看不见的伴星，它比天狼星小，但要重一些，它的力量能够帮助谷物成熟，同时也使其他的恒星保持自己的位置。据说天狼星和它不可见的伴星每50年绕轨道一圈。

为什么它会如此神秘？答案就是：在19世纪60年代，欧洲的天文学家发现天狼星是双子星，也就是说它有一颗伴星，它们两个有共用的轨道。而且，天狼星的伴星比天狼星要小得多，密度要大得多。这类星体后来被称作"白矮星"，它只能通过非常强大的天文望远镜才能看到。天文学家还发现，天狼星和它伴星的轨道周期是50年。而多贡人每50年就举行一次仪式和典礼来标志这样一个周期的完成。

为什么马里的这个部落拥有西方天文学家19世纪

◎描述了多贡人神话的石洞壁画，其中包括有关造物的神话以及来自天国的阿玛·塞欧的画像。

后期才拥有的如此高度发达的专业天文学知识呢？合理的解释就是多贡人以某种不为别人所知的方式学到了关于天狼星的科学原理，并把它收录在自己的神话中。假设欧洲人和多贡人在 19 世纪有过联系的话，这在理论上是可能的。无论真实的解释是什么，很明显，这个例子提醒了我们，我们对欧洲以外的古天文学的了解实在是太少了，还有太多的事情等着我们去发现。

美洲的天文学

在北美本地人中，天文学也同样普遍和重要。这个地区的特别之处在于他们对昴宿星团非常关注，它是由金牛座中七颗星组成的独特群体。早在 1524 年，探险者维拉萨诺就记录了美国罗得岛州的印第安人根据昴宿星团的上升来指导他们春天种植农作物的情景。当时在 58 个本地人的文明地域中，除了 12 个，其他地域中均发现了关于昴宿星团的知识。

如同在非洲一样，在北美所有地区的遗址中都可以找到关于天文学研究的证据。在新墨西哥州的查科峡谷有大量的古代石壁画，在其中一幅壁画里可看到一个有 23 条光线的大恒星和一轮新月。一些专家认为这代

◎在邦贾加拉悬崖脚下的一个多贡村庄。有研究表明，整个村庄和个体建筑物的排列方式符合多贡人对宇宙起源和结构的信仰。

表着 1054 年 7 月的那次超新星爆炸。我们从中国的记录中得知，最初是超新星和渐亏的新月同时升起，甚至在白天也可以看得见，并且一直持续了 23 天。在查科峡谷还有一幅螺旋状的石雕，它和春分日、夏至日、秋分日、冬至日的正午时分的光线相互发生作用，显示人们对这些事件的精确的计时知识，而我们现在将这个特征称为"阿纳兹太阳之剑"（Anasazi Sun-Dagger）。

规模更大一点的是在怀俄明州的麦迪逊轮，人们把它和英国的史前巨石柱在排列方式及用途上做过比较。

它是由石块组成一个直径为 26.5 米的环，中间带有 28 根轮辐。它按照从东北到西南的方向排列，这正是夏至日太阳升起的方向和冬至日太阳落下的方向。麦迪逊轮的建造年代和建造者的身份现在还不能确定，但是它和一些小规模的特别是在加拿大南部发现的遗址的形状很相似，而我们知道这些遗址已经有好几千年的历史了。我们可以通过平原印第安人的太阳舞来很好地了解太阳在他们的仪式和宗教中的重要性。在舞蹈中，舞者凝视着太阳时的痛苦和禁食被认为可以使其得到净化和更加

◎在一座世系首领的庭院中所建造的多贡"比奴"（binu）神殿。处于最显著位置的梯子可能象征着一个"通往天国的阶梯"。在比奴内部是雕刻的石像和祭品，在祭坛上建有微型的阶梯，这使人回想起了人类永生的神话年代。

强壮。这样，除了历法上的作用，这些建筑可能还带有宗教上的动机，就如同史前巨石柱一样。密西西比峡谷的卡霍基亚遗址中包括一个直径125米的太阳圈，在其周围布置了至日和昼夜平分点。

除了太阳，天空的其他特征也非常重要。内布拉斯加州的奥马哈人竖起一根神柱来象征部落的稳定，这根柱子指向北天极，天体似乎是绕着这个极点旋转的。加利福尼亚南部的柯玛斯人把银河看成是死者灵魂进入天界的通道。对于这些人而言，一位加利福尼亚南部的酋长在自己的传记中这样总结了天文观测对这些民族的重要性：

当太阳在北方巡回，并且月亮在白天四分之一的时间出现的时候，他们就可以根据太阳和月亮的迹象知道某种作物的种子已经成熟，因此便做好了进行收割的准备。每种作物的生长期、鸟儿的筑巢期、幼鹰的生长期，所有的事情他们都可根据太阳和月亮的迹象而得知。

丰富的澳洲传统

我们知道，澳大利亚的土著部落也会利用天上的标志物判断谷物何时成熟或者何时繁殖牲畜。同样，他们把自己的天文知识包含在许多关于天国的传说中。在这些传说里，太阳、恒星和行星都被看作是掌管时间、丰产和协调的宇宙力量。

这里的人们在真正的"黑暗"中度过了他们生命中的大部分时间，这是一种已被现代工业社会所摒弃的黑暗。他们一定花了数不清的时间来观察天体，记录它们运动时的精确图形，并想象出神话和传说来解释他们在天空中所看到的一切。

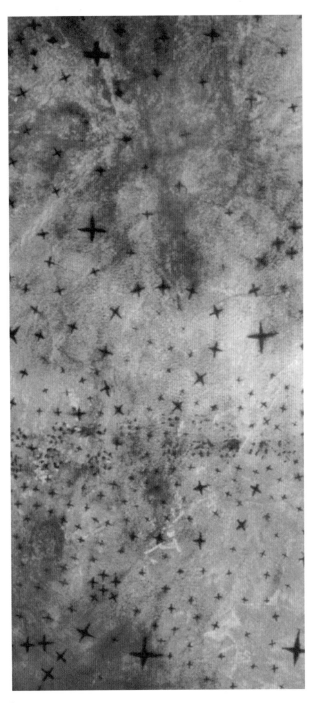

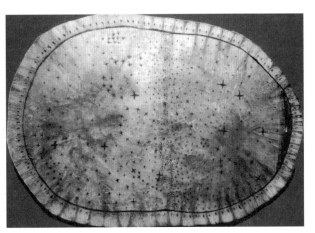

◎上图及左图（细节图）：（北美）波尼族印第安人绘于鹿皮上的夜空图。它被用作预言并且唤起波尼族印第安人对恒星及行星的敬重。

◎绘有旺吉纳（Wandjina）形象的20世纪树皮画。旺吉纳是一群来自海洋和天空的远古生物。他们带来雨水、控制着动物的繁衍和土地植物的茂盛。在澳大利亚的金伯利地区，人们可以见到绘有旺吉纳形象的树皮画和岩石艺术品。

 航海术： 太平洋地区人们的秘技
TRADITIONS OF SCIENCE OUTSIDE EUROPE

　　我们对于非西方科学知识了解的局限性被环绕太平洋地区的神秘的海上迁徙所例证，这些移民活动主要发生在公元前 2000 年到公元 1000 年之间。考古学的证据表明，这些移民始于新几内亚岛，随后便向东迁移。在经过所罗门群岛和瓦努阿图后，移民于公元前 1300 年左右到达了斐济；很快，他们又来到了汤加群岛和萨摩亚群岛。大约在公元 200 年，一群萨摩亚人向东航行了 3000 多千米，来到马克萨斯群岛，后来这里似乎变成了波利尼西亚文化的传播中心。在公元 400—800 年，这些人定居在夏威夷、塔希提岛、社会群岛、库克群岛、复活节岛，最后在公元 900 年左右定居于新西兰。

　　这些航行所使用的是敞开的小船，有时需要跨越几千海里看不到陆地的海洋，这绝对需要用几个星期甚至几个月的时间来完成。至于他们是如何做到的，我们还没有确定的认识，也没有文字记录。他们的航海技术通过口述进行传播，但在很久以前就失传了。他们没有海图和罗盘，而这些成就又如此让人困惑，以至于当欧洲人开始研究波利尼西亚文化的时候，他们认为这些群岛一定是一个巨大的陆地经过沉陷以后的剩余部分，而那些居民恰好就是岛上的幸存者。

神秘的技术

　　像在加罗林群岛和马绍尔群岛这样已经得到非常明确界定的群岛中，陆地之间只有明显的由西向东的非常狭窄和集中的条形洋流；但是在其他的群岛中，岛屿之间的距离大大增加，目标岛屿就变得更小了。曾研究过波利尼西亚航海历史的现代航海专家认为有多种方法可以测量方位和判断陆地的远近程度：鸟的飞行——它们

◎太平洋迁徙路线图。考古学的证据使我们确定太平洋移民迁徙的时间，即公元前 2000 年到公元 1000 年之间，这些证据还可以解释波利尼西亚文明在这个区域的传播。我们仍然不知道他们实际的航行路线、如何进行补给及最后的目的地。

晚上必须在陆地上歇息，但是白天到海洋中觅食；或者海浪的形状以及云的构成。也有人争论说是波利尼西亚人心中就有一个星象罗盘。对于接近地球赤道的观察者来说，恒星从它们的升起点到沉落点的运动轨迹就像是划过天空的一条直线。通过熟练掌握许多明亮恒星的升起点和沉落点的位置，航海者能够让船进行连贯航行。

然而，另外一些专家却否认这些技术能够被始终如一地运用，特别是在进行远离赤道的长途航行的时候。从马克萨斯群岛到夏威夷就是从南到北超过 2000 海里的航程。如果一名现代的航海者设计了误差为 1 度的错误航线，那么他永远都不会达到这段航程的终点。此外，太平洋盛行的风向是从东往西的，也就是说它和移民的路线正好相反，这使得当时移民的路线变得更加神秘。

历史问题

除了技术问题，这些移民也引发了很多历史问题。这些航海者如何得知他们的确能够找到陆地？是否先让先锋队探路，然后再返回来为其他人带路？考古学的证据表明并没有发生这样的事情，航海是单行的，他们和原来岛屿的联系也中断了。究竟是什么原因让这些人到海洋中去冒险？是为了逃避战争或饥荒吗？还是因为人们被迫定期离开以减轻人口过剩的负担？为什么他们在如此多的小岛上定居，却从来不到澳大利亚这样的大陆上来？我们拥有的唯一物证是来自马绍尔群岛的用棍棒和贝壳组成的为数不多的地图。有一些地图惊人的精确，但是相对而言他们只对很小的区域绘制了地图，并且这也不能真正解释这种长距离的迁徙行为。另外，这些地图只能追溯到 19 世纪，所以它们也确实不能用来作为大约 3000 年前的知识和技术的证据。

这个科学史课题的重要性在于它表明古代人可能拥有没有被记录下来的技能和知识体系，而我们却对此一无所知。如果这种情况在太平洋地区迁徙的例子中是真实的，那么它在其他情形下也可能同样存在。

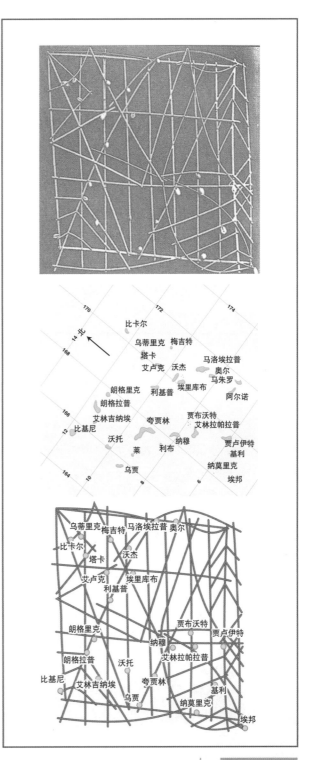

◎三张马绍尔群岛的地图。最上面的是19世纪早期由木棍和贝壳制成的航海图。中间的是与其相等的现代航海图。下面的是航海图中的关键部分。主要的岛屿链之间相隔100英里（约161千米），并且有500英里（约805千米）长。这张航海图的精确度是显而易见的。

 中美洲：玛雅科学

TRADITIONS OF SCIENCE OUTSIDE EUROPE

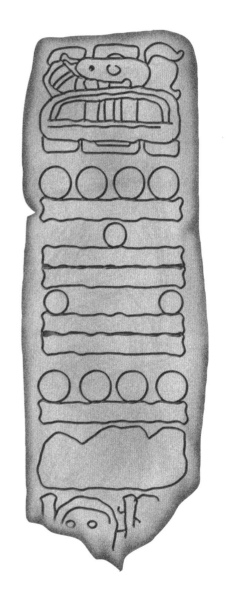

中美洲的古人类被划分成许多部族或语言群落——奥尔梅克人、萨波特克人、玛雅人及阿兹特克人等。虽然这些文明记录的范围有所不同，但是它们似乎拥有相似的宗教和科学信仰。

居住在尤卡坦半岛和危地马拉地区的玛雅人在公元 200—800 年处于鼎盛时期，流传到现世的有被他们刻在无数石碑上的象形文字，以及少数手抄本。玛雅人留下了相对丰富的科学记录，最伟大的成就在于数学、天文学和历法。有大量的证据表明这三种科学获得了国家的赞助，并且与君主政治权力的合法化有关，这和美索不达米亚的情况是一样的。

玛雅数学

玛雅人的计算体系简单而有效。数字"1"用一个点表示，数字"5"用一条线表示，还有一个代表 0 的贝形符号，所以点和线就被组合起来表示数字 1～19。就像 10 是我们的计算基数一样，他们的基数是 20。20 以后数字的位置就改变了，一个点就代表 20，就像我们说 25 时，"2"代表 20 一样，所以数字 41 就被称为"双二十加一"。至于更大的数字，例如，一年 365 天，就将特殊的符号组合起来，以从上到下的顺序表示。这样更大的数字也能表示出来了。

虽然玛雅人采用了一年 365 天的自然年历法，但是他们通常将一年分为 18 个月，每月 20 天，余下的 5 天加在年尾。许多其他的文明都将余下来的这几天视为邪恶的或不祥的。出于宗教目的，玛雅人还另外做出了一套历法，这在世界上是绝无仅有的。这套历法是由 20 个日名和数字 1～13 组成的（译注：20 个日名与数字 1～13 两两轮流搭配，与中国的天干地支很相似）。这样每一循环就变成了 260 天，此循环中的每一天都有它自己的特性，与天空中或吉或凶的征兆相对应，因此毫无疑问玛雅人发展出了一套占星术，或者至少是通过恒星及行星的运动作

◎刻在一块日期石上的玛雅数字。从上往下看，依次是：9，11，12，9 和 0。玛雅人用这种计数方式制出了长达 3777 年的历法——长历。以现代的历法换算，长历开始于公元 665 年。

出预言。

我们只能猜测这套独特的 260 天的体系的起源，但是人们却已经提出了各种理论。"20" 是人体上手指和脚趾的总数，"13" 是玛雅宗教中天空的层数，260 天是人类怀孕的周期，也是金星在经过三个月的不可见期之后，作为晨星出现或作为晚星出现的周期。在玛雅人的占星术中，金星是最重要的行星。另外，在玛雅王国的纬度上，一年中有 260 天太阳正午时出现在赤道的南面，其余时间它都在赤道的北面。因此 260 天的周期也许不是任意设定的，而是与玛雅的信仰体系有关。

复杂的历法

玛雅人计算出，在 260 天或 365 天的历法中，一个有自己名字和数字的既定日子与一个有自己名字和数字的既定月份，其名字和数字直到 18980 天后才会完全相同，这就是 365×52 或 260×73 后得到的结果。这种 52 年一轮的周期被称为一个日历轮，这一天在玛雅文明中具有里程碑式的意义。周期的长度近似于人类生命的跨度，神将会在这天决定是否让人类生存至下一周期。而国王在这一天也扮演着重要角色，他要主持典礼并向神献上祭品。许多这样的仪式都有将玛雅人自己或将他们的敌人作为祭品进行放血的做法，因为他们相信血是安抚神灵的必需之物。

玛雅人以发现这些环环相扣的时间周期为乐，并且还计算出了许多其他的周期，比如他们计算出了相对于其他恒星而言，金星回到某一既定位置的周期是 584 天，也就是说在他们的历法中每隔 2920 天或者说每隔 8 年（8×365 天或 5×584 天），它便会在同一天出现在相同的位置。很久以前在玛雅人著名的"长历"中，这些循环就被计算出来了。"长历"调整了世界历史的通用纪元，将其开端定在了公元前 3114 年的某一天，不过我们并不知道他们为什么会选择这一天。在为记录国王或其他统治者在位期而竖立的石碑中，可以发现这些日

◎门楣上刻有象形文字的浮雕代表了一个单独的日子。其中，动物图案表示时间的集合，而神的形象则象征着数字。将这些象形文字所代表的总天数结合起来就形成了一个日期，如换算成我们的历法，那就是公元 526 年 2 月 11 日。

期和许多这样的循环有关，这样就将他们的生命和宇宙的历史紧密联系在一起。碑上的年份不是从特定的某一天往后计算，而是从立碑之时往前推算的，它使用了天循环或年循环或历法循环的方式来表示这些年份。

◎位于尤卡坦半岛奇琴伊察的库库尔坎金字塔，它建于12世纪。

历史的周期

我们不知道玛雅人为什么会采用这种谜样的方式计时和计算时间周期。当然所有文明都需要历法，但是还没有其他历法像它这样在这么多世纪以来，将每一天都以这种方式单独标记出来。这其中当然包含占星术方面的因素，因为生命和统治开始的日子都应表现出好兆头，这暗示了一种循环的历史观点，即根据过去发生的事可以预测或控制未来；它似乎还包含了政治方面的因素，因为这些周期确实只能由一位聪明的上层社会精英计算出来，并且这门科学就是要为国王服务，将他的统治与宇宙时间的关键时刻联系起来。其主要学说可能是国王通过他所了解的有关过去的专业知识，通过只有他才能完成的仪式，来确保世界和其子民在未来的延续。这种信仰的基础就是，他们认为物质世界在巨大的历史循环中是会被一遍遍地重新创造的。

玛雅科学和西方科学最大的区别在于它对度量和分析空间几乎完全没有兴趣。他们所记载的数学都是数字式的，而不是几何式的；同时在他们的天文学中，根

本找不到有关天体轨迹和宇宙结构的内容。一些宗教的碑文暗示了这样一种观点，即宇宙被垂直分层——天堂十三层，地狱九层。但是这与天体无关，以西方的观点来看，他们所绘制的天空图也与此无关。事实上，他们测量、分析并制表的对象都是时间。

建筑与工程

虽然玛雅人的记录没有显示出他们对几何学或其他科学（学科）感兴趣的观点，但是他们的建筑遗迹却表明他们曾经掌握了一些几何学知识，并将其运用于建筑和工程之中。或许最著名的玛雅遗址就是位于北尤卡坦半岛的奇琴伊察城，它大约建于6—8世纪的玛雅文明的后期。其中心建筑是卡拉克尔——这是地基上的一座巨大的环形的塔，其中两层以一种不寻常的角度倾斜着。塔内是狭长的柱子或是从只能看见西方地平线的集中的切口处延伸而来的通道。现代调查认为这些柱子所给出的视野可以看到金星在其背景中的极端位置。邻近的建筑物上装饰着象征金星的象形文字。金星是玛雅神话中

◎位于尤卡坦半岛奇琴伊察的埃尔·卡拉科尔（El Caracol）天文观测台（译注：它又被称为"蜗牛"，因其内部螺旋状的楼梯而得名）。

◎中美洲主要文明所在地。

◎刻有羽蛇神的主要象征物——羽毛蛇的浮雕。它在两个象征年份的符号之间呈现下落的姿势。两个符号所象征的年份之间的跨度长达20年，左边的符号象征着在特诺奇蒂特兰城重建大神庙的年份。

最重要的行星，他们将它和战争而不是爱情联系到了一起。在科潘和乌斯马尔的其他遗址也被证实含有天文学的行星排列图，尤其与金星大有关联。

玛雅文明后期的历史是美洲的一道难解之谜。9世纪的某个时期，玛雅文明走到了悲惨的末路，我们不知道这是否由疾病造成，但是也没有证据表明它是被战争摧毁的。像奇琴伊察这样的城市或被遗弃或被别人接管，但他们科学中的某些要素却幸存于继任者的文明之中。

中美洲：阿兹特克的科学

TRADITIONS OF SCIENCE OUTSIDE EUROPE

在西班牙人入侵之前的两个世纪，中美洲的主要居民是阿兹特克人。他们与玛雅人在文化与科学规范方面有许多相同之处，但这个地区的很多历史问题至今仍是晦涩难懂的。其中最大的一个便是坐落在南墨西哥的古遗址——离阿兹特克人后来所建的首都只有几千米远的特奥蒂瓦坎城，居住着一群令我们倍感陌生的人，他们既不是玛雅人也不是阿兹特克人，他们的起源与命运被包裹在层层迷雾之中。

特奥蒂瓦坎城在公元 200—700 年处于繁荣期，所有的证据都表明这座城市的发展历程并不普通。为了庆典的需要，它在建造前就经过了仔细的规划，城中有几条通往大金字塔的大道。其中央大街沿南北轴走向，但是大家却一直没能对它这种由北向东偏离 16 度的排列给出令人满意的解释。不过它的东西轴却是由黎明前昴星团升起的位置确定的，在古代美洲它们常被当作确定时间的标志。太阳决定了城市中最大的建筑——太阳金字塔的定线，夏至那天，太阳直接运行到了金字塔的塔顶，从而在任何方向都不会投射下阴影。为什么这座城市会被建成这个样子，有些什么仪式，它们在其中扮演了什么角色，我们对此一无所知，也没有能对此进行解释的资料。有证据表明，大约在公元 750 年，这处遗址被有计划地烧毁了，并且一直没被重建。在它被遗弃了几个世纪之后，阿兹特克人来到了这里，并将它命名为"特奥蒂瓦坎"，意思是"众神之城"或"由人变成神的地方"。

远古的历法

约在 12 世纪的时候，阿兹特克人从北方移居到了墨西哥的村庄。他们分享了，或者说是学会了很多玛雅人的数学与历法的科学，其中包括 260 天的周期。不过看起来他们并没有延续玛雅人的长历传统，所以 52 年的历法循环是他们最长的时间周期。像玛雅人一样，他们建立了一个对阶层有严格划分的社会，其政治的稳定依赖于神话和宗教仪式，这又反过来促进了天文学和数学的发展。这都是由一位叫伯纳蒂诺·德·萨阿贡的西班牙牧师所描述的情况，他在西班牙人入侵那里多年之后再现了这些信仰。他描述了"捆绑新年"的仪式，当一

个历法轮回进入下一个历法轮回的时候，也就是昴星团在旧轮回最后一天的午夜经过天顶之时：

当他们看到昴星团经过天顶的时候，他们就知道宇宙并没有停止运动，世界的末日也不是此时，他们将要进入下一个52年的周期，并确信世界还没有走向终结。

毫无疑问，这一事件是由国王、祭司以及从墨西哥城大寺庙赶来的人观测的，在此时，那座顶部平坦的、有130英尺（约40米）高的金字塔也就变成了阿兹特克人宗教生命的焦点。对他们而言，过去、现在和将来都交织缠绕于不断重复的轮回之中，他们在现存的，或许是阿兹特克人最著名的纪念碑——太阳石（或被称为日历石）上表达了这种思想。在石碑正中，有着刀样舌头的太阳神被日期及描绘过去四次世界末日的图画环绕着，他们认为"现在"属于第五个时代。人类的职责就

是通过表示对神灵的忠诚，尤其是偿还太阳神的血债来保证时间之轮的运转。

阿兹特克人非常详细地阐述了宇宙的所有神话，他们认为在自然界中神灵无处不在，对其中的绝大多数还需要不断地献上祭品。人是宇宙系统中很渺小的一部分，但是他们可以通过理解一种名为"托那尔波瓦利"（Tonalpohualli）的历法轮回来参与其中。这种历法轮回对整个文明的历程都产生了决定性的作用。阿兹特克的科学和预言，尤其是和占星术有着密不可分的联系。包括他们对宇宙描述在内的书面记录，有着很重要的意义，因为这些代表了某一时期的起源、开端或结束。王室成员的就任、军事战役、寺庙的供奉及宗教仪式等活动的日期都是经过挑选的，因为这些活动必须在有好兆头的日子里举行。同样的，阿兹特克人的医学科学，在某些方面非常实用，并与巫术及一种类似萨满教的宗教有着密切的联系。他们相信某些疾病是由超自然的原因引起的，其中包括失魂症，甚至身体中诸如肿瘤之类的

◎位于特奥蒂瓦坎城的太阳金字塔和月亮金字塔。其建筑物的排列方式具有天文学的意义，它的修建者既不是玛雅人也不是阿兹特克人，而是一群不为人知的神秘人士。

◎这是一块阿兹特克人的太阳石日历。位于中间的是太阳神托纳提乌的面具，在它四周围绕着一组描述前四次世界大毁灭的符号。而代表阿兹特克纪年中重要日子的记号又环绕在这些符号周围。接下来的一环象征着太阳光线，而更外面的一环则刻有代表着物质宇宙的大蛇。

疾病也可能被视为是由魔鬼种下的超自然物质。

阿兹特克人的宇宙

阿兹特克人的宇宙概念是神秘而具象征意义的，它与任何科学事实都无关。他们设想世界和天空被分成了好几层，层层相叠，但是并没有说明它们之间有何关联。天空有13层，每一层都被神、云、行星或星座等不同事物所占据，地狱有9层，它被死者的灵魂所必须穿越的河流分隔开来。

任何理论的解释都没有提到天体运动，因此就不能断定阿兹特克人信仰的是地心说还是日心说。就某些方面而言，阿兹特克人的文化是不平衡的。他们在建筑学、工程学上取得了很大成就，当然还包括精确的科学——数理天文学。但是在某些方面他们确实还处于石器时代。金属，主要是黄金，仅做装饰之用，而没有用来制成工具或武器；并且他们也没有发现轮子的用途。他们几乎没有什么空间意识——他们没有几何语言也没有建立起有关宇宙结构的科学，他们的自然哲学就是万物有灵论。自然因为神的意志而运行，而不是像机器那样去遵循其固有的、合理的法则。人类洞察宇宙准则的唯一途径就

◎这是一件刻有从羽毛蛇下颚中升起的羽蛇神形象的碧玉。他这个动作就像从地平面升起的晨星预示着日出一样。他脖子上戴着一个象征着太阳的项圈，这可能是为了纪念发生在1518年的金星凌日现象。

是随着时间的流逝，用天文学和数学的技巧去识别出神灵可被安抚的重要时刻，只有这样时间的轮回才能继续下去。一些人对用政治术语去"解构"这套体系的做法很感兴趣，他们说这代表了上层精英基于恐惧和害怕而采取的一种控制形式。在这套体系中，人的生命是随时可被牺牲的，毫无安全感可言。也许阿兹特克社会的迅速瓦解与这种残忍的、会引起分裂的祭仪存在一定的因果关系。

安第斯山脉的文明： 科学与信仰

TRADITIONS OF SCIENCE OUTSIDE EUROPE

在西班牙人入侵之前，南美洲的著名文明就是秘鲁的印加文明，但是它可能已经被许多更早的文明所超越。早在公元前5000年（这个时间要大大早于古埃及人）秘鲁南部的新克罗人就已经系统地将尸体制作成木乃伊了。我们对这些人及他们的文明知之甚少，但是由此可以推断出，死后的仪式在他们的文明中一定扮演着重要的角色。许多其他的族群居住在秘鲁和智利狭小的沿海平原及高地之上。居住在安第斯山脉的人们所特有的一项成就是，他们学会了利用每天非常明显的气温变化（通常24小时的温差可达33摄氏度），以天然冷冻和干燥的方式去保存食物，其中既包括肉类也包括蔬菜。这种食物在几年之内都是可以食用的，并且他们还建起了储藏室以满足社会在困难时期的需求。虽然我们对他们的知识体系和信仰了解得很少，因为当时他们的社会还没有出现文字，但是我们可知早在公元前1000年，查文人、瓦里人、奇穆人以及其他部族人的物质文明已经达到了一个比较高的层次。

◎从费利佩·加曼·波马的古籍抄本中影印下来的图画，在他的抄本中有很多展现17世纪印加人生活的图画，而本图这一类的图画只有这一张。在本图中，一位神圣的印加木乃伊正坐在担架上游行。

结绳记事

大约在1400年，印加人就占领了安第斯山脉以西的南美洲大部分地区，他们没有留下原始的文字记录，但是在1532年西班牙人征服他们时，大量有关他们的信息被西班牙学者以研究报告或图画的形式记载了下来。据我们所知，印加文明和中美洲文明根本没有联系，他们似乎仅仅在一些宗教和哲学的规范上有所相同。印加人没有文字体系，甚至连象形文字也没有。取而代之的是，他们用一种被称为"绳结语"的复杂的结绳记事体系进行计算和记录。但这并不是用来传达口头信息和思想的。"绳结语"的准

◎美洲的大西洋海岸图。来自皮埃尔·德斯塞利尔的《航海指南图集》(*Portulan Atlas*)。此书大约于1550年在法国出版。

确意思一直没有被破译出来,因此我们不能描述出印加的数学体系。相对于玛雅人和阿兹特克人而言,印加人并没有创造出有关时间的科学,也没有相关的技巧去计量它。比如在印加的编年史中,就找不到以260天为周期的计时记录。事实上,他们的历法、宗教及国家事务都直接由地平线天文学来规范,也就是说,他们通过观察太阳、昴星团及其他天体的位置来定义农业年和节日。

观察天象

现在人们认为这些观测是通过建于首都库斯科及其周边的复杂建筑物体系来完成的。人们已经发现了大量从库斯科的中央寺院辐射出来的被称为"ceque"的虚拟线条,以及一系列被称为"huaca"的神殿及圣塔。这些神殿和圣塔的功能之一就是进行天象观测。例如,在17世纪一位名叫贝尔纳韦·科沃的西班牙历史学家写道:"在6号 ceque 与9号 huaca 的交会处,有一座叫魁安伽拉的小山,它坐落在通往犹卡的路上。犹卡有两座具有标志性意义的石碑或者说是石柱,当太阳运行到那里时,夏天就开始了。"他还写道:"13号 ceque 与3号 huaca 的交点,就是巨大的琴琴卡拉山,它上面也有两座石碑,当太阳运行到那里时,就是播种的时候了。"

"当太阳运行到那里时"是一句很含糊的话,但是推测起来,建立这些带有切口或其他特征的石柱是为了记录太阳运行时所到达的某一特定的位置,并且这些石柱可能是由专业的天文学家为了观测和记录这些事件而设立的。很明显,太阳是印加人历法和宗教中最为重要的因素,但是也有证据表明他们对初夏昴星团的升起也进行了仔细的观察,并且这一事件还被提升为他们的一个重要的节日。

◎墨西哥的古籍抄本*Fejervary–Mayer*中的一页，这是一本有关宗教仪式古籍抄本，其用途就和出生表一样。本图绘制在一张破旧的鹿皮上，鹿皮在绘制之前被刷上了一层稀石灰。

工程技能

讲到技术，印加人在某些方面就要比他们的中美洲同伴高明得多。他们用高超的技艺加工柔软金属，如黄金、白银、铜，不过显然没有铁；而他们的修路工程对西班牙人而言，简直就是一个奇迹——他们铺设了经仔细打磨但却未用灰浆涂抹的石块。印加的公路体系包括两个网络，一个在沿海平原，另一个在高地，每一个网络从南到北都差不多延伸了 3000 千米。它既包括石桥，又包括吊桥，据说几队信使可以在 24 小时内将消息传递到 320 千米远的地方。我们所质疑的是，统治者或工程师是否拥有如此巨大的公路体系的图纸。如果有，却没有留存下来，甚至连西班牙人都没有见过，也无人描述过它们。

对超自然力量的信仰

印加文明和中美洲文明最接近的地方在于他们的献祭仪式。一年中的重要时刻、皇家的加冕礼、自然灾害之时，都需要人血去安抚神灵。太阳、月亮、昴星团，当然还有其他的星座都被视为神或女神。预言在印加人的生命中显得极为重要，不经预言他们不会采取任何重要的行动。预言可能是以检查祭祀动物的器官，蜘蛛爬过的弯弯曲曲的路线，或树叶在水面上形成的图案的方式来进行；也可能是祭司在天然药物的影响下，比如受古柯（可卡因的来源）的影响，获得灵感而作出的。他们相信这些药物可以使人与超自然的力量进行沟通。

与其他前哥伦布时期的美洲社会一样，印加人的社会也被严格地分为不同的社会阶层，并由一些军事和祭祀的精英所统治。精确的数理天文学在这个社会中所扮演的角色，并不像它在玛雅人或阿兹特克人社会中那么重要，但这也可能是因为印加人的记录没有那么清楚。所有对印加人生活的描述为我们勾画出了一个尤为重视农业和宗教仪式的社会，并且其农业和宗教仪式与天文周期有着密不可分的关系。

纳斯卡文明

秘鲁也是古代文明遗留给我们的神秘遗迹之一——纳斯卡线条的所在地。秘鲁中南部的沙漠平原孕育了纳斯卡文明，公元前 200—公元 600 年是它的繁荣期。这

些人在地面上创造了一系列巨大的标记，其中包括直线、几何图案以及动物图形，它们中的许多占地高达几百平方米。总体来看，它们在地表形成了世界上最大的人造图形，大约占地 3000 平方千米。他们以移动地表微小的黑色石块，从而将石块下面颜色更浅的土地暴露出来的方式完成了这些线条。

与其他劳动相比，制造这些线条的劳动量并不巨大，但是其神秘之处在于这么做的目的。不可避免地，有人声称它们或许是对太空生物发出信号，或原本就是来自太空生物。除了这一点，有人还提出了它的天文学功能。也有人猜测也许这些直线形的排列是为了表示太阳的至日，月亮的升起与落下以及昴星团。而动物形状则和星座有关，但并不是我们现在所说的星座，例如，巨大的蜘蛛图形可能代表的是猎户星座。整个排列可能是出于历法的目的——为了预报季节，尤其是雨季的开始。在干旱的纳斯卡地区，雨季是最本质的生命需求。但是，并非所有的历史学家都赞同这种解释，他们提出这么做是出于宗教仪式的目的，举行仪式时让队列站在这些线条里，而宗教仪式的全部目的是为了求得丰产，因为很多线条看起来是在模仿从山顶流到村庄的水流形状。我们也许永远也不可能知道纳斯卡线条的真实意义，这是古人以他们的方式不断接近自然时留下的，使我们感到惊奇和困惑的纪念物。它们提醒我们，在历史的某一时期有充分依据的体系和信仰，在另一时期也许就会变成神话或难解之谜。

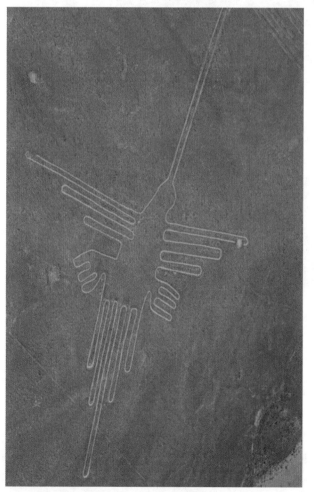

◎上图和下图：在秘鲁南部沙漠航拍的纳斯卡线条图。

中国：一种不同的自然哲学

TRADITIONS OF SCIENCE OUTSIDE EUROPE

中国有五千年文明史，大概从公元前2500年，中国人就开始发展农业和冶金技术，发明了自己的书写形式，并且建造了自己的城市。在哲学、艺术和技术领域，中国都取得了巨大的成就。在科学领域里，探索了数学、天文学、药学和化学，并且拥有非常高超的技术，发明了时钟、火药、磁性罗盘以及印刷术，可以说，中国在很多方面的发现要比欧洲人早好几个世纪。中国的科学和技术通过朝鲜和日本传播开来，其影响力在整个东亚地区都处于支配地位。

中国的思想进程在某些方式上和西方非常不同。首先，中国人似乎从来没有设想过宇宙是一个由全能的神创造的作品。相反地，宇宙被视为一个巨大的有机体，人类则是其中的一部分。自然界中有神；事实上，宇宙中充满了神——天空中、地面上、河流里，但是他们也只是在扮演自己在宇宙剧本中的角色而已。他们没有创造人类或者人类

◎一件在18世纪或19世纪制造的镶有珍珠母贝的道教黑木家具。上面所绘的两条龙象征着皇权。它们保卫着有内生能量的阴阳珍珠母贝。

的世界，人类对他们也没有绝对的服从。相反，人类的最高目标是维持宇宙的和谐统一。他们必须通过道德行为和社会责任，以及理解和培养一种充溢在宇宙中的自

然力来做到这一点。

阴和阳

在这些力量中，最具有普遍性的是阴和阳的原则。阴代表女性、黑暗、冷静和被动；而阳则代表男性、光明和主动。这两种力量从来不会在一个纯粹的、没有混合的状态下单独出现，而是按照不同的比例混合在一起；它们的混合、起落是大多数自然过程的起因。与西方的分析方法相比，这种自然观显得直观而个人化，并且是神秘的。然而，它又确实和柏拉图认为宇宙拥有一个世界精神来使宇宙的组成部分生气勃勃的观点有一定的相似之处。在这种观点看来，宇宙并不是在某一时刻被创造出来的，而是永恒存在的，并且它的整个发展过程是循环往复的。

这种世界观对科学意味着什么呢？也许它听起来非常神秘而又超凡脱俗，但是它在某个范围内又是真实的，因为这些思想是在"道"的哲学的影响下发展起来的。"道"这个词的意思是"方式"或者"法则"，而且存在一个万物之道，同时也有健康之道、数学之道、化学之道等。换句话说，道的概念在功能上更接近于"自然法则"。不同之处在于中国人从来没有想过"道"可以被压缩成一个公式、一系列的常识、话语或者数字并以此来量度"道"的工作方式。道是一种内在的支配万物的神秘法则。通过对自然的研究，科学家甚至可以更紧密地接近和理解它，但是只有少数精通自然的人能够掌握它。他们所有的研究都有着非常丰富的观察和数据，但是与欧几里得的数学和托勒密的天文学相比，中国没有形成主要的演绎体系。

儒家哲学

儒家并不怎么关心科学，但是也相信宇宙中存在一个道德的秩序，人们必须努力地与自然以及人类的同伴和谐生存。儒家承认阴阳法则，他们认为随着阴阳的不断变化，宇宙也处于一种不断改变和转化的状态中。哲学的目的是通过提高人们的个人生活和社会生活的协调性来促进宇宙的协调性。这样，儒家哲学就被定义为通过对部分的崇拜而达到对整体的崇拜。

所以，在西方人听起来，中国人的观点是神秘而又超凡脱俗的，但是它也包含了对大自然深深的崇敬，并且鼓励人们研究物质世界。与西方的自然哲学不同，中国的科学不是为了寻找设计出宇宙的个别神祇，而是为了寻找这张设计蓝图。中国人用来表达自己研究的语言和西方不大一样。相反，它概括了西方人对"东方人"这个单词的全部理解——敏锐的、直觉的、冥想的，而不是西方人的逻辑、分析和公式化的方式。但正是这种选择性方法的成功使得中国人的成就如此显著。

◎登封观星台，位于中国河南省郑州市，由天文学家郭守敬于元十三年（1276年）至元十七年（1280年）主持建造。

中国的天文学：天球

中国从早期就开始发展天文学，并且和美索不达米亚一样，中国的天文学也和占星术有关。从公元前1200年左右开始，占卜里就提到了某些星星的名字，并给出了有关日食和月食的预告。这些占卜完全和帝王或他的敌人有关，而和普通老百姓无关。它和巴比伦的预言体系相似，这使得人们猜测中国的天文学可能受到了巴比伦的影响，尽管这两种文明之间并没有建立起任何联系。

然而，巴比伦和中国的天文学之间存在着重要的差别。在前者，神通过天体给国王一些警告；但在中国，皇帝本身可能会引发天体的反常事件。这是因为，在中国，皇帝被认为是天子，是万物协调的促成者。如果皇帝失职或者裁决不公，就会出现日食或月食、彗星、超新星等"反常"现象，阴阳理论在此时也会发生作用。从盛夏到冬至，光线中的阳刚之气——阳会逐渐衰退。在冬至的时候，皇帝会举行一年中最重要的仪式，从那以后，阳就又开始逐渐上升。

天空分区

中国的天文学家没有认识到美索不达米亚天文学中的黄道带。实际上，他们在给天空分区的时候根本就没有用到太阳的轨道。他们采用了几种不同的方法来划分天空。首先，他们设计了28个"星宿"，也就是月亮在每月绕地球连续运动的过程中，所经过的由这些星星组成的团体。这套体系最迟是在公元前1000年出现的。

与黄道带的区别在于，星宿们的宽度各不相同。其次，除了这28个天空分区，中国人还指定了大概280个小星座，其中一些只包括四五颗星。这些星座和西方的星座不一样，但是也有一些例外：中国人也认识到了猎户星座和大熊星座的北斗七星。最后，中国人有一种名为"五宫"的天空分区法。这种分区法的重要之处在于把天顶周围的不移动的星星也包含了进来，同时，其他的星座就落在这个星星群体的南方。

天球

那么中国人是如何看待宇宙结构的？在早期，大约是在公元前四五世纪的时候，有许多更简单的用来描绘宇宙的词汇，这些词把天空看作是放置在半球形的地球之上的一个半球形碗。大约在五六个世纪之后，也就是1世纪的时候，天文学家开始认为天是由一个完整的球体构成的，其构成方式与希腊的模型惊人地相似。出于参照目的，他们把这个球体分成了365个单元——太阳在一天中所经过的距离，他们还造出一个带有两极、回归线、赤道和昼夜平分点的天球模型。他们使用了收录大约1500个星星的星表，在天球上分别给出它们的参照位置，就像托勒密和希腊天文学家做过的一样。

这个系统是否是独立设计的，或者说希腊的模型是否通过某种方式传到了中国，没有人能给出答案。看起来中国人似乎不太可能详细了解希腊天文学，因为他们

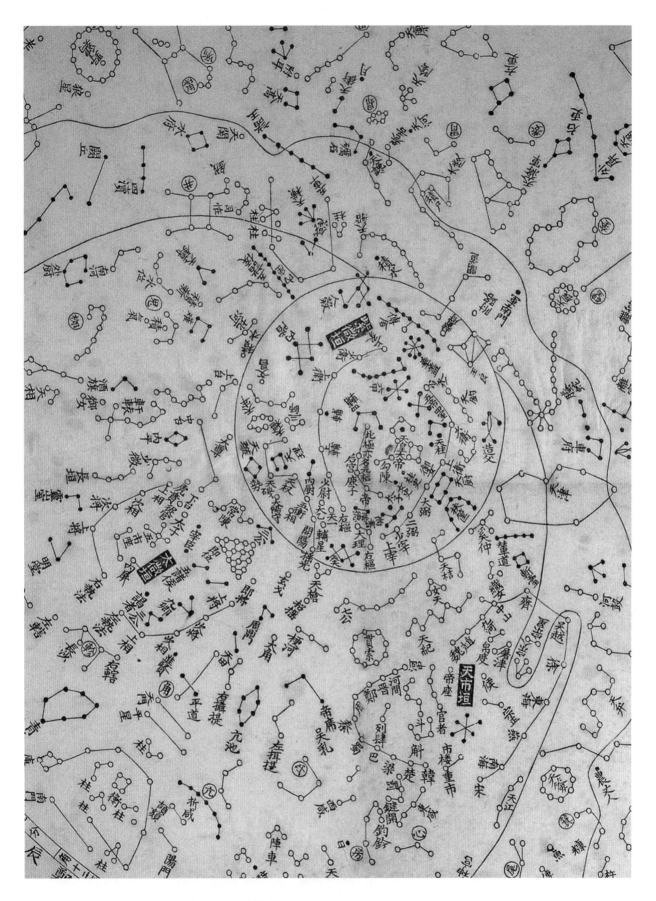

◎中国的星座图。绘于1819年，是一幅更早期图表的副本。

后来没有继续根据太阳、月亮和行星的轨迹去建立数学模型。他们的确试图来解释行星的复杂轨迹，但是他们设计出的是几何模型而没有给出其数学形式。例如，11世纪，北宋科学家沈括在解释火星或者木星的逆行时提出了一种"柳叶"模型：行星有时离开自己的圆形轨道转而遵循一条非常明显的椭圆形轨道，然后再回到自己的圆形轨道上去。这种模型在希腊天文学中是不可能存在的，根据希腊天文学的观点，所有天体被认为是始终如一地沿着圆形轨道来运行的。

在中国的天文学中，找不出可以和希腊天文学模型相比较的模型。然而，中国人在推测宇宙的最终结构时更加自由，有的天文学家甚至提出宇宙实际上是无限的，地球和星星自由地漂浮于其中，它们并不通过系统的方式互相联结，而是如同漂浮在小溪中的树叶。中国的科学家也曾使用球形的宇宙模型来估计地球的圆周，就像希腊科学家做过的一样。在725年，僧一行就进行了子午线实测。

详细的记录

中国人的注意力都集中在观察和记录数据上，而不是集中在体系的建立上。这样做的结果之

一便是中国拥有比世界上任何其他文明更长、更详细的天文记录。托勒密和希腊人根本就不怎么关心像超新星和日月食之类的异常天文事件，因为它们看起来不遵循天文学的规律。而中国人热衷于记录所有此类的事件，太阳黑子在公元前1世纪以前就被研究和描述过，人们是通过烟色玻璃或碧玉来观察太阳黑子的。天文学家在公元前8世纪就仔细地观察了日食，并可以很快地预测它的出现时间。

2000多年来对彗星的记录，使得中国人能够认识到哈雷彗星回归的周期性。超新星爆发这一天文学事件也分别在1004年、1054年和1572年被记录了下来。直

◎大约在1086年，苏颂等设计了水运仪象台。右图为1：48比例的模型，于1172年建成。这个机械装置约12米高，能够推动安放在顶部的浑天仪。内部是一个天球仪，每过一个恒星日它就会受天文钟的驱动而旋转一周（恒星日的长短取决于恒星，事实上它要比一个太阳日少4分钟）。每天的时间都由位于侧面的传动装置来显示，并且还可以听到报时。

到最近这次，被西方人看来还是不可思议的，因为他们接受的学说认为天空是永恒不变的。1054 年的超新星现在依然可见，我们称之为巨蟹星云；然而 1572 年的超新星还被第谷·布拉赫认为是一颗新星，这使他相信天空的确会发生变化。

观天

中国人制造出了像四分仪和浑天仪这样的光学观测设备，还建造了一些装备精良的天文台来放置这些仪器。它们属于朝廷，为了计算日历并给皇帝提供天文学的数据而受到精心维护。星图的丰富传统被发展了起来，这些星图包括独立的恒星、星座以及按照天空坐标而画出的星宿。中国人建造了一种引人注目的仪器——水运仪象台，它是 11 世纪的北宋天文学家苏颂的作品，它包括一个摆轮，也就是一个减速装置，用来保证水运仪象台和地球的旋转保持同样的速度。

中国的天文学发展非常丰富和详尽，它反映出其根源文化的一些哲学原理，这与西方天文学是一样的。它是一种善于观察和数据收集的科学，但是并不像西方那样乐于对所观察到的天象建立系统的解释。

◎1669—1673年，南怀仁为清朝的康熙皇帝在北京建造的青铜天文观测台。

中国的制图术：东方的世界观

2 世纪以后，西方的制图术进入了长达 1000 年的衰退期。而此时的中国发展起来了一种丰富的制图传统。在中国，从 12 世纪开始，人们就以木块雕刻的方式来印刷地图，这比欧洲早了近 300 年。中国绘制地图的传统主要通过三种形式表现出来：地区性的地理图通常按照非常高的技术标准来绘制；图示的地图和风景图可以称得上是艺术作品；世界的图像受到哲学或宗教观念的影响。

精确的制图术

第一类地图是关于中国及不同省份的地图。在很早的阶段，中国人就已经掌握了制作精确地图的技术。西晋地图学家裴秀围绕此主题写了《禹贡地域图序》，在书中，他提出了明确的绘图原则，最重要的就是"比例测量"，通过这个方法来预定比例，决定对角线的长度，也就是"三角测量法"。裴秀的方法表明，如果地图要成为本体的真实体现，就必须遵守绘图法的专门术语。裴秀唯一没有涉及的技术性区域是地图投影，一门把地球扭曲不平的表面转化为平面的科学。从这个意义上说，在许多中国的地图上发现的网格并不是出于数学上的考虑，而是出于正确陈列那些地点的目的。

第二类地图是关于小一点的区域的地图，以鸟瞰的方式来显示，它将城市和村庄放置在山川河流的地理背景之中。从视觉的角度来讲，这种形式的地图是令人满意的，因为它能够让人看到地形特征，而不是那种呈现出对本体图表式解释的地图。这种地图通常需要很高的技艺才能制作出来，丰富的色彩和杰出的地形描写使得它们达到了艺术品的高度。

当中国人开始绘制世界地图时，他们有许多方法来实现，且绘图法的专门术语也显得不怎么贴切。中国传统世界地图最显著的特征就是它们几乎没有表现出任何中国之外的地方。虽然中国人在 12 世纪或 13 世纪就已经知道了位于西方的伊斯兰和欧洲大陆的存在，但在那时的地图中依然找不到这些区域。相反，中国实际上是作为一座岛被显示出来的，在地图边缘的是一些没有特殊说明的未开化的陆地，而有时中国又被表示为一片环形的大陆。世界地图的这个特征在很长时间内被看作是中国人智力独立的体现，他们似乎从不对其他文明感到好奇，因此也没有将它们在自己的地图中体现出来的愿望。关于中国制作的世界地图的另一件奇怪的事情是有的时候他们把地球描述成一个在圆形的天空笼罩下的一片方形区域，而中国的天文学家似乎已经意识到了地球是一个球体。有一些证据表明这个外圆内方的结构可能有玄学的基础。天体做着环形的运动，地球保持静止，而给予地球这种方的形状可能是对这种静止的符号性表达。

佛教的世界

除了上面我们提到的这种式样的世界地图，在中国还出现了另一种从佛教中得到灵感的关于世界的映像。

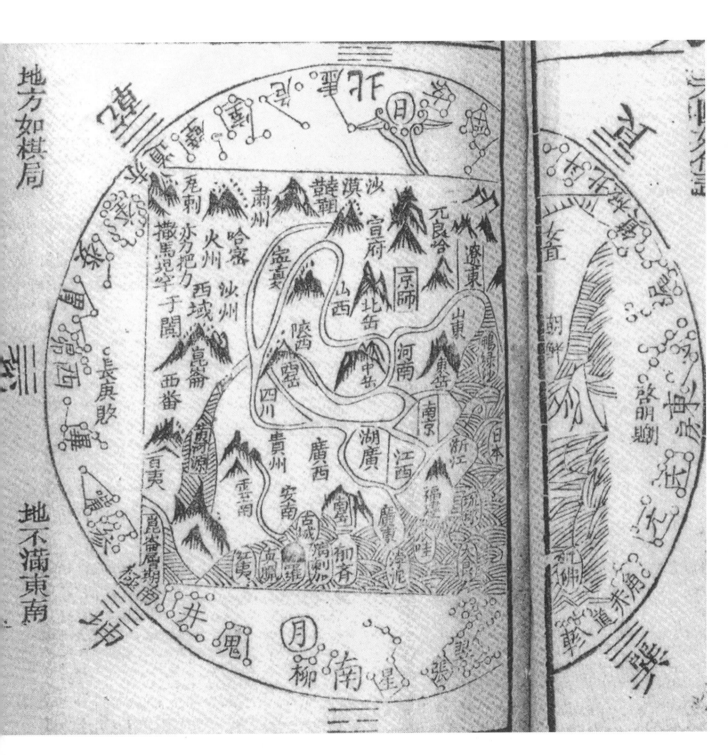

◎一幅中世纪的中国地图。图中的地球是一个在圆形天空下的方形区域。

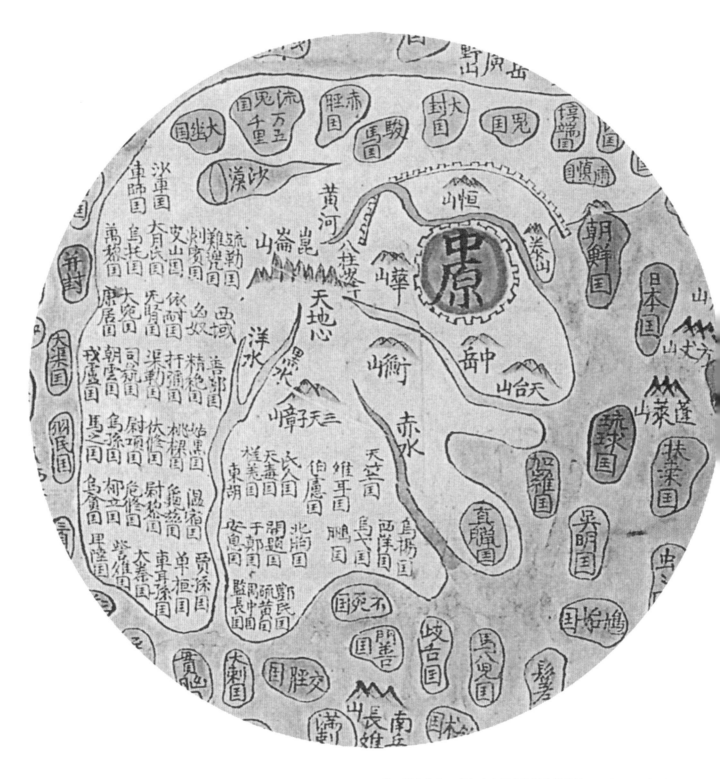

◎一幅大约在16世纪由中国人绘制的世界地图。中国是一块处于
中心位置的被海洋和世界其他部分环绕的陆地。

这种佛教的世界地图遵从同样的鉴别原理，把世界看成是一个岛状大陆，但是这块大陆是印度。由于印度是佛教的发源地，所以只有在这样的地图上中国和日本看起来成了围绕在地图边缘的很小的区域。这个世界看起来是椭圆形的或是蛋形的，它的中央是古印度传说中的须弥山，即印度教和佛教的圣山。这个山区围绕着一个圣湖，许多大河都从这个山区流出。山峰和湖都在印度的北方，所以这些神圣的区域应该是由喜马拉雅山脉得到了灵感。事实上它们离恒河、印度河和雅鲁藏布江的源头很近。

这种世界地图最初出现在 7 世纪，它主要来源于唐代佛教学者玄奘长途跋涉去印度圣地朝圣的过程。当玄奘回到中国的时候，他周围聚集了一群研究并宣扬佛法的门徒，他们促进了把这种将圣地印度作为中心的地图当成世界地图的做法。

1405 年，中国打破了这种与世隔绝。在朝臣郑和的指挥下，一次以勘察和商业贸易为主要目的的航行从南京港口出发。探险队的规模是非常巨大的，包括 60 艘船只和 37000 余人。舰队访问了中南半岛和苏门答腊岛，然后沿着印度和锡兰（译注：斯里兰卡的旧称）的海岸线向西航行。在接下来的 30 年内，这样的航行又进行了 6 次，到达的地方包括波斯湾、红海和东非的蒙巴萨岛。郑和下西洋没有在这些地方建立殖民地和商业港口，但留下许多遗迹和传说。

这是世界历史的一个潜在转折点，因为如果中国人愿意的话，他们能够在整个南亚建立起永久的基地。如果强大的中国在 16 世纪葡萄牙人开始探索印度洋的时候就已经控制了印度洋航线的话，欧洲在印度和远东方面的整个历史可能就会完全不同。

传教士的影响

在 16 世纪 80 年代前的耶稣会传教士的影响下，中国人对世界的观点开始改变了。耶稣会传教士认识到中国具有高度发展的文明，而且他们认为为了抓住每一次使中国人皈依基督教的机会，传教士必须和中国人进行智力上的对话。他们必须熟悉中国的语言和学问，并且他们必须证明欧洲的知识更加先进。

在这个过程中，最重要的是耶稣会传教士把最新的地图带到了中国，里面包括欧洲、非洲、美洲、太平洋和大西洋。出生于意大利的传教士利玛窦制作了一幅带有中文名字的地图，改变了地图的布局，把太平洋放置在地图的中心。他还制作了一幅日本版的地图。欧洲人眼中的世界图景就这样很快地被中国和日本所接纳，但是直到 19 世纪，传统版本的世界地图还在被继续绘制。这些地图已不止具有地理学上的功能，他们把中国的学者，特别是佛教信徒放置在世界的中心，而世界的其他部分则显得无关紧要了。

 # 中国的化学和物理：五行学说

TRADITIONS OF SCIENCE OUTSIDE EUROPE

我们已经看到，中国的哲学是通过充溢于宇宙的两种力量——阴和阳的概念来影响他们科学观的。同样地，当中国人考虑到物质世界的构成的时候，他们发展出了一种相似的理论：物质世界由五种元素（五行）组成。我们可在西方科学中找到这五种元素中的三种——土、火和水，其余两种是木和金。它们和中国思想中的五行体系有关：五大行星，五官感觉，五色，五音。

他们认为这些元素在各种自然循环中互相关联。首先，有一个生成循环：木生火，火生土，土生金，金生水，水生木，这样又开始一个循环。

另外一个循环是按照两两相克的顺序：木克土，金克木，火克金，水克火，土克水。很显然，在这个顺序背后隐藏的是一种自然观，这种自然观认为自然是一个不断变化的过程，按照一种循环周而复始地变化。自然

◎一面铜镜的背面，上面刻有代表地球、四个最重要的方位、五行以及周围所环绕的天体的符号。

◎一幅绘于17世纪的图画，画中的工匠正用火炉提炼白银。

界被看成是一个巨大的有机体，其中每一部分都会与其他部分发生作用与反作用。中国的自然科学没有将自然界各方面分离出来并进行单独的分析，而是试图想象它们之间是如何互相联系的。

统一原理

中国人在许多实际应用领域取得了先进成果。中国的思想家没有提到任何原子论，因为它和这种追求统一原理的精神背道而驰。

在光学方面，他们了解了透镜和平面镜的一些特性，并发展出了光沿着直线传播的理论。在公元前 8 世纪，中国人就开始利用青铜烧制的凹面镜来汇聚太阳光，在

1 世纪就开始利用无色水晶来磨制透镜。然而，他们从来没有将几枚透镜组合起来制成望远镜或显微镜。可能在中国物理学方面最为人所熟悉的成就是磁学。大概在 1 世纪，中国人不但观察到了天然磁石（磁铁矿）最基本的吸引特性，而且还通过一小块在水中漂浮的木头来演示磁石的极性现象。人造磁石也被生产出来，开始是通过在天然磁石上摩擦铁块的方法，后来通过沿着地球磁场的方向加热并急速冷却铁块的方法。在 1000 年左右，中国船员已经开始在航海中使用磁罗盘，但是，从有限的航海行动可以看出，当时磁罗盘并未受到应有的重视。

◎在道教的极乐世界中，一位道士正在演奏长笛。在他的口袋中
放有一株灵芝。

掌握自然界的秘密

中国自然科学的另一个方面——化学也是一个哲学方法和实践发现的结合体。中国化学背后的动机来自道教。如果一位名家能够完美地和大自然和谐地生活在一起，那么，人们就会相信他可以逃脱疾病甚至死亡的烦扰。道教徒寻求的不是死亡以后的生活，而是长生不老

的生活。已经达到完美和谐的道长们会独自隐退，他们被认为已经获得永生。

这种信仰导致了一种观点，即认为通过掌握大自然的秘密，也就是通过服用某种神奇的药剂或者丹药来获得永生是可能的。因此，在中国开始了寻求这种生命秘方的过程。稍后在欧洲，炼金术士也开始从事这种活动。显然，不仅仅是宗教的神秘主义者对这种寻求感兴趣，道士们在他们的探索中还受到了富人和当权者的支持。在早期的丹药中，有两种主要的组成部分：硫化汞（通常被称为朱砂）和黄金。之所以选择朱砂是因为它鲜艳的红色和健康的血液很相似，同时，黄金的重要特性是它不会被腐蚀，也不会生锈，它是不朽的。人们通常认为，如果这两种物质被注入人体，长生不老的理想就会实现。在一篇炼丹术的文章中表达了这么做的目的："生命的长度由我而不由天，如果把朱砂变为黄金，我就拥有了无限的生命。"（译注：原文引自《抱朴子内篇·黄白》："我命在我不在天，还丹成金亿万年。"）

然而，中国的化学家认识到，这两种物质都不溶于水，因此不能被人体吸收，所以，他们费了很大力气去解决这个问题，以使它们能够被饮用。他们尝试用醋和硝石（硝酸钾）来溶解，并取得了一些成功。

黄金在中国并不常见，所以化学家们转而研究如何制造黄金。当炼金术传到西方时，这已经被广泛地视为科学的主要目的，但是最初的动机却不是为了财富，而是为了长生不老。

中国人的一个发现是：如果把锡和明矾在硫火上加热，就会产生一种像黄金一样闪闪发光的黄色物质。这是硫化锡，或者被称为人造金。

炸药的发现

也许炼金术所产生的最重要的副产品就是火药。当硝石、硫黄和木炭混合在一起的时候，就会产生一种燃烧起来非常明亮的物质。当这三种物质的比例发生改变

◎伏羲的肖像。他是中国神话中人类的始祖，人们认为他大约生活于旧石器时代中晚期，并且将他视为中医的创始人而给予了崇高的敬意。

的时候，结果就不仅仅是燃烧，而是爆炸了。火药就这样理所当然地被发现了，并很快被用于武器和烟火上，最早的介绍火药配方的印刷品可以追溯到1044年。

毫无疑问，对长生不老的寻求最终以失败告终，而且似乎很多实验者也死于中毒。然而，他们在没能正确理解与他们相关的真实自然界的情况下获得了大量切实的进步。炼金术也是中国人自然观的另一个例证，这种自然观认为自然界是一种物质可以转换为另一种物质的变化循环，并且人和物质世界是统一于其中的。

中国的地球科学：化石与风水
TRADITIONS OF SCIENCE OUTSIDE EUROPE

中国人研究和记录地球物理特性的历史要比西方人长得多。虽然气候对农业的重要性不言而喻，可是在西方的早期科学中，人们相信所有的气候现象都是由天体决定的。当时没有人意识到大气就环绕在地球表面，所以也就没有人指出在地球上可以看到太阳与群星的大气层区域，与产生风、雨、云的大气层区域有何不同。

记录资料

在公元前 1000 年之前，皇家官吏就开始对降雨量和气温进行记录了，当然他们并没有使用现在通用的标准。公元前 2 世纪，他们发明了一种测量空气湿度的湿度计。它是用木炭制成的，它干燥时与潮湿时的重量都会被仔细地称量。18 世纪之前，世界上没有人可以对雷鸣与闪电作出科学的解释，在中国人的眼中，它们是由阴阳平衡状态的突然改变造成的。但是中国人却理解了水循环，他们认为蒸发到空中的水形成了云，然后又会以雨的形态回到地面。另外，中国人也很好地理解了潮汐现象。在公元前 3 世纪，他们就首次将满月与涨潮现象联系到一起（而此时的希腊人也提出了正确的潮汐理论）。此后不久，他们还认识到太阳也与潮汐的形成有关系。又过了很长时间，到了北宋，天文学家沈括绘制了现在被我们称为"潮候时差"的图表，它是指各个港口之间由不规则的海岸线所引起的不同的涨潮时间。

◎由张衡设计的地动仪（图为模型），设计时间大约是公元132年。由地震传来的冲击波被转移到一个与机械装置相连的摆锤上，然后这个机械装置就可以使龙的下颚对准地震的方向。接着一个小球就会从龙的嘴中落到蟾蜍的嘴中以记录这次事件。

化石研究

中国科学家热衷于评价地质形态，因此他们对地质过程进行推测的时间要比他们的西方同行早得多。他们似乎首先发现了化石的真实特性——它们曾经是活的动物和植物，变成化石的树木、竹子、鱼、鸟，都是他们研究和描述的对象。而且，这些化石出现在多岩石的高山之顶的事实，使他们得出了这样的结论，即这些地区曾经是海底，由此便可以推断出地表可能以一种激烈的方式发生过移动。与欧洲人相比，中国人更容易产生这样的想法，因为他们居住的地方正是地球的主要地震带之一。欧洲科学直到18世纪才产生这样的思想。

2世纪，张衡设计并建造了世界上第一台地动仪，这个装置可以对远距离的地震进行探测。它由一个悬挂在非常巨大的金属圆柱形容器内的摆锤构成。地震发生时，这个摆锤就会摆动和位移，摆动的方向和发生震动的方向一致，并且它精巧的设计还会使它留下一条永久的记录，这样就免去了请人看守的麻烦。它上面还刻有八个嘴含小球的龙头，地球震动的时候，就会有一个或多个小球落下来。一个小球落下后，其他的小球就自动锁紧，这样就不会对地震的方向产生疑义。

矿藏财富

中国矿物学的发展要归功于那些志于炼丹的道士，他们相信土中的矿石要经过一个缓慢的过程才能长成，这便自然而然地巩固了所有矿物都是由五行中的几种物质构成的学说。它还认为重新安排这几种物质所占的比例，就能造出自然界里的任何物质。中国人熟悉并使用了很多种矿物质：明矾被用来染色，硼砂被用来给陶瓷制品上釉，而氯化铵则用于金属加工。他们还知道石棉奇怪的耐火特性。虽然他们对钻石也很熟悉，但是却没有赋予它们很高的价值，也没有像对待宝石那样切割和打磨它们，至少在16世纪与欧洲人建立联系之前是如此。事实上，他们认为最有价值的矿石是被称为"玉"的硅酸钠。

中国人以玉来比喻人类的美德，因为它坚硬、平滑而又持久。早在公元前3000年，他们就开始了一门将玉雕琢成具有功能性和装饰性物品的难度很大的技艺。中国矿物学的有趣之处在于他们将植物视为一种向导，通过对植物的观察便能找到地表之下的矿藏。比如，随着知识体系的丰富，他们得知有野葱的地方就可能找到黄金，而生姜的生长之地很可能藏有丰富的铜矿，诸如此类的经验还有很多。

中国地球科学与众不同的一点是，它认为随着力在循环中的运动，自然界也处于有机的变化之中，这个观点显然和当时流行的哲学有关。相比之下，西方人则认为物质世界的各种物质形态是由神圣的上帝在创世之时确定下来的。对中国人而言，宇宙是自己生成的，宇宙中四处弥漫着一种它自己的能量，他们称它为"气"。这一点在"风水术"中表现得尤为明显。风水术是一种为村庄、建筑物及坟墓寻找合适位置的活动。其根本原理是，一股隐藏的自然能量可以通过土、气及水四处流动，所以在破土动工之前必须对它进行仔细的规划。

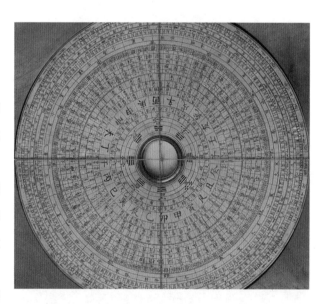

◎19世纪中国的风水罗盘。

风水

风水专家的主要工具是一种罗盘，它的磁针被放置在许多同心环的中心。这些环标示了时间的所有分界线以及在中国人思想中的物质世界——五行、星宿、五感（译注：听觉、视觉、嗅觉、触觉及味觉）及季节等诸如此类的事物。他们建立了一套巨大的知识体系，凭借这套体系就可以对所有这些因素进行解释，并作出预言。在占星术中这就好比先绘制天空的图表，然后再对天体所在位置的意义进行解释。风水的知识和信念曾在中国广为流传。

中医：解剖和针灸
TRADITIONS OF SCIENCE OUTSIDE EUROPE

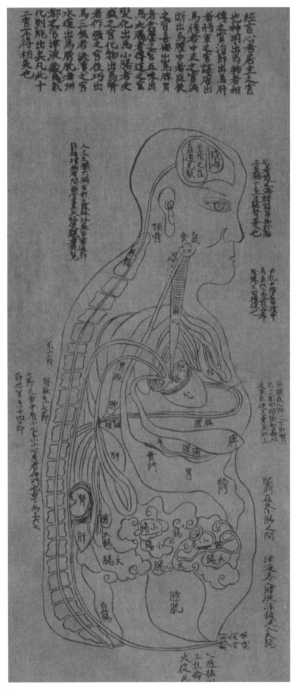

中医体系传承自中国古人，是他们和谐的宇宙哲学的一部分。据传说，其基础医学课本是由上古帝王编写的，约在公元前 2900 年由伏羲创立，并在公元前 2400 年由黄帝发展完善。基本上，中国人用两条原则——阴和阳，以及五行来看待人体。他们认为健康、力量和长寿都有赖于这些原则和五种元素的平衡状态。这使人回想起西方学说中的四种汁液。疾病不再被视为原罪的惩罚，而是违反自然规律后得到的结果。大气条件、天空的排列、食物、精神上的矛盾——所有这些都可能影响阴阳和五行的平衡。

按照这种说法，中国人认为疾病来自体外，而不是由天神或魔鬼造成的。但是他们没有建立起一种理论，认为疾病是由一种特殊的力量引起的人体器官功能失调所致，事实上，他们认为身体会对环境的微妙变化作出反应。

解剖理论

中国的宗教教义是禁止损毁人体的，包括解剖，所以中国的解剖学包含了很强的理论因素，而不是建立在实践知识基础之上的。与示范相比，医学概念更多地通过图表和模型教给学生。他们设想身体里包含了十二条供阴阳流通的通道，五个"储藏而不消耗"的器官——心、肺、肝、脾和肾，以及"消耗而不储藏"的内脏。还认为身体是由365 块骨头和 365 个关节构成的，这几乎是真实数字 206

◎标示出内脏的中国针灸图。它是根据宋代"铜人"绘制的。

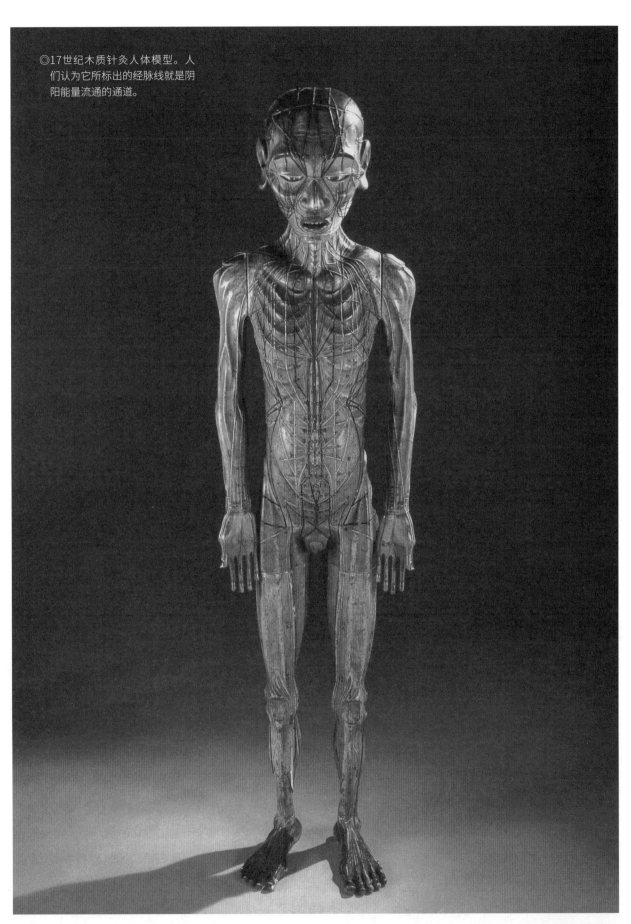

◎17世纪木质针灸人体模型。人们认为它所标出的经脉线就是阴阳能量流通的通道。

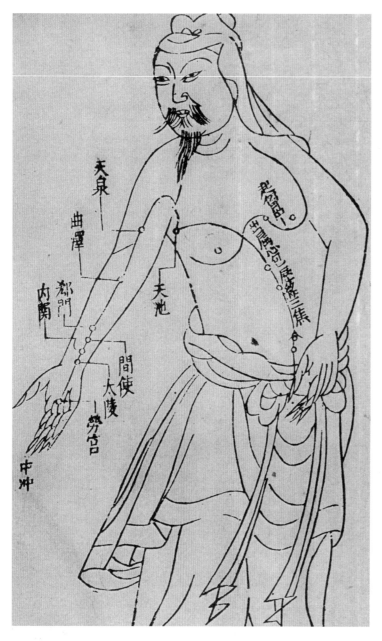

◎一份古老的手稿中所绘制的人体穴位图。图中标示出了在上半身和手臂的经脉上的穴位。

在病理学领域，许多疾病可从名称上对它们加以识别。例如：伤寒症、脚气病以及麻风病。众所周知的天花，在中国古代就有接种实践了。为了诱发一种无生命危险的但是可以对疾病的侵袭产生免疫作用的小病，他们就将少量的天花浆液刮入皮肤。而欧洲直到18世纪后期才开始模仿这种做法。

草药

中国的药典非常丰富，并且包含了许多西方人所不知道的药材。约在5000年前，麻黄素就从一种叫作草麻黄的沙漠麻黄属植物中被提取出来，用来治疗哮喘、花粉热和其他呼吸道的疾病。受到最高评价的草药叫作人参——这个词的意思是"天堂之根"，中医认为它可以补元气、补脾肺，所以常常被用作普通的预防性药物。其他的中药有严格的科学基础，比如富含碘的海藻，可以用来医治甲状腺失调；富含水杨酸的柳属植物则用来治疗风湿。

的两倍。

血液和空气被认定是通过血管流遍全身的。一部经典的教材就曾说过："血液不断地流动，永不停息；可将其比作一个没有起点和终点的循环。"这样中国人就预见了血液循环理论，而欧洲直到17世纪才做到这一点，在此之前，欧洲人相信血液是会不断地蒸发并被替换的。中国人还认为血液的流动是受阴阳平衡指引的，因此他们将脉搏视为一种健康的向导并给予了很大的关注；在几个小时之内，脉搏被不断地测试，并且这就是它所有论说的主题。

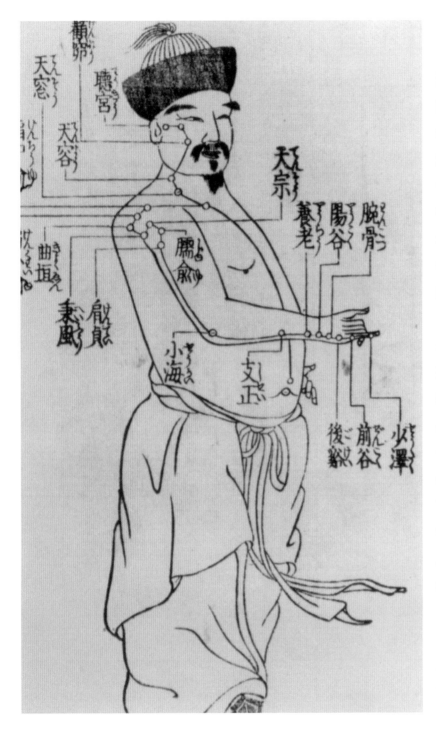

医用针

不管是过去还是现在，中医疗法中最具有特色的形式就是针灸，而在西医中却找不到任何与之相似的做法。针灸分为针法和灸法。针法是把金属针刺入人体不同的穴位，运用手法，以调整营卫气血。针灸至少可以追溯到公元前 2500 年，并且它的做法似乎在整个历史中从未改变，始终如一。许久以前的模型和图表显示了 361 个穴位。

现代西方对针灸的看法是有分歧的。事实证明，它能被当成麻醉剂使用，人们推测它能刺激大脑中释放某种止痛成分，以阻断身体某些部位的疼痛，但是仍然难以对它长期的治疗功效作出解释。19 世纪以来，西方医学已被中国采用，而像针灸这样的传统做法也依旧盛行。随着西医的传入针灸有了新发展，并为不能被常规西医治愈的人提供帮助，因而得到人们的认可。

西方医学的观点认为，针灸的问题在于，它所依据的体系不能在身体上显现出来而难以证明，因此就试图把它们当成神话。但是也可能是以目前依然不能被人们所理解的某种方式发生作用。现在西方科学也许比过去更愿意承认自然界还有很多难以解释的现象，因此科学思想与实践的另类性传统仍有发展的空间。

◎在《假名读十四经》（*Kana yomi jushikei*）（一本关于针灸的书）中的一幅木版画，此书据明嘉靖七年（1528年）薛铠校刊的滑伯仁《十四经发挥》重刊，注以日语假名，于1805年在日本大阪出版。它标示了面部、颈部、肩膀和头部的针灸穴位。针灸医生通过在经脉上的特殊穴位扎针来刺激能量流通的方法，改善人体的不平衡状态。

西方科学在中国：耶稣会传教士
TRADITIONS OF SCIENCE OUTSIDE EUROPE

耶稣会成立于 1534 年，其成员严格遵守基督教的戒律，并将自己的生命都奉献给了研究和教义。与僧侣的修行方式不同，他们并没有生活在远离尘世的团体之中，而是一直奔波于喧嚣的世俗世界。他们的目标之一就是传教，尤其是针对那些近期刚与欧洲人有所接触的并对基督教一无所知的亚洲人、非洲人和美洲人进行传教。耶稣会传教士的这种行为带来了一个副产品——在传教的同时，他们也把西方的科学传入了中国和日本。

本文中所提到的最著名的耶稣会传教士就是生于意大利的利玛窦。他在罗马学习了天文学和数学后，于 1582 年来到了中国，并在这里度过了余生。他意识到中国的知识分子体制发展得非常复杂，如果想使他们改变信仰，就必须利用欧洲的知识给他们留下强烈的印象。因此，他学习了中文并为中国读者编写了很多概述欧洲科学的著作；翻译了欧几里得的数学并添加了一些代数的内容以及当时刚发明出来的对数体系；解释了新近出现的格里历（译注：即阳历）及其闰年体系；他还向中国人展示了天体图及星盘的工作原理，并将球面三角学介绍给了中国人。也许最能引起中国人兴趣的就是利玛窦的那张世界地图，这张图给中国人带

◎1609年，欧洲人绘制的中国地图。它所使用的资料是由传教士反馈回去的。

来了一个全新的地理学概念。科学的交流是双向的，利玛窦及其他传教士也将中国科学的发展报告送回欧洲，将中国人掌握的长期而详细的天文学记录展现在欧洲人

面前。在欧洲，人们可以找到许多有关中国文献的报告以及精确的中国地图。

在利玛窦所著的《基督教远征中国史》中，他阐述了这些新观点对中国人产生的影响：

> 神父们（主要是传教士）对所有这些事物都给出了如此清晰明了的解释，这对中国人而言实在是太新鲜了，以至于他们都没有能力去质疑其真实性，并且很快就在中国学者中传开来。从那时起，他们再也不敢将我们的领土描述成"蛮荒之地"，他们曾习惯于用这个词去形容除中国以外的所有国家。

过时的占星术

不过，利玛窦在离开罗马之前所学到的天文学并不是最先进的。它是望远镜被发明之前的天文学，也是经罗马教廷批准的天文学。教廷并不赞同哥白尼的宇宙日心说，因为它与《新旧约全书》相矛盾，也与传统的观念相矛盾，传统的观念认为人类及世界是上帝造物的极限。事实上，教廷支持的是此前由第谷·布拉赫提出的理论——行星都围绕着太阳旋转，而太阳则依旧绕着地球转。虽然这个理论在欧洲一直未能变成正统之学，但是利玛窦还是把它介绍给了中国人。具有讽刺意味的是，中国的天文学学派认为宇宙可能是无限的，恒星与行星都自由地漂浮其中，而第谷的体系却设想了一个围绕着固定的一点——地球而旋转的有限宇宙。望远镜是由伽利略的朋友——德国的耶稣会传教士邓玉函于 1618 年首次传入中国的，他将其赠给了当时的皇帝。几年之后，耶稣会士们还为皇帝制造了一个巨大的地球仪，以向他展示欧洲的最新发现。

后来，比利时学者南怀仁取代了利玛窦的领导地位。事实上，他后来变成了一名为皇帝服务的官吏，对很多科学事务，包括从历法的重新制定到青铜大炮的铸造，都提出了建议。这些西方思想后来传到了朝鲜，更多的则被传入日本，在那里有一个活跃的耶稣会传教士团。15 世纪 30 年代，耶稣会传教士在日本被镇压，但是西方思想却已经在那里生根，西方科学在整个 18—19 世纪继续向前稳步发展。

最明显的证据就是世界地图。事实上，尽管中国人和日本人并没有环游世界去收集他们自己的地理资料，但是中国和日本的世界地图却与西方的模式越来越接近。当一种文明的科学思想突然要面对其他文明的科学思想时，会发生什么呢？来到中国的耶稣会传教士团恰好说明这个问题。欧洲的新的地理概念之所以会被人信服，是因为此时欧洲人出现在了中国，所以他们必然掌握了更高级的地理知识。这样就会产生一种渐增的效果——如果欧洲人在地理学方面是先进的，那么也许他们在天文和数学方面也是先进的，因此就为亚洲国家种下了知识变革的种子。但需要强调的是，随着新观念的进入，中国和日本并没有遗弃自己对自然界的传统看法和做法，而且还在此期间将自己更多的传统传到了西方。

利玛窦
(Matteo Ricci, 1552—1610 年)

· 耶稣会传教士。

· 生于意大利的马切拉塔，当时属于教皇国。幼时在马切拉塔上学，随后为取得神职而在罗马学习。

· 1571 年，入耶稣会士团体学习如何成为一名耶稣会传教士，同时还学习了哲学、天文学、宇宙哲学及数学。

· 1578 年，提出到外国传教的申请后，他乘船前往葡萄牙在印度殖民地中的果阿岛。他在那里的职业是牧师和教师。

· 1582 年，作为一名具有耶稣会传教士身份的传教士和教师，他被送往澳门。

· 1583 年，来到广东的行政首府肇庆进行传教，并向中国人展示了西式钟表、地图、天文学及数学的仪器。学会用中文说话、阅读和写作。1589 年，被驱逐出肇庆，此后便游历中国传道。1601 年，奉明万历皇帝的旨意来到北京，并赠给皇帝一张世界地图。

· 把中国人的科学知识和发明传回欧洲。

· 1610 年 5 月 11 日，死于北京。

古代印度：数学与天文学
TRADITIONS OF SCIENCE OUTSIDE EUROPE

公元前2500年左右，在印度河流域的城市中兴起了印度最早的文明。从他们城市的遗迹可以看出，这些通常可从名字上判断是来自印度河流域某座城市的哈拉帕人，拥有很高超的技艺。不过，尽管他们留下了一份已成文的原稿，我们却没有能力将其翻译出来，因此我们也就对他们的信仰及科学知识一无所知。我们可以肯定的是，这个文明后来被另一种族的人所取代，这就是大概在公元前1500年由北方进入印度的雅利安人。正如我们所知，这些人发展出了一套自己的书面语言——梵文，还创作出了很多名为"吠陀"（译注：Veda，意为"知识"，是印度最古老的宗教、历史文献的总称）的书籍，其中收录了很多自然哲学的内容。

精确的计数

毫无疑问，在很早以前，高等级的数学对这些雅利安人而言就十分重要了。吠陀著作用特殊的名字来称呼高位数，其所提到的最大数字已达到了10亿。与之相比，希腊人的最高数字是10000，而罗马人的则是1000。像1/12及1/16这样的分数也有自己的特殊名字。我们在一篇与众不同的文章中发现了他们对其数字体系的评价，这是一篇为建造祭坛而作的操作指南，里面含有非常详细的建造模式，甚至还规定出了砖块边长的标准比例——1：2：4。从吠陀时代流传下来的文本还提出一个数的平方可等于另两个数的平方和，例如 $3^2+4^2=5^2$，或者 $5^2+12^2=13^2$。这正是毕达哥拉斯三角形定理（译注：即勾股定理）的算术表达式，而印度人使用这个算式的时间要比毕达哥拉斯早1000年。他们还非常精确地计算出了像2的平方根、3的平方根这样的无理数。

4世纪到10世纪是印度历史的古典时期。数学上沿用至今的十进制体系就出现于这段时期的开端，这套体系用包括"0"在内的，表示数字的10个简单符号来作为"10"的基数。从此以后任何数字的价值都由它的位置决定，因此你可以很容易地看出数字"3"在"31""317"及"3170"中所代表的价值有何不同。这套强大而灵活的体系最后通过阿拉伯世界向西传入欧洲，向东则传到了中国和日本。

印度天文学

印度人主要把数学应用于天文学之中。

在吠陀时代的早期，印度的天文学家将大部分精力放在对历法的计算上，因为他们的宗教仪式需要在一年中的特殊时刻举行。印度历法的基础是月亮，他们发明了一种28星宿的体系，并称之为 naksatras，意为"星宿"，实际上就是月亮连续几晚在星群中所处的位置。这种体系是否直接从中国借鉴过来的我们不得而知，不过看起来很有可能。所有的阴历都必须不定期地插入一个月份，以补偿太阳年与阴历之间的岁差，因为一个太阳年并不能精确地等于12个太阴月。月亮的位置是被直接观测的，而太阳的位置是通过满

◎《恒星之书》(The Book of Fixed Stars) 副本中的一幅插图。原作者是穆斯林占星师拉齐。这份副本大约制作于1665年，由迈罕默德用草体阿拉伯文写成的。它所表现的是处女星座。

月来推断的。他们知道太阳的位置就处在满月的对面。同样在这个时代早期，我们发现的大量证据可证明印度从巴比伦王国借鉴了星象预兆体系。

到了公元前1世纪，更多数学天文学的复杂形式由希腊传到了印度。亚历山大大帝征服了波斯帝国，并在整个近东地区创建了一片可供思想自由传播的巨大区域。在印度文献中还出现了占星术的成熟形式以及行星位置的数学计算方法，并且他们还掌握了希腊三角学。印度的数学家们尤其是被占星术中"极大年"的概念吸引住了。它是指所有行星都做巨大的圆周运动，并且最终会回到宇宙诞生时它们所在的相对位置。当它们运行到这一点时，整个历史的循环便会重新开始。他们以计算这些巨大的时间周期为乐，想推算出它们什么时候会到达终点。印度人还将巴比伦的黄道十二宫也吸收了进来，并赋予了它们印度名字，同时28星宿的体系仍旧盛行，没有因此而衰弱。

印度人的宇宙

印度传统的宇宙哲学认为地球就像一面扁平的盘子，巨大而神圣的高山——须弥山就位于这面盘子的中央。巨大的轮子托着太阳绕着这座山旋转，当它转到山的背面时，夜幕就降临了。同样的，月亮和群星则被更多的轮子托着旋转。随着希腊科学的传入，特别是亚里士多德宇宙模式的传入，印度人的宇宙也变成球形的了。处于中央的地球是球状的，须弥山则坐落在它的北极，而行星们则沿着由地球北极延伸出去的轴线旋转。印度的天文学家还采用了托勒密的本轮概念去解释复杂的行星轨道，并且为此设计出了属于他们自己的巧妙的数学模式。

印度天文学中，数学计算更多地用于观察测量。为了用公式表示出天体运动的新模式而去研究天象，似乎并不是印度科学家所感兴趣的做法。他们很喜欢向外国借鉴这些模式——比如，从中国、巴比伦或希腊，

并对其进行改造，使其符合本国的要求，这也就是制定历法和占星术上的要求。占星术主要是通过计算而不是观测来完成的。值得注意的是，虽然印度人有绘制各种宇宙图表的传统，但是他们并没有像中国人、希腊人和阿拉伯人那样绘制出天体图和星表。

15世纪，在伊斯兰天文学的影响下，印度的情况发生了变化，一些统治者出资兴建了天文台。19世纪，欧洲人来到印度，并带来了望远镜以及哥白尼天文革命的思想。在18世纪30年代后期，斋浦尔王公贾伊·辛格建造了一座天文台。它拥有巨大的肉眼观测仪器，是模仿兀鲁伯在撒马而罕建造的天文台中所设置的仪器而制成的，而撒马而罕的天文仪器却已经过时了。印度天文学有3000年的历史，它的发展过程体现在将他们数学计算的天赋不断应用于大量从其他文明借鉴过来的思想和体系之中的过程。

◎巨大的日晷——在由贾伊·辛格修建的天文台中所设置的仪器。天文台位于印度拉贾斯坦邦的首府斋浦尔。

古代印度：制图术
TRADITIONS OF SCIENCE OUTSIDE EUROPE

印度学者有描绘世界及天体的悠久传统。他们所绘制的不是现代意义上的图表，而是用有象征意义的图形来表示他们对世界的信仰，因此它们并不具有地理上的真实性。印度文明是一种独立发展的文明，与许多其他文明一样，他们倾向于绘制那种能够真实反映出与陌生区域接壤的本国形状的世界地图。有时也能在这些世界地图中发现他们的宗教信仰和宇宙观念。印度地理学的主要思想之一就是——须弥山坐落于世界的中心，宇宙之轴从须弥山穿过，而宇宙中的天体则绕着这条轴线旋转。

在一幅名为《人间》（*Manuslyolaka*）的地图上，就可以看出古印度的一种宗教——耆那教的世界观。此图中的世界由三块陆地组成，中间的是一块盘状的大陆，另两块大陆则呈环状围绕着它，而这些陆地之间被海洋分隔开来。在陆地和海洋的图形之外，还有四个人形图案，这代表已经从这个世界得到解脱的耆那教徒。须弥山位于世界的中心，四座象牙状的高山在它周围守护着它，还有两条大河从山上奔流而下。须弥山下新月形的陆地叫作婆罗多（Bharat），这就是印度，它上面密布着纵横交错的河流。不管从水平方向还是从垂直方向来看，这张地图都恰好是对称的。它想要排列出某种模式，这种模式更多的是由耆那教徒设想出来的，而不是描绘真实的地理风貌。

我们还在印度发现了另一种莲花形的世界地图模式。在这种模式中，须弥山仍然处于中央位置，并向外辐射出四块陆地，这个形状就像莲花的花瓣。最南面的

大陆就叫印度。在印度文化中，莲花因其美丽、匀称而受人珍视，它是引人深思之物，是一个代表诞生以及精神升华的符号。将世界的形状想象成莲花的做法暗示着印度文化认为应该把世界当成一个美丽的地方，一个会使人的精神得到成长和升华的地方而加以尊重。

莲花模式适用于三维世界的地球，一些这种模式的地图至今还存在。宗教的制图术产生了许多如符号般的图表，在这些图表中，世界处于被分为许多层的天国和地狱之间，有时却又被置于某个神的身体之中。与西方学者在中世纪所作的亚里士多德的宇宙图表相比，印度的这些就只能算是宇宙模式图，而不能算是地图了。它们的功能就是将人类世界定位在一个更广阔的宇宙框架之中。

伊斯兰和欧洲的影响

接触到伊斯兰及欧洲的制图术后，印度传统的世界观就自然而然地发生了变化。受伊斯兰的影响，印度产生了一种对某个区域、城市、庙宇或战役进行描绘的制图术。而在上面这张从印度西南部得到的17世纪世界地图中，我们可以看到欧洲对印度制图术的影响。虽然它标称是一张世界地图，但是从北方的喜马拉雅山脉及恒河到南方斯里兰卡的岛屿，图中90%的区域都在印度境内。在图的东边，中国被标记为孟加拉湾的一座小岛，同时阿拉伯海和阿拉伯半岛被标到了西边。欧洲被标在左上角，对它的描绘也并不准确。所以很明显，对

此时印度的制图者而言，世界仍然是他们自己的"世界"。他们以一种谨慎的态度接受来自欧洲及外围世界的知识，而且认为这些知识并不是很重要。印度人缺乏西方那种标准的和技术性的制图概念，因此他们的制图术似乎集中体现了其获取知识的方式——直觉的和冥想的，而不是基于事实和分析的。

◎按照古印度者那教的教义所描绘的世界。印度位于世界的中心，并被海洋和其他大陆包围着，那些大陆围成了一个环形。

古代印度： 物质世界的理论
TRADITIONS OF SCIENCE OUTSIDE EUROPE

大约从公元前 1500 年的古代吠陀时期开始，印度的思想家发展出了许多理论体系，用来合理地描述他们所看到的世界。他们可能在希腊人之前就设想出了诸如元素和原子之类的概念来解释自然界中各种各样的事物。最古老的印度传统认为水是构成一切物质的基本元素。在公元前 800 年左右，在被称作《奥义书》（Upanishads）的宗教经文中，提到了五种元素：土、水、火、气，还有非物质的第五种元素叫作"虚空"（akasa），这是一种存在于所有其他物质中的连续介质。一切物质，包括有生命的和无生命的，都被认为是由这些元素组成的。甚至，人的胚胎最初都是由气提供生命的活力；然后由火来把它转换成人的形状；水提供湿气；同时土提供营养；最后，虚空允许它长大成熟。这些思想和早期希腊唯物论者观点的相似之处非常明显。这就引起一些疑问，如此系统化的思想是否可能独立地产生，在希腊和印度之间是否发生过一些思想上的交流。从历史学的角度来说这种思想的传播是可能的，但是尚未发现任何这方面的证据。

原子论

希腊和印度还平行地发展了另一种物理学的主要理论，即原子论。印度的思想家在公元前 5 世纪之前就认为所有的物质都由一种叫作"阿努"（anu）的微小构造块组成。这些微粒不可分割，也不能被破坏，并且永远处于运动状态。同一物质的两个原子可以组合在一起形成双子（dyad），它仍然小得无法察觉。可以看到的最小结构，由三个双子组成（被称为 tryad），大概与飘浮在阳光中的灰尘一般大小。不同物质的原子不能结合在一起。

印度人的理论因为加入了许多普遍的物质而比希腊的理论要复杂得多，这些物质有独特的成分，也就是说，它们不能被分割和重组。这些物质包括空间、时间、精神和自我。它们不是物质的基本组成部分，但却是独特的。印度物理学中最神秘之处就是为什么原子可以从根本上结合在一起。他们把这个问题简单地归结为一种"看不见的力"（叫作 adrsta）。原子正是通过它的运动才使这个世界得以形成。

而此时，希腊的原子论只是小部分人的观点，而且在古典时期以后就逐渐消亡了。但是在印度，原子论却逐渐成为一个永恒的思想，直到现代。

◎由纳迪尔·阿兹·扎曼和纳迪尔·阿瑟所作的《悬铃木树上的松鼠》。大约创作于 1610 年，在英国大英图书馆印度馆可以见到这幅画。它表现出高水平的自然知识和精致成熟的艺术水准。

物理的力

印度人思想中物理概念的精妙之处反映出了梵语的丰富程度，梵语中包括表示重力、流动性、弹力和黏性的单词。重力是引起下落的原因，但是他们并没有将其视为一种力，而是一种所有物质都或多或少带有的属性。古印度的物理学中最有意思的概念之一就是推动力（impetus）。在西方的古代社会中，亚里士多德的理论是很普遍的：任何运动的物体必有使其发生运动的原因，也就是说只要物体一直在运动，这个使其运动的力就不会消失。因此一只被扔出去，在空中做运动的矛必然是受某种存在于它周围空气中的物理力的支撑，这就像一种旋涡或者涡流所产生的力。当这种力被耗尽的时候，矛就会落到地面上来。这样的思想从来没有在印度出现，取而代之的是，他们认为运动的物体由自身提供的推动力来维持运动。这种想法在西方出现的时间要比在印度晚得多。印度的思想家也分析了在燃烧物体的原子结构发生改变的一系列阶段中，"热"所发挥的作用。

所有这些思想都不能被量化或者给出精确的物理学证据，实验也进行得非常少。但是显然这些古印度的哲学家们是以一种非常先进的方式思考了物质、运动和变化，而且很令人惊讶的是这些自然哲学是在很强的宗教文化氛围中形成的。然而，这种认为世界充满了神力的观点并没有阻断学术上的研究，哲学家们仍然想要探索在非宗教的条件下，物质世界是如何建构的，以及变化的过程是如何发生的。

化学观

正如在中国一样，印度也发展出了物质世界的化学方法，而且看起来印度的化学大都是从中国学来的，因为这两种体系是如此的相似，趋于一致。吠陀文献提出了黄金和长寿的关系，正如我们在中国炼金术中看到的一样，但是水银在印度的化学体系中占有很尊贵的地位，因为人们认为它的来源是神圣的。炼金术的文献中描述了大量用来检验水银纯度以及使其能被人体吸收的化学过程。

印度炼金术的目的是获得能延长寿命的丹药以及把普通金属转变为黄金。然而，印度的宗教总是强调脱离于身体之外的东西，比如理想，因此追求肉体上的不朽永远也不能像在中国那样成为炼金术的最大目标。相反地，印度的炼金术趋向于朝两个不同的方向发展。发展的主流成了医学的一个分支，在这个方向上，人们寻求可以治疗某些特殊疾病的药剂和丹药。然而，在被称为密教哲学的印度哲学深奥分支中，炼金术成为一系列的巫术行为之中的一种，这些行为被认为可以释放自然界中的神秘力量。

这两种方式都对西方的炼金术产生了影响，西方炼金术似乎是在1世纪或2世纪的时候由印度传入埃及的，在那里，希腊人写下了最早的炼金术文献。印度的炼金术士有了很多新的发现，这些发现包括金属、盐、酸以及它们互相结合的方式。但是如同所有文明中的炼金术一样，它总是很难被简化成一套体系，因为总是无法得到这些化学反应潜在的真实情况。

◎迦内沙——印度的象头神。他所扮演的角色就像是"清除障碍物的搬运工"，灾难事件中的受害者或是即将开始旅行的人们出发之前都可以向他祈求保佑。这使得人们在宗教仪式开始时要念迦内沙的祷文。又因为他是智慧之神，所以科学家和探求知识的人在开始一项实验的时候也常常会向他祈祷。

古代印度：医学
TRADITIONS OF SCIENCE OUTSIDE EUROPE

◎佛在冥思。印度的两大宗教——佛教和印度教都相信转世再生，并且相信在现世所做的好事或坏事都会在来世得到补偿或惩罚。佛教向东迅速传播，特别是在1世纪传到了中国。一些历史学家认为这条传播通道对印度的炼金术而言是至关重要的，但是我们在印度却没有发现针灸或其他的中医思想。

人们将昙梵陀利的出现视为印度医学的开端，据说他是从梵天的神示中得到知识的。昙梵陀利本人后来也像古希腊的阿斯克勒庇俄斯一样，被尊为医学之神。印度医学的黄金年代大约是在公元前 500 年到公元 1000 年的后吠陀时期，当时，他们发展起来了一套名为"阿输吠陀"（Ayur-Veda）的体系，这套体系包含了许多经典文本，有时人们认为这些文本是由个别医生完成的，但是它们的确就像古希腊希波克拉底的著作一样，代表了一个学派的思想。从字面上看，阿输吠陀的意思是"生命科学"，但是它所关心的不仅仅是疾病的治疗，还想通过正确的饮食、自我锻炼及自我领会达到身心的健康状态。我们现在将阿输吠陀视为一种医学科学：它认为个体生命的每一部分都和其他部分相关联，它的最终目的就是使身体和思想之间达到一种平衡。

三种基本物质

印度医学的原则就是：身体包含了三种基本物质——精神或气体、黏液和胆汁（风、胆、痰）。很明显，这和西方理论中的四汁液说很相似。在西方，人们也相信良好的健康有赖于这四种物质的平衡。人们相信这些物质和宇宙元素是有关联的。精神是发自梵天的生命的神圣呼吸；黏液代表水和土，它是凉爽而湿润的；而与胆汁相对应的是火，它炎热而干燥。这些物质遍布全身，而不是存在特定的系统中（比如中国人所说的气血运行的 12 条经脉），因此在印度就没有发展出能和针灸相似的治疗方式。那么，如何调节这些物质的平衡呢？通过饮食、包括瑜伽在内的锻炼以及来自天然草药和矿石的药物。

显然，此类让身体的几种基础物质保持平衡的学说非常普遍，在中国、印度、希腊和西方的医学中都可以见到。这表达了一种古代的普遍信仰——个体与环境会产生有机的联系，他或她就是大宇宙（大世界）中的小宇宙（小世界）。取自草药和矿物中的药物被认为有效，是因为它们也是由这些相同的物质构成的。大量的药典可供印度医生使用，并且阿输吠陀的文本也非常详细地陈述了许多此类药物的性质，还规定了在何种情况下使用何种药物。绝大部分人生来就带有某种主要的性质，或者是各种性质的混合体，医生在决定治疗方案前就要仔细辨认病人属于哪种类型。这又使我们想起后来西方的性情学说。

进一步划分

身体被进一步细分为七种体组织：血液、肉、脂肪、骨、髓、乳糜（消化过程中的食物）以及精液。他们相信食物"燃烧"后生成了这些组织，血液则在身体中传递着一种重要的精神。这样他们就正确地看出身体是由许多内在体系构成的，尽管并不能因此就说这些体系是和特定的器官相关联的，并且是按照古罗马盖仑所指出的方式相联系。

印度阿输吠陀中最有趣的观点之一就是，疾病是由外界力量引起的，甚至是由生物体引起的，因为它们有时会侵袭身体。有特殊名字的疾病，尤其是像麻风病这样的传染病，就会用这样的方式对病因进行解释。但是它们被视为次要原因，因为它们侵袭身体的力量依赖于因身体中三种汁液的失衡而导致的虚弱。就像种子只有播撒在肥沃的土地上才会发芽，而在贫瘠的土地上就会死去一样，有毒的微生物在身体各要素处于平衡状态时也不能繁殖并致病。阿输吠陀的治疗方法不是试图消灭疾病，而是恢复身体汁液的平衡。虽然以现代的标准来看，这个理论是错误的，但它还是非常重要，因为据我们所知这是对疾病微生物理论即认为疾病是由体外的特殊生物体引起的最早的表述。西方医学中，这个理论直到 19 世纪在路易·巴斯德的著作里才完全表达清楚。因此，虽然印度的阿输吠陀可供严格分析的资料并不多，但是它是一种充满思想的传统，并且在它强调人类与自然的联系这一点上，带有典型的东方色彩。

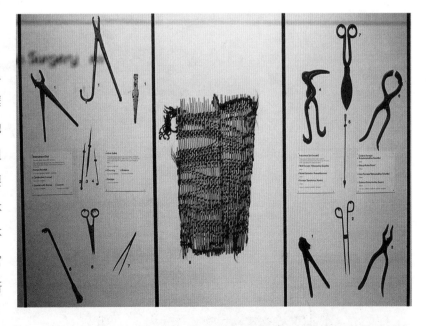

◎在伦敦科学博物馆的长廊中陈列的印度外科手术的病例和器具。

回顾：非西方科学的特征

TRADITIONS OF SCIENCE OUTSIDE EUROPE

在对非西方科学进行了简短的讲述后，我们可以得出什么结论呢？首先我们可以看出，世界上任何地区、任何时代的人都有自己的自然哲学，所有人都同样有一种希望弄清自然奥秘并将自身和环境联系起来的理性需求。过去的百年里，在非西方的科学领域已经经历了一个非凡的学术发现过程。随着手稿内容的破译和考古遗址的挖掘，我们有了一个全新的视角去看待远古的文明。

举例而言，在不到一个世纪之前，我们还对巴比伦的天文学以及玛雅人的计时体系几乎一无所知。而我们在更晚时才发现非洲、大洋洲和北美洲的人拥有自己的数学体系或天文学、生物学的知识。换言之，文明的定义已经被大大地拓宽了。以前，人们将文明等同于著作和城市建筑，这样除了近东和地中海，只有中国、印度和中美洲可被称为曾经繁荣过的文明社会。现在，这种观点被彻底改变了，人们甚至在物质文化——建筑物或人造物——相对简单的地方也发现了它们在理性和精神上的价值。太平洋移民的例子表明，远古文明可能早就

◎编织于19世纪的纳瓦霍毯子。两个超自然的"神圣之人"分立于神圣的玉米作物两边，他们认为玉米是神赐给凡人的礼物。

拥有了不为我们所知的技术和知识体系。但是一直以来，西方学者也没有对中国或印度的科学给予严肃的关注，因为它们似乎与西方的思维相差甚远。事实上，在中国和印度的思想中发现的某些与西方科学非常相似的内容已经引起了严肃的历史性的挑战。例如，认为所有物质都是由四种元素组成的观念，这个在几乎两千多年以来贯穿西方科学的中心学说，也可以在中国和印度的思想中找到。我们所不能避免的问题是，这种思想是在不同文明中独立产生的，还是在东西方的交流中产生的呢？我们知道炼金术和占星术的思想在近东地区、印度及中国间传播，因此这些明显独立的文明间似乎有可能存在某些交流的通道。

整体的途径

我在本书中曾一遍又一遍地指出，如果非西方科学有着某种普遍的特征，那就是一种人类将自身和宇宙联系起来的本能，而宇宙则是一个有机的整体。我们在古代中国、古代印度、古代墨西哥以及北美洲的文明中都可以见到这一点。在中国，阴阳两原则不仅支配着四季轮换的节奏，同时还支配着人体生命的力量；在中美洲，时间的循环要求用人类的行为去维护它。科学与宗教紧密相连，知识和信仰密切相关。天文学占据着主导地位，因为对天象的精确观察已经变成了宗教仪式的基础，这种仪式可以确认人类与上天所赋予权力的关系。

这种认为人类与宇宙间存在着有机联系的信仰，恰好是西方科学所没有的。在西方，自然被视为一个机器，一种按照客观法则运行的机械装置。但是这种科学机械论的起源却比较晚。开创了严格意义上的科学的古希腊人，发展出了一种理性的语言，它是对物质世界的非宗教解释，但是最终，他们中的许多人还是相信人类是有机宇宙的一部分。柏拉图认为支配天体的世界灵魂的一部分也存在于人类之中，而伟大的分析天文学家托勒密则认为占星术可以揭示人类与天体是如何产生联系的。

◎位于圣卢西亚的石柱之一。每一根石柱都记录了一次天文事件及其发生的时间。图中是一个占星的祭司正举着一个为天文观测选定观测点的权杖。

◎古籍抄本*Fejervary-Mayer*中的一页。图中所绘的是特斯卡特利波卡（Tezcatlipoca），他是阿兹特克人所奉的重要神祇，特征就是只有一只脚。他与战争及牺牲有着本质的联系。他四周环绕着能显现他力量的日期，这些日期是以阿兹特克人13天的历法周期表示的。这个神会吃掉作为祭品供奉的犯人的手掌。

它们在本质上将上帝与其创造物进行了分离。它们认为个人存在的最终目的就是与上帝发生联系，而不是与自然界发生联系。自然界是物质的世界，是次要的。西方人认为人类是上帝的特殊创造物，在精神上与心灵上都与自然界的其他事物有所区别。这样，希腊的唯理论和基督教为西方科学的机械论做好了铺垫。但是直到中世纪后期，机械论才出现，尤其是在文艺复兴时期，因为它自身的原因才对物质世界进行了研究。

在已经过去的两个多世纪，我们生活在一个被西方科学和技术所定型的世界中。我们生活的方方面面几乎都与它们发生了联系，我们已经发展出了这样一个社会——任何人都变成了那个巨大机器的一部分。西方科学在时间和空间上为我们揭示了一个无法想象的宇宙尺度，它使人类的生命看起来是如此的渺小。

尽管科学带来了巨大的物质利益，可是也有大量的证据表明这套思想体系不能满足我们所有的知识需求。首先，科学制造了一种疏远感，它使人感觉个体在地球及宇宙机器中是无关紧要的。这确实是非西方科学

亚里士多德认为客观实在存在于个别事物中，宇宙运行的法则中并不包括一个"世界灵魂"或"神圣的造物者"，他的学说带来了一种负面影响。

宗教的影响

对西方科学产生决定性影响的是犹太教和基督教，

◎一幅20世纪有X射线风格的土著树皮画。图中所绘的是一个猎人和一只袋鼠。

及其思维模式的重要性被人们重新认识的原因，因为它们在寻找将人类和宇宙再一次结合起来的途径。西方科学与非西方科学的冲突始于 15 世纪，西方模式逐步取得了统治地位。但是现在，文化因素与历史因素似乎已经结合为一体，并在知识的可选择体系中创造出了一种全新的利益。

知识与信仰

西方科学与文化是否能够汲取其他文化的教训，是一个可以广泛讨论的问题。我们很难设想文化中会存在多套有效的知识体系，因为我们为知识与信仰划分出了一个绝对的界限。所有可由科学实验证明的是知识，此外所有的思想都仅仅是信仰。

这个观点中存在着两个主要的难点。首先，在历史上科学总是犯错误，并且就在并不遥远的过去，人们还相信太阳是绕着地球旋转的。在 20 世纪 20 年代，世界顶尖级的天文学家还不能在宇宙规模这样的基本问题上达成一致。其中一群人相信我们的银河系（事实上，他们大大地低估了它的范围）构成了整个宇宙；而另一群人争论说，还有一些像银河系样的星系，正如岛屿般存在于更广阔的空间之中。其次，我们中只有极少数人拥有可证明科学事实的个人证据。那么我们如何知道宇宙是由上百万个肉眼看不见的微小粒子构成的呢？又如何知道生命在几百万年前起源于海洋中像阿米巴原虫这样的生物呢，或者怎么探知潜伏在外层空间中的反物质黑洞呢？我们之所以接受了这些事实，是因为专家告诉我们它们是真实存在的，换言之，我们相信他们，就如过去人们相信那些宣称天体是被天使推动而旋转的专家一样。

我们可以从中得出两条重要的结论。一条是，科学不是绝对的知识，而是一种临时性的报告，它随时可被修改校订。另一条结论是，科学知识存在于社会背景之中，它对每个人而言都是不同的，只有极少数的专家将它视为纯粹的知识，而对我们大多数人而言，它是一种信仰。正因为如此，非西方文化中的科学为我们提供了一个有利的参照物，以修正那种认为现代科学才具有独特探究真相的洞察力的观点。

SCIENCE 文艺复兴
IN THE
RENAISSANCE 科学 时期的

文艺复兴：过渡时期

SCIENCE IN THE RENAISSANCE

1450—1550年这一百年，欧洲人的生活与思想发生了一系列深刻变化，我们称这一时期为"文艺复兴"时期，意即"重生"时期。对于为什么在这一时期产生这些变化，或这些变化如何相互影响，历史学家从未达成高度一致。但这些变化综合在一起标志着中世纪的完结和近代的开始。

这些变化是什么？第一，在经历了14世纪毁灭性的瘟疫和饥荒后，城市生活变得丰富起来。商业在整个欧洲发展起来，产生了文明生活的新理念，新财富被用于私人建筑和公众场所。这首先发生在意大利，然后迅速传到德国、法国和英国。这些城市在文艺复兴时期成为新思想的发源地。

第二，印刷术的发明大大提高了思想和信息传播的速度。例如，一本在德国印刷的著作，不出数周就会与远在法国、意大利或英国的上千位读者见面，而印刷成本是手抄本的零头。自大约5000年前发明文字以来，印刷术的发明是人类交流史上

◎文艺复兴时期发展起来的透视体系提供了至今适用的图示表现规范。

最重要的变革。

第三，横渡大西洋发现"新大陆"，这在一夜之间改变了人们对世界的认识。这一事件具有双重意义，对于之前希腊、罗马的哲学家和思想家来说，新大陆完全

◎天文学家和测量员：有序空间概念对科学家和艺术家来说是重要的。

是未知的，而它似乎象征着站在新时代前沿的"文艺复兴式人物"的地位。

第四，宗教改革永远打破了欧洲中世纪基督教的统一。罗马天主教上千年来的权威受到了挑战。个人的良知和信仰作为新理想被建立起来，它反对一切立法机构的权威。文艺复兴时期印刷术的作用是至关重要的，如果路德的辩论没有印刷出来被数以千计的人读到，他与教会的辩论也许仅仅是单纯的个人争吵。

第五，对于自然的艺术再现。人们用新眼光看待现实世界，学会忠实地描绘自然世界和人体结构。他们研究了透视画法的规则，在图画中合理地运用空间，从而创造出现实的幻象。人们对于文艺复兴时期印象最深的莫过于宫廷和庙宇的绘画，满是优雅的人物，背景则是用自然线条和色彩描绘出的山坡和田野风光。

所有这些因素造就了一种创新的氛围。那么，在科学世界中，是否也有复兴的运动呢？

奇怪的是，学术界很难给出这个问题的明确答案。"科学革命"直到16世纪末才真正开始，比上述变革的最终确立晚了将近100年。但是在那之前，应用科学的航海、绘图、采矿、工程、建筑和医学等许多方面都产生了革新。所有这些革新来自对自然界理解的变化，在这一卷中我们将看到这些革新如何塑造欧洲历史并为以后的科学革命铺平道路。

文艺复兴的象征：印刷术的革命
SCIENCE IN THE RENAISSANCE

如果说蒸汽机象征了工业革命，那么印刷术可以说象征了文艺复兴。蒸汽机是物质动力的新来源，而印刷书籍是智力能量的新来源，是全世界储存和传播知识与思想的途径。这项发明不仅解决了复杂的技术问题，而且带来了更深层次的变化——识字能力成为文明追求的目标之一。

在欧洲，第一本完整出版的书是由约翰内斯·古登堡于1455年出版的《古登堡圣经》。古登堡是德国莱茵区美因茨人——一个熟练的金属匠，也许是个金匠。

印刷术这一思想由来已久：中国早在古登堡之前的几个世纪里就一直使用印刷术，甚至印刷术在欧洲也有早期历史。当然，火漆和蜂蜡印的使用表明印刷术原理的出现甚至更早——早在5000年前美索不达米亚人就用雕刻的石蜡在湿黏土上做印记。7世纪前后，中国人发明了雕版印刷术。将图画与文字书稿贴合在木板上，用刻刀刻去没有字迹的部分，制成雕版，涂上墨汁，便可印刷在丝织物或纸上。

15世纪初，欧洲开始尝试雕版印刷，荷兰与德国尝试用雕刻的木版，更有趣的是用金属版。硬金属打孔器被分别刻上字母后，将单独的字母压制到像铅这样的软金属上，这样可以排满一整页。事实上，把字母压成具有相同深度的水平一行是不可能的，因此印刷效果看上去非常差——远远赶不上手写著作，而且整页的打字制版需要付出巨大的劳动。然而，木刻版技术对于像扑克牌这样的事物还是成功的，只是当字数过多的时候同样不适用。

约翰内斯·古登堡
（Johannes Gutenberg, 1400—1468年）

·西方活字印刷术的发明者。

·出生于德国美因茨。

·1430—1444年，在斯特拉斯堡工作。大约从1439年开始对印刷术进行实验。

·1450年，在美因茨开始与约翰·富斯特合作。合作终止于1455年。

字母的顺序

古登堡方法的创新之处在于拆散一页印刷纸上的所有要素，需要时再把它们组合起来。在这一点上拉丁字母具有明显的优势，因为它只有26个字母：不论多长的、什么样的著作只要这26个要素就可以构成。因此，古登堡的基本问题是为这些字母制造多个母模，组成某一文本后印刷，然后拆开再组成另一文本，这就是"活字"。

他的方法最终分为三个阶段。首先，在硬金属（如黄铜）上手工雕刻26个冲模；然后，用冲模把字母压到相对软的金属上，称为铸模；再将熔化的铅浇灌到铸模上形成模子，就成了做好的活字块。每一个铸模模子能够反复制造出数以百计的一模一样的字母。

这要求相当严格，因为活字尺寸的微小差异会导致印刷字迹凌乱难读，必须仔细考虑字母的空间和比例，如小写字母"i"与字母"w"的比例关系等，还要考虑所有的标点符号和数字。作为金属匠，古登堡的经验为节省原材料和从铸模模子上复制提供了便利。

即使制成了活字，古登堡仍然面临着许多困难。他不得不"锁定"数以千计的微小活字块——印刷的时候把它们固定在框架中。这可通过螺丝固定印刷板来完成。他改进了压榨器，使活字深入纸张，这对莱茵区的他来说是轻车熟路。他要在纸上留下清晰的印记，而不使墨水溅开变成污点，因此他用烟灰和亚麻子油制造出了稳定的墨水。这种墨水性

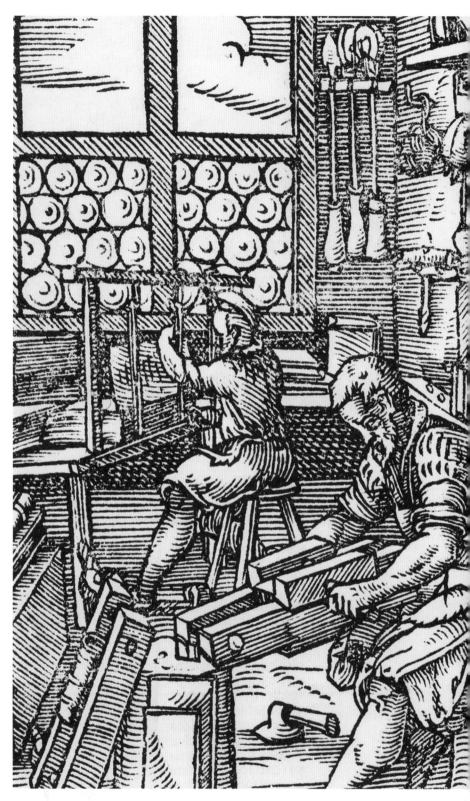

◎一座印刷车间：一项技术改革成为智能革命的动因。

◎约翰内斯·古登堡。

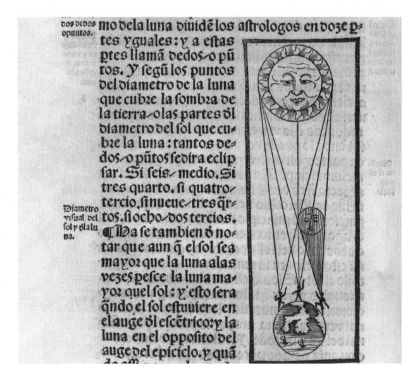

◎早期印刷在天文学书籍中的一页，在排印时插入了刻在木刻板上的图画。

能良好，直至20世纪初，传统印刷还一直使用它。

在此之前，欧洲没有出现过上面提到的印刷方式。古登堡解决这些问题的成果可在印于1455年《古登堡圣经》那清晰、有力的书页中看到，某些副本还有精美的页边修饰或色彩装饰。

然而令人悲哀的是，古登堡的努力和创新没有得到好的回报。他与生意合伙人约翰·富斯特发生了争吵，后者接管了印刷厂。退休后的古登堡仅从美因茨大主教那里领取很少的养老金。

但是，古登堡的发明改进了书的生产。几年后，德国、意大利，乃至整个欧洲都建起了印刷厂。一开始人们使用木刻版在文本中插入图片和图解，然后改用雕刻铜版。1477—1478年，意大利、波罗尼亚和罗马使用铜版印刷了包罗万象的世界地图。15世纪70年代，还出现了天文学、数学和医学方面的印刷品。

知识的传播

新印刷媒介的发明本身并没有产生新思想；实际上，最早印刷的书籍是宗教著作和拉丁文学。但它令经典科学著作比以前传播更广泛，因为这些书比较便宜，容易更换。人们更容易将一位作家与另一位作家进行比较，将权威著作中的内容与在自然界中所见的事物进行比较。学者们能够确信他们手中的托勒密、亚里士多德或盖仑的著作与另一座城市或国家学者的著作完全一样。从一

本著作到另一本著作，从一个权威到另一个权威形成并发展的知识和思想就这样积累起来。

据估计，截至1500年，在古登堡发明印刷术不到50年中，西欧约印刷了900万册图书。这对文化和学术的影响是极大的，当新思想被提出来时，新的印刷媒介无法抗拒地传播它们。1450年以后，天文学、医学、地理学和数学领域中的思想历程可通过某些里程碑似的著作进行追溯。古登堡的发明也许应该被公正地称为是欧洲第一项近代发明：它解决了一系列技术问题，进而改变了社会。

威廉·卡克斯顿
(William Caxton, 1422—1491年)

· 英国翻译家和第一位印刷商。

· 出生于英国肯特郡。

· 1438年，在伦敦给一个纺织商当学徒，后移居到布鲁日。1471年，去科隆学习印刷手艺，后又返回布鲁日建立自己的印刷厂。

· 1474年，出版第一本印刷书，也是第一本用英文印刷的书——他翻译的法国爱情小说《特洛伊故事集锦》。

· 1476年，回到伦敦，在西敏寺建印刷厂。

· 印刷了约100种书，包括许多法文和拉丁译文，还印刷了乔叟的《坎特伯雷故事集》和托马斯·马洛礼的《亚瑟王之死》。

数学：有序空间的概念

SCIENCE IN THE RENAISSANCE

1400—1600年，数学被用来解决与物理空间有关的许多问题，如：测量空间的新方法，用图表和艺术表现空间的新方法，等等。在整个欧洲，印刷媒介将这些新技巧在学者和受过教育的普通人中广泛传播。

数学语言中有一种最重要的技术性变革：使用现代阿拉伯数字进行计算。阿拉伯数字在整个伊斯兰世界中被普遍使用，早在13世纪就被引进西欧，当时，莱昂纳多·斐波那契写了一本关于数学问题的书。斐波那契与父亲——一位意大利商人，游历北非的时候了解到阿拉伯数字，他立刻意识到这种数字系统优越于烦琐的罗马数系。但是，直到很多年以后，整个欧洲才了解和使用它。

文艺复兴时期数学的最主要特征是关注几何与比例问题。而在数学家尚不能为其提供科学根据之前，艺术家和建筑学家似乎已开始关注它们。15世纪的画家皮耶罗·德拉·弗朗切斯卡在1470年左右写了一本关

卢卡·帕乔利

（Luca Pacioli，约1445—1517年）

· 圣芳济会的修道士。

· 学习过神学，后成为一名游历的数学老师。

· 1497年，迁到米兰与莱奥纳多·达·芬奇一起工作。

· 继续教授数学，1494年写成《算术、几何和几何比例百科全书》。

· 1509年，出版《神圣比例》一书，研究了数学与艺术比例，其中包括莱奥纳多·达·芬奇的一些插图。

◎帕乔利《神圣比例》中，莱奥纳多·达·芬奇画的一幅三维图像。

◎莱奥纳多·达·芬奇的人体理想比例。

◎丢勒画的鲁特琴透视图。这名画家接触鲁特琴上不同点形成的一条线的一端，记录下穿过窗子的光线的交点。这些点连接起来就是鲁特琴清晰的透视像——投射。窗子代表眼睛，线代表从鲁特琴到眼睛发出的一束光线。

于透视法的书。这本书仅以手稿的形式传播，并没有出版过。在这本书中，他提出如何沿线回溯到投影点从而作出表现深度的幻象，如何把立体图形分解到平面上，并把它们的尺寸按与肉眼距离所成的比例缩小。弗朗切斯卡用经过仔细计算的建筑学透视图展示人体。

在纸上准确地描绘复杂形状的能力变成一种目标：数学家卢卡·帕乔利在1509年出版了《神圣比例》一书，其中的图画，如上页图的三维图像就是帕乔利的朋友莱奥纳多·达·芬奇所画。作者将这些图形分解成三角形和五边形的组合。

艺术与几何

莱奥纳多和他同时代的德国画家阿尔布雷希特·丢勒一起按理想比例分析人体——双臂的臂展等于身高，从发线到下巴的脸长是身高的十分之一，肩部宽度是身高的四分之一，等等。丢勒也演示了在坐标系上如

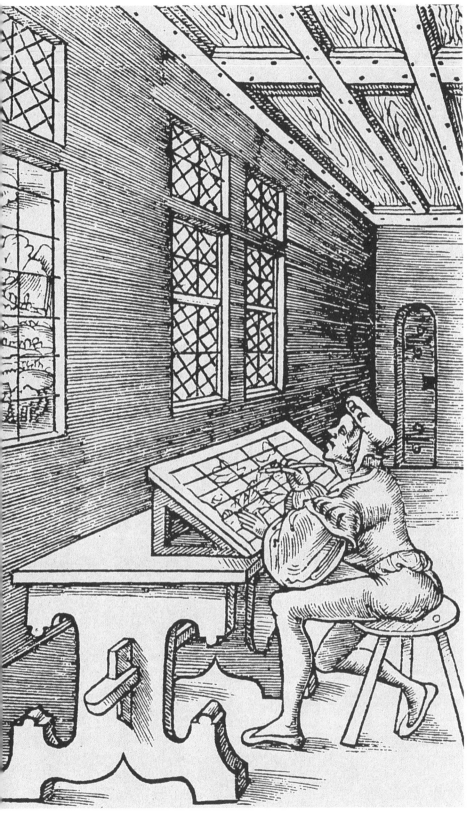

◎一位画家在坐标系上通过投影每一部分特征来画风景。
这幅图也反映出文艺复兴时期人们对透视法的迷恋。

何用测绘点画出透视图形。同莱奥纳多一样，丢勒深信几何拥有开启真实艺术之门的钥匙。他写道："画家意识不到他们错误的唯一原因是没有学习几何学，缺少了几何学没人能够成为真正的艺术家。"他还指出在巨大图画或建筑学中如何避免观测者的局限性。

这些艺术家中许多人都喜爱书法，并指出好的铅字字体都遵循几何原理。所有这些见解背后有这样一种信念：为了反映自然界中的形态，艺术家必须懂得从数学角度理解它们。

文艺复兴时期人们对于度量的关注尤其反映在地球本身上。主要兴趣不是确定地球的实际尺寸，因为自古希腊以来在这一问题上就没有理论上的进步，人们主要感兴趣的是通过纬度和经度在地球上确定方位，通过两极、回归线和赤道确定地球在天体系统中的位置。这门科学被认为是"宇宙图学"——实际是绘制世界地图，并出版了许多命名为"宇宙图学"的著作，尤其是在德国和意大利。这些著作也涉及如下问题：三角测量，由投影三角确定高度，不同纬度的日规刻度和运用四分仪、标尺、等高仪观测与丈量等。虽然一些著作采用的是拉丁文，但是随着时代的进步，越来越多的著作是用本国语言出版的，因此满足了从事测量、建筑和航海等实用职业的人们的需要。1571年，托马斯·迪格斯出版了英文版的《万物测量》（*Pantometria*）一书。

战争中的数学

文艺复兴时期，战争中的新技术产生了另一个使数学发挥重要作用的领域：弹道学。在阵地战中，虽然威力强大的火炮无法迅速地移动，但他们确实改变了攻城的效率。为了知道炮弹的轨迹，知道如何装配和瞄准大炮是至关重要的。

亚里士多德的经典物理学认为，炮弹沿着三角形的两边运动：炮弹沿直线上升直至外力耗尽，然后沿另一直线落到地上。然而，观察炮弹的路径，很容易发现这是错误的。一些数学家，如尼科洛·塔尔塔利亚虽坚持三角模型，但声称炮弹沿圆弧上升，沿另一直线下降。由此他得出了结论，沿45度角射出的炮弹射程最远。其他数学家怀疑像炮弹这样的射弹自始至终沿弧形运动，虽然他们不能精确地证明这一点。靠不同的瞄准角度，喷射出的水柱可划出陡弧或浅弧，与之对照，莱奥纳多·达·芬奇绘制了炮弹轨迹的草图。虽然在当时，力、阻力和冲力的概念还没出现，但数学家和工程师在分析这些问题时提出，物理中的某些传统观点仅仅是理论，可以通过实验推翻它们。

◎为了获得精确的弹道，军事工程师在测量炮筒的角度。弹道学成为文艺复兴时期的重要科学。

实际应用

在文艺复兴时期，数学在实际应用中得到发展，体现在如制图术、航海、地图绘制、测量和弹道学等领域。这一时期，大量有插图的科学文献显示出人类似乎掌握了通过测量和计算手段了解外部世界的高超本领。同文艺复兴时期艺术家在二维空间再现自然界、创造出非凡的自然形态的描绘法一样，数学家和制图者应用几何原理显示出如何排列和分析空间。他们确信自然是遵循比例、规律和平衡原则的。力和运动的数学描述更加困难，这有赖于未来的发展；但通过用新眼光看待自然，文艺复兴时期的艺术家和数学家不断地扩充着数学语言。

阿尔布雷希特·丢勒
(Albrecht Dürer, 1471—1528年)

· 插图作者和画家。

· 出生于德国纽伦堡。

· 先是学习绘图，后成为当地画家、木版画插图作者迈克尔·沃格马特当学徒。1490年，完成他父亲的肖像，成为最早的成名作品。

· 1490—1494年，游历了荷兰、法国和瑞士。1494年初访意大利，后又两次去意大利。

· 1497年，在纽伦堡建立一间画室。

· 1498年，出版第一本木版画插图本的启示录，接着进行严谨的铜版画的研究。

· 1512—1519年，主要为马克西米连国王一世工作——他最著名的作品中有为马克西米连祈祷书绘制的43幅钢笔画。

· 到1515年已获得了国际声誉，并与拉斐尔交换作品。

· 被任命为查理五世的宫廷画家。

· 成为路德忠实的追随者。

像科学家的艺术家：莱奥纳多·达·芬奇
SCIENCE IN THE RENAISSANCE

眼睛乃心灵之窗，它是人们用以充分领悟和欣赏大自然无穷杰作的重要方法。

莱奥纳多·达·芬奇的这段话总结了人类认识自然的新方法。这种新方法体现着文艺复兴的特征，同时把艺术家和自然哲学家联系在一起。莱奥纳多认为只有用

◎莱奥纳多在笔记中设计了各种提水的轮子。

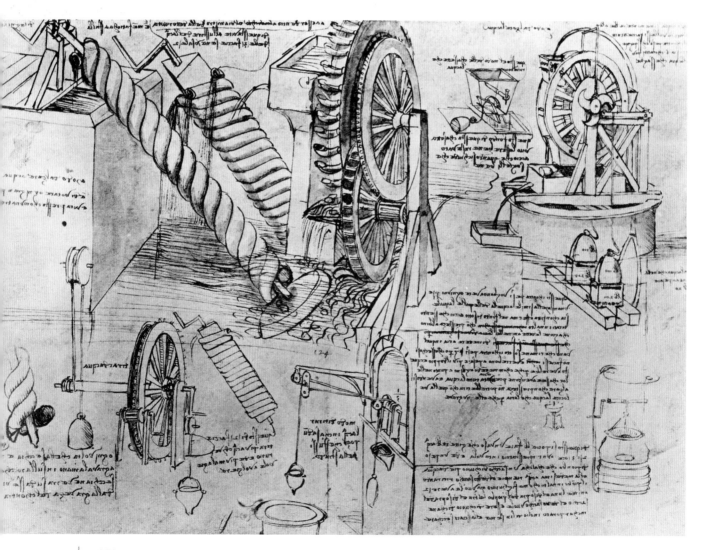

开放的思想去研究人体、植物、动物和物质力量，而不是靠接受早期传下来的信条，人们才能够理解自然。这位画家在描绘自然形态时运用了这种思想，但是这种艺术上的灵感却引发了对自然的更深刻的哲学研究。

在某种意义上，莱奥纳多在科学史上没有正式地位，因为他没有出版过关于这一领域的任何书籍，既没有老师又没有学生，对后来的科学家也没有直接的影响。但是，他多年来留下的笔记中充满了他在生命科学、物理学、地理学和工艺思想方面的个人研究。这些到19世纪才广为人知的手稿，揭示了他那个时代的原型精神，也揭示了新思想在文艺复兴中涌现的程度。

基本模式

莱奥纳多最关心的是数学规律，他认为数学规律是贯穿于一切事物的基础。他的手稿中充满了关于不同物体的草图和注解，在同一页上明显地混合在一起。这是因为他在研究任何主题时总是尽可能收集各种不同的例子。因此，当他研究曲线时，纸上可能包括关于波浪、草地、头发、帆或螺纹的素描和注解。他研究这些事物是为了画出它们，但同时发现了它们的基本模式和一贯不变的特征。

他写道："绘画促使画家将

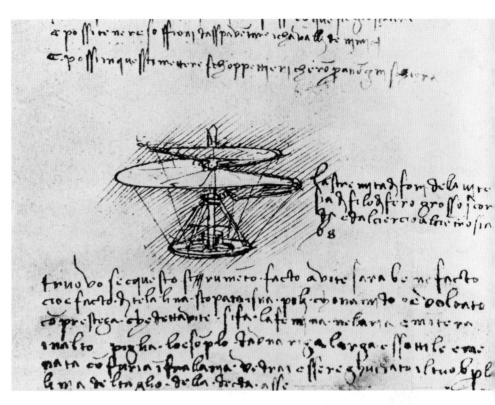

◎莱奥纳多是否设想了直升机？这幅图表明他曾设想过。

自己的精神转变为自然的精神。"他认为数学，特别是几何属于自然隐藏的规律。莱奥纳多不是一位职业的数学家，但他相信"没有任何知识不应用数学"，他认为"比例不仅出现在数字和测量中，而且出现在声音、重力、时间和空间中"。他的笔记中包括许多运动、重量和速度的几何表示。

毫不奇怪，他特别重视对视觉的研究，并提出从任何物体反射回来的光像涟漪那样在静止水面上成环形传播。他写道："就像一块石头投入水中，以此为中心产生许多环形一样，明亮空气中的任何物体以环形将自己漫射，使周围的空气中充满了它的像。"出于对视觉的兴趣，他解剖了眼睛和人脑，推测大脑的许多功能，诸如记忆、想象、观察、良知等，是否在脑中有自己特殊的位置。

对人体结构的理解

莱奥纳多的画中留下了他关注解剖的最清晰印记，显示了他对人体结构空前的精通。在这个领域中，对真理和本质的追求也给他带来了诸多苦恼。

（如种子和染料）投入水中来观察水流的模式。如果实验与准则不相符，他会抛弃准则。例如，他用实验方法推翻了亚里士多德的准则"如果力给一个物体一定的速度，那么这个物体的运动距离是其具有双倍速度时运动距离的一半"。

为生活设计

在他那个时代，莱奥纳多被认为是一位专业工程师和测量员，而不是画家。他的发明众多，虽然大多数仅仅是想法和设计，没有真正实现。他设计了齿轮组、轴承、车床、压榨机、水闸、纺纱机、螺纹切割机、武器和飞行器；他用动物胶和蛋清浸透纸层制成一种塑料，用其制作成坚固、防水、摔不坏的盘子；他精通机械，知道永动机是个幻想，因为没有机器能凭空产生能量。

◎莱奥纳多·达·芬奇的艺术来源于对自然的科学洞察力。

◎年轻时期的莱奥纳多。

他这样写道："在停尸房肢解、剥皮的那些夜晚的恐惧感一直存在。"解剖促使他建立人体生理学的理论，他用蜡和玻璃制作心脏模型试图理解心脏的工作方式，但没有成功。

他为了解飞行奥秘而进行的研究同样有原创性。他仔细研究了鸟类的骨骼和肌肉，试图建立一个公式来描述重量和翼展的关系，也许他要将其应用于人类。实验对于莱奥纳多来说是至关重要的，这也是他走在时代前面的另一个证明。他让一个装着人工翅膀的人站在一杆大秤上，试图测量翅膀拍打时所减少的重量；他把标记

◎莱奥纳多设计的
　巨大机械弩，由
　踏车提供动力。

莱奥纳多似乎对天空或宇宙结构思索不多，但他对地质学深感兴趣。他提出人与地球的精细类似："像人有骨骼支持肉体，世界有岩石支持土地；像人的血流使呼吸时肺部膨胀和缩小，地球上海洋的海水，在滋养地球时每六小时也膨胀和缩小一次。"

他制作地中海模型来研究流入的河流对它的影响。他推断出地表形态是水、风、严寒和沉积物千百年来作用的结果，而不像《旧约全书》所宣称的那样是在一瞬间形成的。虽然莱奥纳多的绝大多数思想仍停留于注解和草图上，但他是个先知式的人物，他的信条是在追求自然结构的规律和逻辑时进行观察和实验。

阿尔布雷希特·丢勒也同样认为，规律和比例是自然结构的关键，他草拟了许多实验来揭示透视法的数学规律和自然界中尚待发现的理想比例。

莱奥纳多·达·芬奇
（Leonardo da Vinci, 1452—1519年）

·文艺复兴时期的天才。

·出生于意大利芬奇。

·大约在1470年，成为安德烈亚·维罗丘画室的一名学生。完成画作《基督的洗礼》和《古波斯祭祀的崇拜》。

·1482年，迁到米兰为卢多维科公爵绘画和指挥宫廷庆典。设计水利灌溉系统为伦巴第平原灌溉。

·1498年，绘制了《最后的晚餐》。

·1500年，当卢多维科公爵失去权势，莱奥纳多移居到佛罗伦萨。加入为罗马涅公爵切萨雷·博尔贾服务的行列中，成为他的建筑师和工程师。

·与米开朗琪罗一起受委托装饰佛罗伦萨市政广场的宫殿大厅。

·1504年左右，完成作品《蒙娜丽莎》。

·1506年，为法国路易十二工作。

·他的油画保存下来的很少，但是保留了许多素描和草图。众多的笔记本中充满了用写实手法绘制的草图、设计图和丰富的注解。

·1516年，弗朗西斯一世给予他年金，并让他终身使用克鲁克斯城堡。

瓦尔图里奥与战争科学：军事学

SCIENCE IN THE RENAISSANCE

文艺复兴时期技术与想象力的融合促成了罗伯托·瓦尔图里奥的《军事学》（*Dere Militari*）一书于1472年出版。这部划时代的著作是一本描述军事技术的著作，作者瓦尔图里奥是意大利里米尼公爵手下的侍臣。据我们所知，瓦尔图里奥并不是行伍出身，他写这部书完全出自历史和理论观点。这部书研究的主要内容集中在数十件具有独创性的武器上，并用生动的木刻把它们描绘出来。其中一些，也可能大多数武器从来没有真正制造出来，仅仅是一种设想，但它们反映出一种应用力学原理进行实验、发明新方法来解决旧问题的思想。

瓦尔图里奥设计的许多非常规攻击性武器中有一种是机械投镖器。它有一根长长的木杆可以像弹簧一样向前投掷梭镖。它还有像坦克一样的形状，配有装甲的推进器的前端还有一个冲击尖角。许多武器的设计是用于围攻，也就是用来登上敌人的城墙。其中有一种武器设计成木塔结构，木塔利用杠杆可以呈平行四边形的形状升降。最引人注目的一种武器是一个巨大的镀金战龙，可以在滚木上前进；在龙的嘴里有一个梭镖发射器，在它的腹部还有一个可以放下的吊桥。我们可以设想它的外表是用来震慑敌人的。瓦尔图里奥还用了相当长的篇幅来描述通过水路发起的攻击，这其中包括了可以分成几块的能折叠和携带的舰船。最有趣的是一种潜艇，居然在艇的内部设计了划桨。这些武器中许多都采用了嵌齿轮和连锁驱动器，例如蜗杆螺纹可以将驱动器旋转90度。

◎瓦尔图里奥设计的一种用于威慑敌人的极具想象力的围攻战龙。里面的士兵可以发射炮弹，然后从吊桥上冲出。它可通过滑轮绞盘向前移动。

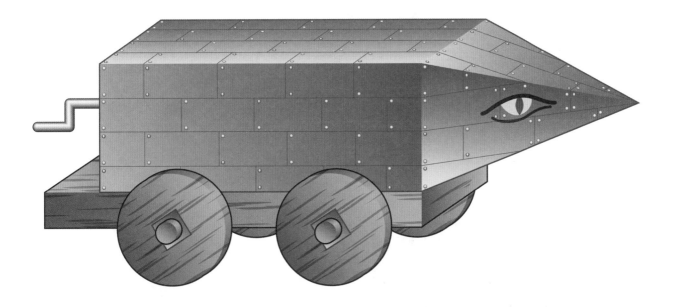

◎瓦尔图里奥设计的坦克雏形：车轮由蜗杆控制转动，但尾部的转动曲柄必须被保护起来。

人和机器

瓦尔图里奥的著作被皇家和军队的将领广泛地传播和学习，虽然他们是否把这些设计当真并着手去制造武器是令人怀疑的。我们知道莱奥纳多·达·芬奇拥有这本书的一份副本，并从中获得了许多设计灵感。瓦尔图里奥的武器设想或许仅仅停留在他的头脑里，但它们的确表现了人类对于借助机械力来增强自身力量的信心。许多制造中的实际问题并没有得到解决，同时也没有关于动力或重力的理论分析。在这些幻想性的设计中，瓦尔图里奥似乎在问一个问题："为什么不能？"当机械师们试图实际制造这些机器（如用于采矿的抽水机、升降机和举重机）时，他们就会发现为什么这些设计行不通，会发现哪些是可以有效运转的，而哪些不能。由此新的关于机械力的语言就得以产生。

◎一个可通过齿轮升降用来围攻壁垒的武器。

智慧珍宝：文艺复兴时期的科学百科全书
SCIENCE IN THE RENAISSANCE

◎一位测量者用雅各布标尺测量距离。

1503年出版了一本名为*Margarita Philosophica*的书，这部令人叹为观止的著作将科学思想融入新的印刷工艺中。该书直译为《哲学的珍珠》——也许我们应该通俗地称其为《智慧珍宝》。这本书的作者格雷戈尔·赖施是德国南部弗莱堡的一名大学教师。赖施写书的目的是汇总关于自然世界运行方式的最新思想，结果这本书成为文艺复兴前期的科学百科全书。这部书主要涵盖以下主题：

· 知识的分类——神学、数学、语法等
· 上帝创造世界，并将世界分为大地、天堂和地狱
· 人体以及人体机能如何运行
· 用地图来展现地球的形状和范围
· 地理现象，如彩虹、地震和潮汐
· 自然界——植物、动物和矿物
· 数学，包括测量技术
· 天文学——天球的结构

这个对世界的系统描述显然源自中世纪对《创世记》第一章所作的注释。除了知识的分类和数学两部分内容，赖施对其他内容的阐述与上帝在六天中创造世界的故事非常相近。在六天中，上帝依次创造了大地、大海、天空、动物、植物，最后创造了人类。赖施为这种宇宙的传统认识搭建起

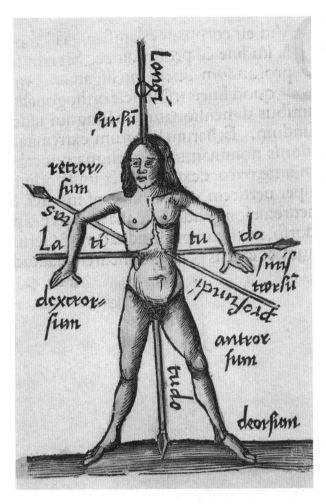

了科学的框架。虽然他的研究并非都是原创性的工作，但他却清晰地汇总了那个时代的知识成果。

球状的地球

从赖施关于日食和月食的插图中可以清晰地看出，地球是被当作球体来认识的。他通过给三个相关星体正确定位来解释日食和月食：日食的时候是地球→月球→太阳，而月食的时候则是太阳→地球→月球。在这些图中，地球被视为宇宙的中心。他给出了一个地球是球状的简单经验证明：高居轮船桅杆上的望员能够先于甲板上的海员看到陆地。这一现象曾引起亚里士多德等古希腊思想家的注意和思考。

在关于数学第一章的论述中，赖施描述了一项常见的用仪器估算建筑物或树木高度的技术，称之为雅各布标尺（见左页图）。那是一个带有垂直测杆的标尺。当测杆覆盖了被测量物体时移动测杆，这时测量物距离观察者的眼睛最远。接下来，观察者移动一定距离并用测杆重复这一过程。两次测量的标尺间距就是被测量物体的高度。

在关于数学的那章里，赖施还展示了一幅可怕的图画——一个人被三支长矛刺穿（见上图）。这不是一个关于治疗战场伤员的医学示例，而是说明任何固体形状都可以表述为三维维数：高度、宽度和深度。赖施将它推广为一个坐标系，在这个坐标系中可以在三维方向上进行数值计算。

由于赖施的百科全书对科学革命之前的传统观点进行了简单明晰地总结，这部著作在随后的50年中重印了多次。

◎上图：这个人不是可怕的死刑受刑者，而是用来说明坐标系的三维方向。

◎下图：几何学在天文学和大地测量方面发挥作用。

新科学：航海学
SCIENCE IN THE RENAISSANCE

在文艺复兴时期，航海学比任何新科学更具有实用和历史意义。1450—1550年，欧洲航海家穿越了大西洋、印度洋和太平洋，与美洲、印度和中国的文明开始前所未有的广泛接触。以前彼此分离却存在许多世纪的文化，到此时开始发展成一个相互联系的世界。四个世纪以来，逐步繁荣的商业令欧洲强大起来，同时也带来喜忧参半的结果。如果没有15世纪末航海技术的新发现，这一切都是不可能发生的。

◎费迪南德·麦哲伦进入太平洋；在半神半人和海洋生物的包围下，他镇静地研究航海设备。

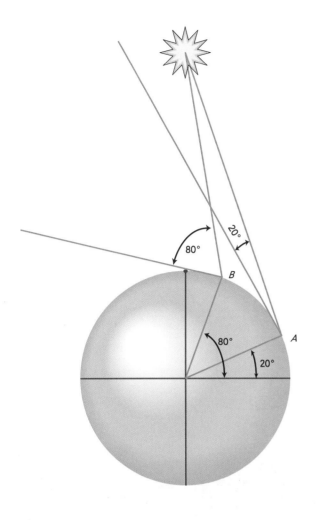

这一新方法的关键是地球作为球状天体存在于天球中的这一观念。自13世纪以来，大学学者就讲授过球面天文学，所有中世纪科学家都知道地球是球形的。"平坦地球"理论是现代人的一种荒诞说法，可能源于对中世纪世界地图的误解，如赫里福德的《世界地图》。但是大学学者的世界与水手的世界是完全不同的，利用科学方法来定位、驾驶船只的想法直到15世纪末才出现。

定位

这一变化的前提条件是两项重要的创新。一项是14世纪磁罗盘的发明，它使得船只可以保持一个恒定的方向航行；另外一项是托勒密地理学说的再发现，这使得在整个中世纪欧洲人几乎遗忘的纬度和经度的概念重新焕发了生机。当水手们了解到地球是球状的，而且能利用纬度、经度以及天上的星体进行观测，他们开始明白利用这一模型能够确定自己在海上的方位。天体出现在星际中的不同位置是与观察者站立点所决定的地平线的位置直接相关的。

这一理论并不很复杂，至少对于纬度来说是这样。北极星位于天空的顶点，几乎在地球北极的正上方。因此，在北极之外的任何地表位置，北极星在天空的高度都要低一些。这一公式是地平线上北极星的仰角等于观察者所处的纬度。例如，在北大西洋北纬45度左右的地方，北极星在地平线上45度。

测量这个仰角需要观测工具，这个工具出自水手的星盘——用一个沉重的金属盘，圆周上刻有360度，中心有金属指针穿过，它能与北极星成一直线。但是在赤道附近看不见北极星，而且南部天空也没有类似北极星的星体作为参照物。用同样的方法可以测量太阳的仰角，但是这会复杂很多，由于一年当中太阳的高度始终

航海科学

在波利尼西亚人拓殖太平洋诸岛和北欧海盗穿越大西洋之前，水手们就已经发现在开阔海域上航行的办法；但他们是如何做到这一点的至今还没有定论。中世纪，欧洲商人经常选择沿海岸航行。在地中海、北海或是波罗的海，他们试图停留在熟悉的沿海陆标范围之内。他们通过白天太阳的位置和夜晚北极星的位置来测量基本方向，但阴天时在开阔的海域上，他们只能依靠"航位推算法"进行航行——从出发点用记录在选定方向上行驶的路程来估计所在位置。所有这些方法是一种行业技艺，是从航海实践中得到的，而不是来自对地球形状的科学理解或理论原则。

应用科学和数学处理定位问题是15世纪的新方法。

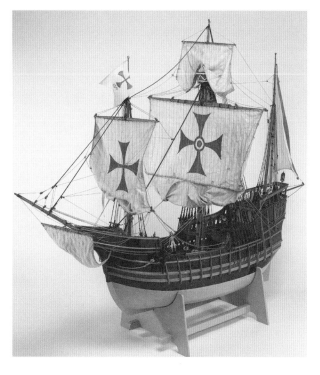

◎哥伦布的帆船圣玛利亚号按现代标准缩小后的模型。

在变化（除了在赤道不变），因此必须汇编一年中每天中午太阳在不同纬度的仰角表。

实际应用

如何在实践中应用纬度定位的规则？从15世纪90年代探险大西洋起，葡萄牙和西班牙的水手就推测登陆地点的纬度。对于葡萄牙人来说这个登陆点是南纬35度的好望角。离开欧洲海域他们向南航行，每天通过观测北极星或太阳确定他们的纬度。当他们到达南纬35度时，转向东并沿同一纬度航行至目的地。这一技术称为"沿纬度航行"，它有巨大的优点，即保持正确纬度时可始终利用风和水流向某一方向航行。实际上，葡萄牙人发现在转向东方之前，强大的西南方向水流将他们带到了巴西，这比顶风逆流沿非洲西海岸航行容易多了。克里

◎水手用三角测量估计距离。

斯托福罗·哥伦布也推测，若他从加那利群岛出发沿南纬28度向西航行一定能到达中国海岸，然而他却发现了美洲。

经度是个更困难的问题，因为它与纬度不同，在天空上没有参照标记，而且天体在经度方向上连续旋转。经度是作为时间的函数来计量的，天体上经度相差15度的位置在时间上相差1小时。然而，在15世纪由于缺少海上能用的精确钟表，因此意味着这一原理没有实用性。两个世纪以来，只有用与航位推算法相同的方法来估计经度。

理论与实践

航海是一种由师傅传给徒弟的实用技能，所以将航海的理论著作印刷出来需要几年的时间。最早期的著作由葡萄牙人佩德罗·努涅斯所作，但是他应用的数学知识过于艰深，超出了绝大多数水手的理解能力。更易被接受的著作是 1545 年出现的西班牙人佩德罗·德·梅迪纳的《航海学的艺术》（*Arte de Navigar*），它涉及天体导航的所有基本内容。它被翻译成法、英、意和德文，成为航海学中其他著作的范本，如约翰·戴维斯（格陵

兰岛与加拿大之间戴维斯海峡的发现者）所著的《水手的秘密》（*The seaman's Secrets*，1594 年）。

梅迪纳所描述的基础天文学是关于托勒密体系的。托勒密体系假设地球位于天球的中心，所有的天体都绕地球旋转。戴维斯在他的译本中沿用了这一体系，因为直到1600年，哥白尼学说还没有被普遍接受。

实际上，由于航海者只关心从地球观察到的天球上的位置，那么对于观测和航海的目的而言，地球和太阳哪个处于宇宙中心也就没有什么太大的差别了。航海学为理论和应用科学之间建立了特定的联系，这种联系是以地球上的数学观点作为基础。

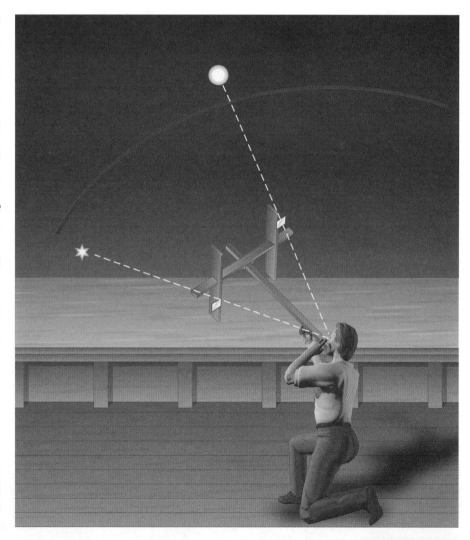

◎一名水手测量月亮与一颗亮星之间的距离；这样的观测必须要借助可以确定方位的航海表才能进行。

文艺复兴时期的地理学：
地图与不断扩大的世界
SCIENCE IN THE RENAISSANCE

中世纪所流行的世界地图是赫里福德的《世界地图》，它在地理学方面不精确，只有欧洲、北非和西亚；它是图标似的地图，带有许多有关传说和《旧约全书》中的情节。从14世纪开始，南欧的航海国家出现了完全不同的地图，这就是地中海海图。这种航海图对海岸线的描绘和方向交叉线都非常精确，显然是为使用磁罗盘而设计的。

这些海图的出现很神秘。我们不知道最初的海图是怎样绘制的，也无法知晓是由谁绘制的；然而一旦最初的原型出现，它们就能够被复制、再复制，并逐步改进。大约在1325年，在西班牙和意大利的小型地图画室中，人们开始在仿羊皮纸上绘制这些海图。仿羊皮纸类似防水性能良好的皮革，被地中海航海家在海上使用。在同一时期，欧洲出现了磁罗盘。人们认为磁罗盘是从阿拉伯海员那借鉴来的，而他们是从中国学来的。

在整个15世纪，人们绘制了许多精美详细的海图，向北扩大到不列颠群岛，向东扩大到红海，向南抵达了加那利群岛。这些海图中有关地中海海岸的绘制相当精确，但是其他地方的绘制就不太准确了。它们不是科学的地图，因为它们没有恒定的比例尺，没有标出纬度和经度；人们也没按任何投影制图，因为他们没有将地球曲率考虑在内。在地中海的有限水域内，熟练的导航员可以忽略这些不足使用这样的海图。

走向海洋

到15世纪末，葡萄牙和西班牙水手为了寻找远东贸易新航线冒险进入大西洋。海图的范围从地中海扩展到整个非洲、大西洋和新发现的美洲海岸，几十年后甚至

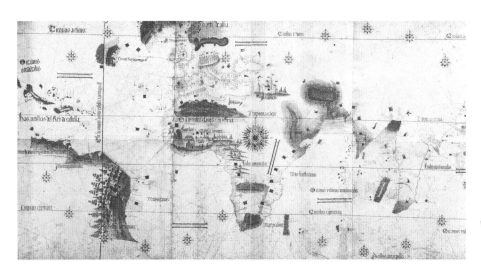

◎1502年流传的相当精确的非洲海岸地图，由葡萄牙水手于1480—1500年绘制而成。

◎1558年葡萄牙海图上的大西洋；注有罗盘方向线和清晰的纬度线，但是没有经度。

扩充到辽阔的太平洋地区。换句话说，这时的欧洲海图变成了新的世界地图。为了完成这次转变，地图需要有更科学的框架。这必须考虑比例尺、纬度和经度的测量以及投影。制图者能够解决这些问题，应该归功于重新发现了托勒密关于制图的著作，而这些著作已被欧洲遗忘了一千多年。大约在1450年，学者从君士坦丁堡的图书馆中将托勒密的希腊文著作带到意大利，这些著作被译成拉丁文，书中的地图也被重新绘制。

托勒密的著作解释了如何利用纬度和经度格子进行定位；怎样在整个地图中运用不变比例尺；如何在平面上表示地球的曲率。换句话说，它是科学制图的指南，成为自15世纪70年代起欧洲最早的印刷地图。当然，托勒密的著作是在公元前2世纪写成的，因此只叙述了在那个时期所知道的世界——包括欧洲、北非和西亚，就如同《世界地图》一样。实际上，就在他们的世界观发生革命性变化时，托勒密的地图反而重新复活，并产生广泛的影响，这看起来有些自相矛盾。德国和意大利的学者开始在托勒密提供的科学框架下，结合文艺复兴时期航海家的新发现绘制地图，这些地图显示了惊人的新世界图景，由此世界的范围以及它的丰富性都将获得极大的扩展。

投影问题

投影问题也许是制图者和水手最难处理的技术问

◎与前两页地图作比较，这幅1608年绘
　制的地图为水手提供了更多实在的帮
　助。这幅图显示的是马鲁古群岛，是
　欧洲探险家非常感兴趣的香料群岛。

题。地球是球形的，球形的表面不经过变形不可能在平面上简单地展开。像地中海这样的小面积在海图上只覆盖纬度10度，这种问题不明显；但是在地图上描绘整个大西洋时，这一问题就变得相当严重。基本问题是经度数值从赤道开始减小。经度1度在赤道大概是106千米，在北纬60度只有51千米，而在极点处为零。而纬度数值在所有应用过程中不变。换句话说就是，纬度和经度数值之间的比例从赤道处的1∶1变成极点处的1∶0。

　　最简单的绘图法是按纬度和经度间的不变比例把地图一度一度地分成若干正方形，再在上面添加地理位置。但是这样绘制的地图非常不准确，无法反映地球的曲率。最重要的是，这些海图上的直线在地球上并不是直线，而是曲线。船员利用这样的海图必须不断调整从出发地到目的地的航线。为了克服这个问题，纬度和经度间的比例必须在整幅地图中不断改变或者在其他方面进行调整。

墨卡托

在整个16世纪，地图无法反映地球曲率的问题一直困扰着水手和制图者，直到伟大的佛兰德地图制作者杰勒德·墨卡托提出了解决办法。1569年，墨卡托出版了按照数学规则绘制的巨大的世界地图。他的目的是使水手能够通过在地图上画出一条直线来制定两地之间的行程，而这条直线与海上固定的行驶路线相一致。墨卡托用保持纬度和经度间比例不变、随着从赤道向极点前进

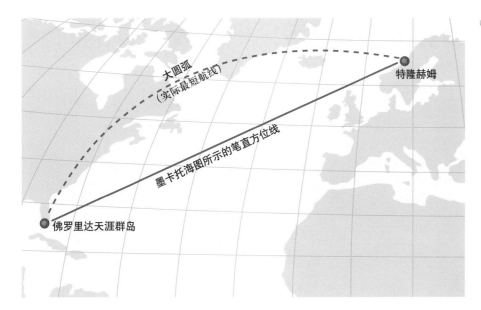

大圆弧
(实际最短航线)

特隆赫姆

墨卡托海图所示的笔直方位线

佛罗里达天涯群岛

◎葡萄牙航海图上绘有美洲部分的图版。

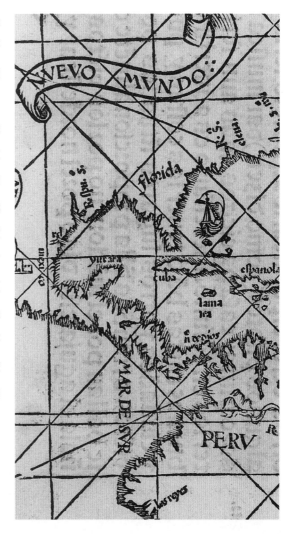

而拉伸地图的方法绘制了这幅地图。地图上经度的数值不是减少而是增加，因此纬度和经度数值的增加步调正好保持严格的比例。这样从视觉效果看上去，离赤道越远的陆地其面积也越大。换句话说就是比例尺增大了。

墨卡托的世界地图与同时代的其他地图在精确程度上是一样的，但是它具有的数学特性对航海家来说相当重要，主要是因为地图上的直线是不变向的路线。一位船长在航行前画一条直线，始终保持航向就能到达目的地。但是，墨卡托的地图也有不足，它的比例尺多变，在赤道之外的其他位置无法测量直线距离。人们常说墨卡托地图"指示了真正的方向"，但这种说法并不正确。墨卡托地图上的直线不是两点间的最短距离，通过转化可以看成是球面上的弧线。如果墨卡托地图被当作世界图景来看，这些缺点就很严重，但那不是墨卡托制图的目的。它被设计成航海工具，这是数学方法的胜利；它表明了文艺复兴时期科学发展的道路，使人们用更加科学的方法解决实际领域中的问题。

文艺复兴时期的地理学：地理大发现的时代

SCIENCE IN THE RENAISSANCE

◎上图和下图：神话是科学的一个阶段。上图出自《纽伦堡年鉴》，下图出自蒙斯特的《宇宙图学》。

地理大发现为人们展示了一个比欧洲更广阔的世界，而同时新的印刷媒介创造了一种从未有过的文献形式——图解地理学。1460—1600年出版的许多重要著作描述了欧洲各国：它们的地理特征及历史被第一次以通俗的、可理解的形式陈述出来。早期的这种文献不是特别科学化，但它在大量读者中广泛传播了地理知识，并引发了下个世纪对自然地理和人类地理更仔细的研究。

《纽伦堡年鉴》(Weltchronik) 是这方面第一部著作，堪称书籍印刷史上的里程碑。它的作者是德国纽伦堡的学者哈特曼·舍德尔。这部厚重的著作有将近一千页，用成百幅绘有城市、君主、动物、传说和自然奇观的生动木版画进行说明。它像一部历史和图解地理学混合而成的世界百科全书，但是它在许多方面仍保留了中世纪的研究方法。

对于哈特曼·舍德尔来说，整个世界的历史正如《新旧约全书》所描绘的那样，它开始于上帝创造宇宙，经过基督教的《旧约全书》和《新约全书》，进入中世纪基督教欧洲。他对

各国的描述掺杂着传说中的情节，用主要城市的美丽图画进行图示。一些图画，尤其是德国的图画包含一定真实性，但绝大多数图画是虚构的。舍德尔的大部头著作出版于1493年7月，正好在哥伦布完成发现新

大陆的历史性航行返回西班牙的几个月后。因此，《纽伦堡年鉴》是传统世界图景的最后记载，当时那个中世纪的欧洲只是由圣人、传说、城堡和拥挤城市为象征的世界所构成。

新的世界图景

半个世纪后，另一位德国学者出版了代表文艺复兴开始的地理百科全书。塞巴斯蒂安·蒙斯特的《宇

◎热那亚。《纽伦堡年鉴》中许多欧洲城市华丽图片中的一幅。

◎《纽伦堡年鉴》中诺亚方舟的图片显示了文艺复兴时期造船技术的思想。

宙图学》（*Cosmographia*）出版于1544年，这部著作所引起的轰动使其在接下来的一个半世纪中重印了40次。《宇宙图学》只保留了《纽伦堡年鉴》结构的少数痕迹。虽然书中也的确存在有关《新旧约全书》故事的内容，《旧约全书》的族长们被称为是世界的第一批居民，而且还有大量有趣的传说，但这时的图解地理学已经被置于科学的世界观背景下来研究。蒙斯特收录的四大洲、欧洲各国和各国主要区域的地图以及城市图景都相当精确，我们可以肯定地说这些图是在现场绘制的。

蒙斯特对通常的地理学要素都逐一进行了讨论，例如，他描述了火山、温泉、地震和金属矿，论证了地球的球形形状，地图投影的主要思想来源于托勒密。他还建立起测量和计量的方法，如三角测量。

这部著作以西欧各国的介绍为主要内容，但蒙斯特也用很大篇幅介绍了非洲、亚洲和新大陆，还包括墨西哥城和秘鲁首都库斯科的城市平面图。虽然这本著作中仍含有许多与各国历史有关的神话传说以及奇异的自然

现象，但是它以地理特征的真实描述、市镇和城市的地名词典、国王和王后的系谱，以及历史性的叙述等弥补了其内容在客观性和严谨性方面的不足。

相互学习

《宇宙图学》在建立图解地理学和"宇宙图学"科学注释之间联系的方法上树立了新的标准。随着欧洲读者知识水平和思辨能力的提高，对整个世界的描述被欧洲各国学者所写的国别和地区专著所取代。最早的著作之一是奥劳斯·马格努斯于1555年出版的有关斯堪的纳维亚的《北方民族的历史》，马格努斯是瑞典乌普萨拉的天主教主教。这是第一部详细描述欧洲最北部地区人民诸多生活面貌的著作，如北极光、午夜的太阳、冰岛火山、利用雪屐和雪橇穿过冰原、日光晒鱼、驯鹿群，等等。

在更早些时候的1539年，奥劳斯·马格努斯完成了一幅大型的斯堪的纳维亚地图，配有战争场面、在位国

◎蒙斯特的《宇宙图学》中英格兰和威尔士地图。地图上方为东。

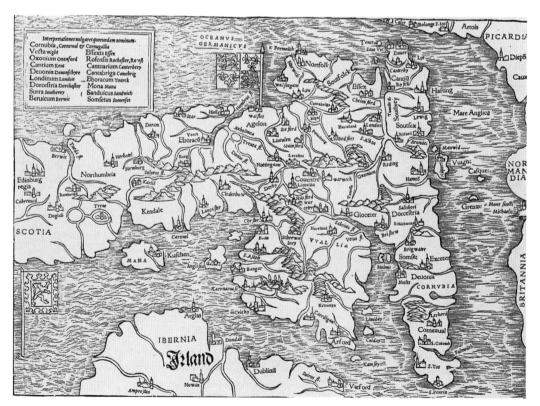

◎蒙斯特《宇宙图学》中另一种长相稀奇的海怪。

王、造船专家和一些丑恶海怪的解说图片。这些有代表性的地图上的海怪和许多神话传说在类似蒙斯特《宇宙图学》的著作中仍然能够找到，这也引发了关于这些信仰以及这些信仰何时破灭的有趣问题。

神话与怪物

当我们看动物寓言集和中世纪《世界地图》时，一个传说和信仰中的巨大身形在古代和中世纪世界中成长起来——在亚洲和非洲发现的怪物。在一些传说中的岛屿或国家也有类似的称作"半人生物"的怪物出现。这种传说显然只能在世界大部分地区还没被开发的时候盛行，然而当16世纪欧洲人旅行到越来越广阔的世界时发生了什么？当探险家没有找到这些生物时，传说中的信仰在几年中就迅速消失了吗？我们从16世纪的地图和地理书中可以看出，答案显然是否定的，这些疑问为什么没有带给我们关于文艺复兴时期知识的重要信息，原因

是人们的思想还没有从过去的权威中解放出来。

地理学如同所有其他形式的学问一样，其知识是广泛地存在于书中的：一个人如果想研究另外一个国家，他就必须尽可能地收集任何一位古代作者的相关著作。到16世纪，人们开始用新的眼光审视世界，欧洲人也已经在以前未知的海域上航行。但是这并不意味着经验突然变成检验真理的唯一标准。如果古代作者说怪物存在，那么它们可能仍然存在。如果它们没有在亚洲被发现，也许它们存在于非洲或美洲。在欧洲人进行探险的时代，有一些例子证明传说中的地点确实在改变。经验变成检验真理唯一标准的过程是漫长的，这也是为什么在其他思想变革即我们所谓的文艺复兴如此长时间后科学革命才发生的原因之一。

我们把以上总结为，在文艺复兴时期，社会是动态的，而知识是静态的。有关地图上怪物持续存在的这一话题虽然微不足道，但足以说明这一点。

来自地球的科学：乔治·阿格里科拉

SCIENCE IN THE RENAISSANCE

◎乔治·阿格里科拉，冶金术和地质学的先驱。

文艺复兴时期，许多著作汇总了应用科学领域中的种种发明创造，并成为该领域中划时代的著作，也成为印刷史上的经典作品。这些著作中在科技史方面最重要的成果是有关采矿和冶金技术的论述。乔治·阿格里科拉于1556年出版了《采矿学》（*De re Metallica*）一书。阿格里科拉大学时期在意大利学习医学，之后他返回家乡，开始研究在井下采矿作业劳工的常见疾病。但他的研究兴趣却逐渐转移到地质研究和开发冶炼金属矿石上来。在25年间，他收集大量材料并写成一系列书，并最终汇总成为《采矿学》这一巅峰之作。这部著作在他去世以后出版。

在这部书和他的其他著作中，阿格里科拉以坚实的经验主义的精神去探索地球的神秘。"我们用眼睛观察到的事物，"他写道，"以及我们用感官来把握事物，比单纯用推理来研究的方法更容易把握其本质所在。"

他摒弃了许多关于地球本质的传统观点。他不相信《旧约全书》所宣扬的地球是在一瞬间形成的论说；他也不接受中世纪关于金属矿藏如同植物根植于地下一样来自种子的说法，他甚至否定了传统占星术教条认为的每一种金属都多多少少与某一行星有关的观点——银与月球有关、铁与火星有关、金与太阳有关，等等。

占星师认为金属的形成是受到了这些行星的影响，甚至认为有些金属就是从某个行星带到地球上来的，以此来证明金属和行星之间的密切关系。一些人甚至推测矿石或许有雌雄之分。阿格里科拉明确地指出地球上的绝大部分物质是受到火和水作用的影响，矿石则是在液体溶液中沉积而成。他还猜想岩石和矿石是经过质变形成的——当旧物质受到火的影响或水的溶解时就会产生新的物质。

客观试验

阿格里科拉研究的目标之一是精简那些定义物质的冗杂的术语。他列举了可以对物质进行统一描述的五项指标：颜色、重量、透明度、溶解性和纹理质地。当时人们只能确认六种金属：金、银、铁、锡、铅和铜。但阿格里科拉却认为水银也应收列在内，同时认为还存在许多尚未发现的金属。

通过这些试验，阿格里科拉汇总了大约600种物质，包括矿石、岩石、金属以及"凝结液"——主要指盐和硫黄。他还描述了这些物质形成的主要地点并用图示来说明矿石的纹理形状。除了理论论述部分，阿格里

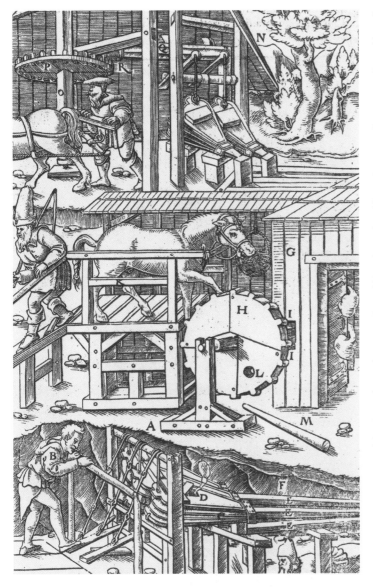

◎《采矿学》中描述的三种矿井通风方法。

阿格里科拉的拉丁文《采矿学》一书，由赫伯特·胡佛1912年出版了英译本，胡佛是一名矿业工程师，1929—1933年任美国总统。

科拉还在这部书中提供了对从地下提炼金属和提纯金属技术的详尽描述。

精确的图示

这部著作享有盛名的一个重要原因是阿格里科拉提供了大量的木刻图画来阐明他的观点。他呈现了不同种类的绞盘和传动系把矿石从地下开采上来，还用抽水泵保持矿井干燥；还有最早的路轨的图画，机车在木轨上被推动或拉动，轮子则被置于凹槽和导向装置之中。

在提炼流程中他展示了各式各样的熔炉、风箱、铁质和玻璃质的保温容器、浇铸模型以及检验最终产品纯度的数值标准。他曾说："我专门雇用了绘图员来描绘这些东西的外形，以免那些仅仅采取文字语言的描述会使我们这个时代的人难以理解，或者给我们子孙的研究工作带来困难。"我们也确实从这部书中得到了16世纪技术发展丰富图景的宝贵资料。

阿格里科拉的著作成为科学史上的经典之作有两个原因。首先，这部书提供了大量的经验素材，这些素材信息均来自第一手的经验结果；其次，他把这些经验作为关于地球成分新理论的基础。在这两方面他提供了研究自然丰富性的方法。阿格里科拉显然不能只手建立一门新的地质科学，但他确实站在了当代地质学的起点。他的研究稳固地扎根于亲身的经验：或者是野外或者是实验室，而不是重复从其他书籍中摘抄下来的思想。

阿格里科拉的这部书并不是他那个时期地质学的唯一著作，虽然它是内容最丰富的一本。1540 年，一位意大利的学者比林格赛奥出版了一部名为《关于烟火技术》(*De la Pirotechnia*) 的著作。这部书主要研究了金属的熔铸技术，特别是火枪和其他武器的制作方法以及火药的研制准备方法。同阿格里科拉一样，比林格赛奥的研究方法和工具也和炼金术士一样。但他们与炼金术士最大的不同在于，他们剥去了炼金术中的幻想成分和神秘面纱，致力于描述物理过程，并努力给出物质在加热、熔化、提纯或化合时各种变化的系统论述。

文艺复兴时期的生物学：第一位博物学家
SCIENCE IN THE RENAISSANCE

16世纪，生物学领域关于植物和动物世界研究的进步远远超越了中世纪的草药学和动物保护的范畴。在这个时期，产生研究植物学和动物学的新方法的因素有许多。第一，新大陆的发现极大地丰富了欧洲人所知道的动植物的种类，人们需要对它们作系统的描述；第二，文艺复兴时期的画家绘制了大量动植物的精美图画，使得科学手稿中的插图显得粗略和不精确；第三，印刷术

的出现为描绘自然第一手的观察资料，并在其他学者之间传播以供研究和评论提供了机会。

早期最重要的植物学著作都来自德国，后来则集中于意大利。首先是奥托·布伦费尔斯的《植物图解》（*Herbarum Vivae Eicones*）一书于 1530—1536 年分三部分出版。布伦费尔斯并没有尝试系统地对植物种类进行分类，他的著作的重要性主要体现在 238 个物种的

◎植物绘画家为富克斯的《植物的历史》一书作画。文艺复兴时期的自然学家不再仅仅复制前人的成果，而是从自然中描绘他们所研究的物种。

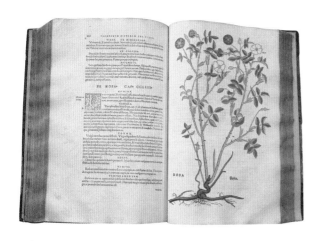

◎上图和下图：富克斯《植物的历史》一书中收录了许多植物漂亮的、精确的图画，包括玫瑰花（上图）和樱桃树（下图）。

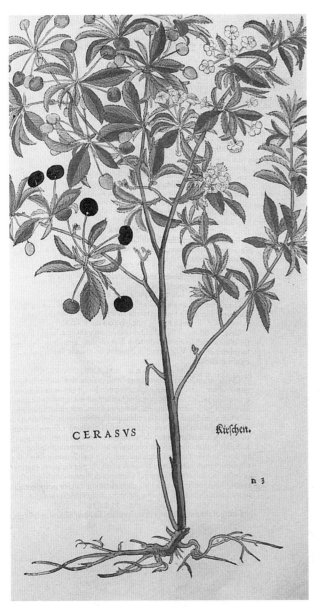

图片上。这些图片都是来自鲜活的植物，这无疑是对真实物种的忠实记录，而以前的植物学书籍只是相互复制其他图书的图片资料，有些图片反映的只是枯萎或遭破坏的植物。然而，布伦费尔斯的最大局限性在于只描绘了那些他在早期经典植物学著作中所熟知的植物物种。

详细的描述

杰罗姆·博克是这一时期德国植物学的又一位先驱者，他于 1539 年出版了《新植物》（*Neu Kreutter-buch*）一书，第一版没有收录图片，后来再版时增加了图片。

博克介绍了大约700种植物，并附有足以在野外辨认它们的精确说明。他试图通过植物的形状、花瓣和叶子等标准给这些植物分组归类。与同时代的人一样，博克没有足够的植物生理学知识来正确地划分以生殖特性和种子为基础的植物类别，但他是较早开始尝试对各种植物物种进行分类研究的植物学家。

莱昂哈德·富克斯于 1542 年出版的《植物的历史》（*Historia Stirpium*）一书在系统性方面不及博克的著作，但这部书却配有非常漂亮的插图，并细致地描述了数百种植物的习性和特点。倒挂金钟（*fuchsia*）就是以他的名字（Fuchs）命名的，虽然他并没有对这种在他去世后由美国引进的植物进行过描述。

总而言之，布伦费尔斯、博克和富克斯可以说是通过分析第一手的野外研究使得植物学取得了革命性的进步，而避免了抄袭前人的研究成果。随着1544年皮尔·安德烈埃·马蒂奥利修订的迪奥斯科里季斯的《药物证》的出版，植物学的描述和插图的方法达到了一个新的高度，这部书收集了数百幅真实植物的图片。

捕获动物

在动物王国同样也有文艺复兴时期的先驱和绘图家。但野生动物明显要比植物的活动性更强，因此某些关于动物的误解和传说的生命力似乎会更为持久。最著名的例子是人们认为犀牛有分块的保护外皮，这种说法源自丢勒1515年的木刻版著作，这部作品被传抄了近两百年。

法国学者皮埃尔·贝隆是最早的动物学家之一，他广泛游历了欧洲和中东，主要研究鸟类和鱼类，在外国的食品市场上发现了许多鱼类。贝隆的主要兴趣在于比较解剖学和思索物种之间的关系。他解剖鲸类（鲸和海豚）时发现的乳腺令他相信鲸类是海中哺乳动物。不同物种间形态的根本性的相似令他震惊，在1555年出版的《鸟类的自然历史》（*Histoire de la Nature des Oysseaux*）一书中，他在鸟类骨架旁画了一个人类骨架，显示出如此不同的物种间有些相似的大体结构。贝隆最先将鸟类王国划分为主群，如肉食鸟、候鸟、脚趾间有蹼的鸟、夜间捕食的鸟等。

康拉德·格斯纳
（Conrad Gesner，1516—1565年）

·博物学家和内科医生。

·出生于瑞士苏黎世。

·他的叔祖父是药用植物的收集和种植者，对其进行了早期教育。

·在斯特拉斯堡、勃艮第、巴黎上学。

·1537年，21岁时成为洛桑学院的希腊语教授，并出版了他的第一部著作《希腊拉丁词典》。

·1541年，定居苏黎世。成为苏黎世大学的哲学和自然历史教授。

·1554年，成为苏黎世的城市内科医生。在苏黎世作为一名医生度过余生，并在凯洛琳（Carolinum）执行管理委员会讲授亚里士多德物理学。

·1545—1549年，出版了所有希腊文、希伯来文和拉丁文的名著汇编，并一一进行总结和评价。

·1548年，出版了一部传播世界知识的百科全书，最初是19卷；1549年，出版了关于神学的第20卷；关于医学的第21卷没有完成。

·1551—1558年，出版《动物的历史》——描述了世界上所有已知的动物。

◎丢勒的木版画《犀牛》。当欧洲人还没有见过非洲动物的时候，关于它的神话产生出来——例如犀牛覆盖全身的盔甲。

◎《鸟类的自然历史》中人和鸟类骨骼。贝隆认识到了这些结构所显示的相似性，但是没有提出亲缘关系。

动物分类

在贝隆研究鸟类的同一年，康拉德·格斯纳出版了新动物学中最具纪念意义的著作《动物的历史》（*Historia Animalium*）。格斯纳是瑞士苏黎世人，他是位内科医生、分类学家和博物学家。也许他是我们所知道的第一个以登山为乐的人，他记述了攀登卢塞恩附近比拉多山的过程。他的著作是真正的百科全书，分为五卷，记载了上千种生物，成为接下来两个世纪中动物学的原始资料。格斯纳使用一般分类，如四足动物、卵生动物等。奇怪的是，在仔细描绘了上百张真实动物图片的同时，他还描写了神话动物，如龙和人鱼。虽然他不能确定这些事物是否存在，但是为了使著作完整，他还是尽可能地囊括了它们。

虽然这些早期的博物学家的思想还不能完全从过去解放出来，但他们都是用全新的眼光看待自然界。他们寻找种群、模式、现存形态间的亲缘关系，搜寻多种多样自然状态下的基本结构。许多传说依然存在，一些传说仍用来解释观察不到的现象，动物和植物领域的分类也不是绝对的。例如，杰罗姆·博克对卵生繁殖感到困惑，提出卵生动物是鸟类的后代。约翰·杰勒德在 1597 年出版的草药名著《植物的历史》（*The Historie of Plants*）中对黑雁运用了同样的思想，提出黑雁是从一种北极鹅孵化而来。类似的理论在人类世界中更加明显，如关于新大陆上的旅行者传说中的巨人、怪物和半人生物依然盛行。虽然富克斯和格斯纳的著作都是令人赏心悦目的知识宝库，但是对于生物形态和功能的系统分析还有待于将来的研究。

医学与神秘主义：帕拉塞尔苏斯

SCIENCE IN THE RENAISSANCE

尽管帕拉塞尔苏斯是一位在矿区长大并提出有关地球组成理论的医生，但他的观察科学与同时代的阿格里科拉构成非常强烈的对比，这真是令人难以想象。

帕拉塞尔苏斯是土生土长的瑞士人。他将医学中的原始研究与关于超越力的复杂、含糊难解的理论结合起来，因为他认为这些理论在自然界起作用。

在德国与意大利的大学修读医学后，帕拉塞尔苏斯作为一位外科军医到处游历，其间他为出版于1536年的成名作《创伤总论》（Grosse Wundarzney）收集资料。他是一个知识叛逆者，拒绝接受传统的医学思想，一次他当众烧毁了阿维森纳的著作。他是许多原创医疗方法的先驱：他证明了使矿工深受其苦的矽肺（译注：现称为硅肺）是由吸入煤粉尘的微粒而引发的；他诊断出甲状腺肿大是由于喝含碘低的水造成的；他还证明小剂量的水银能治疗梅毒。

新思想

帕拉塞尔苏斯与传统医学争论的中心是他拒绝传统的体液学说，在这个体制中，疾病无法按功能失调而分类，因为每种病症对病人来说都是个别的，因人而异的。帕拉塞尔苏斯反对这种观点，他认为，疾病来自外界的直接物质，这种物质侵入人体并威胁生命或健康。

就方法本身而言，这听起来具有明显的现代特征，但帕拉塞尔苏斯观点中的这些物质是什么呢？奇怪的

是，帕拉塞尔苏斯证明自然失调的物质具有超自然特性：它们是从陆地、空气甚至星辰中发射出的各种毒物；他说，它们是用这个世界的元素作为行动工具的"星形体"。但是，就像这些毒物是产生于自然界一样，治疗它们的药物也来源于自然界。例如，在梅毒病例中，他认为水银通过将有毒盐从人体逐出而起作用，而这是通过水银药物发挥的水星的天体效力。病愈可能是因为一切事物在一致系统中是相连的：矿物、植物、动物以及星辰都对人类产生影响，有时有益健康，有时导致疾病。

◎帕拉塞尔苏斯，医生、科学家、神秘主义者。

◎帕拉塞尔苏斯的宇宙：动物、植物与矿物连接于一个系统中——男人与女人有太阳与月亮的天性，他们被铁链锁在天球上。

隐藏的力量

帕拉塞尔苏斯想象出一个看不见的充满精神力量的世界，而这个世界以自然的、可分析的方式运转。因此，整个自然界被认为是活的，它的各个部分是相互关联的。这一信仰包含了炼金术与占星术思想，但又是一种相当特殊的信仰，它指的是拥有精神或灵魂的自然物，如矿物与星辰。理解与控制这些精神是科学家的目的。在现代人看来，这是自然的半神秘幻想，与科学比起来显得更接近魔法，这是文艺复兴时期的"麻葛"（magus）或智者的典型信仰。在文艺复兴时期有许多自诩为"麻葛"的人，也许最有名的是虚构人物浮士德博士，他用尽了所有的传统智慧后，将自己的灵魂出卖给了撒旦以换取大自然的内在秘密。帕拉塞尔苏斯的思想代表了一种自然科学与超自然信仰的奇特结合，这种思想清楚地显示出文艺复兴时期的科学家努力探究自然新理论的方法。

帕拉塞尔苏斯
（Paracelsus，1493—1541年）

·原名叫菲利普斯·邦巴斯图斯·冯·霍恩海姆。

·炼金术士、医生。

·出生于瑞士的艾恩西德恩。

·毕业于维也纳大学，在费拉拉取得博士学位。

·1526年，开始在巴塞尔用德语而不是拉丁语讲授化学，在演讲中，他强调观察与实验；教导人们疾病是由人体感染而不是由人体内部产生的。

·1528年，不得不逃离巴塞尔。

·第一位识别出先天性梅毒的医生，尤其对结核病与矽肺进行了研究。

·将硫黄、水银、铅与鸦片剂引入西医。

·1541年，定居在萨尔斯堡。

 # 科学与魔法：赫耳墨斯神智学
SCIENCE IN THE RENAISSANCE

现在来看，文艺复兴时期有一门科学非常奇特，与数学以及航海学、军事工程学、生物学等依靠观察和实验的科学有很大的不同，这就是魔法或秘术。在某种程度上，它起源于中世纪的信仰，如占星术与炼金术。但是，文艺复兴时期发现的一些希腊文献使这门科学获得了强大的、新生的推动力——这些文献在15世纪70年代被佛罗伦萨学者马尔西利奥·菲奇诺译成拉丁文。这些文献是哲学与科学著作，书中宣称包含了古埃及的智慧、语言之神——透特的教义。古希腊人读到了这些著作，他们把透特与希腊神赫耳墨斯视为同一人，因此，这种哲学，后来以赫耳墨斯神智学而闻名。

似魔法的哲学

这些著作的知识及书中的思想在西方于中世纪失传，但当菲奇诺的译文开始流传时，引起了人们极大的兴趣。透特被认为是一个真实的人，半人半神，他大约于5000年前居住在埃及。这些著作为万物和人性提供了与《新旧约全书》不同的叙述。

赫耳墨斯哲学的中心思想是：宇宙是一个整体。在宇宙被创造时，它被赋予了能量——也可说成被赋予了个人的灵魂或魔力。宇宙由全能的上帝所创造，他用这些能量或灵魂统治自然界。

人类在这个系统中被给予了很高的地位。与《新旧约全书》中的一样，人是按照上帝的形象造出来的，但这被理解成他们能变得像上帝一样。人类通过炼金术、占星术以及研究使用植物与矿物的巫术处方来控制自然的力量。

人类能够学会统率赋予整个自然界生命的魔力。这是一个令人兴奋、使人陶醉的景象，因此，文艺复兴时期的许多学者致力于这种自然的魔法哲学。最著名的学者之一是科内柳斯·阿格里帕，他出版了一本魔法百科

◎科内柳斯·阿格里帕，著名的德国秘术士，可能是浮士德博士的原型。

全书《秘术哲学》(De Occulta Philosophia)。这本书指导人们借着占星术的护身符、魔术般的数字性质、背诵咒语、燃烧或蒸馏矿物或草本植物的混合物来降低大自然的威力。阿格里帕可能是浮士德博士的真实原型，在克里斯托弗·马洛的戏剧中，魔法师把灵魂卖给了撒旦，换回了无限的知识与控制自然的力量。

所有这一切很像异教徒所为，因此，遭到了许多宗教权威的谴责。但他们谴责的理由是这些实践活动是人类禁止去做的，赫耳墨斯思想的真理性并没有受到质疑，因为它们展现了一种与以往一致的自然哲学，并且认为上帝是所有自然力量的终极来源。

文艺复兴时期的学者对赫耳墨斯哲学著作的一个特点印象深刻，即这些著作似乎都预言了基督的到来，谈到了将要更新古典教义的"上帝之子"。因为这个原因，赫耳墨斯成为基督神学家所认可的权威，他的肖像被摆放在教堂里。后来，在17世纪，历史学家发现赫耳

科内柳斯·阿格里帕·冯·内特西姆
(Cornelius Agrippa von Nettesheim，1486—1535年)

·好争论的秘术士，哲学家，出生于德国科隆。据说游历了很多地方并从事过多种工作，当过士兵、老师、外交官以及医生。
·作为马克西米连一世的代理人，1506年被派往巴黎，1510年被派往伦敦。
·1510年，完成了他的主要著作《秘术哲学》。
·1515年以前，他一直在帕维亚讲学，在那里他成了法律博士兼医学博士。
·1518年，成为梅斯镇的演说家。
·1520年，由于在科隆保护一名妇女免受巫术指控，引起了天主教宗教法庭的暴怒。
·1524年，移居到里昂，之后成为法国皇太后萨佛埃·路易斯的医生与占星师。
·1526年，发表对人类知识的批驳，敦促读者转而信仰神祇。
·1528—1530年，迁移到安特卫普，任奥地利女王玛格丽特的历史学家。
·1533年，出版了《秘术哲学》的增补版本。

◎赫耳墨斯-透特，据古希腊人推测他是教古埃及人科学与哲学的神。赫耳墨斯著作对文艺复兴时期的科学家，如布鲁诺与开普勒产生了巨大影响。这幅画保存在锡耶纳大教堂，因为人们认为赫耳墨斯是一位基督先知。

墨斯哲学著作写于2世纪而不是古埃及，所以"上帝之子"的论述根本就不是什么预言。

质疑宗教信仰

最著名的赫耳墨斯哲学家是焦尔达诺·布鲁诺，他由于信奉"异端邪说"被烧死在罗马火刑柱上。布鲁诺周游了许多欧洲国家，讲授赫耳墨斯哲学并撰写相关文章。他也是哥白尼的追随者，他曾说过他认为地球是一颗行星，宇宙是无限的。这可以被看作是无神论的证据，因为一个无限宇宙是不能被自身之外的任何东西所创造的。同样重要的是，地球仅仅是无限宇宙中一颗行星的思想对宗教信仰——人类是上帝所安排的提出了质疑。布鲁诺被要求收回一些在他的著作中发现的所谓异端邪说的陈述，但他拒绝了。布鲁诺常被视作新科学的殉道者，或许他是，但对他审讯的详细文件很久以前就被毁坏了，因此，我们无法确定他被判有罪的理由。他也被说成是否认基督的神性，现在无法准确地说出他的"异端邪说"在什么地方，是在他的科学思想中还是在他的宗教思想中。

◎托马索·坎帕内拉，牧师、诗人、革命者、占星术与魔法的提倡者。

抵抗运动

另一位伟大的赫耳墨斯哲学家是身为牧师、哲学家、诗人的托马索·坎帕内拉。与布鲁诺一样，他因自己的信仰而遭到极端的迫害。坎帕内拉参加了意大利那不勒斯地区人民发起的抵抗西班牙人统治的运动。他被捕后遭受了严刑拷打，并被监禁了27年之久，然而在牢房里他写出了一系列的哲学著作。

他最著名的著作是《太阳城》（The City of the Sun），书中描述了由献身于炼金术魔法的教士们统治的一座理想城市的景象。这些领导者通过引下星辰的占星术力量来确保这座城市的人民和睦地生活。因为坎帕内拉也是一位哥白尼的追随者，所以太阳城的中心是太阳庙，被代表七颗行星的七个圆形区域所环绕。城墙用过去伟大的先知及哲学家的肖像装饰，包括摩西、赫耳墨斯与基督。"太阳城"的理想激励了坎帕内拉的政治活动，在赫耳墨斯哲学准则基础之上他从未放弃过一个伟大的领袖改革平民与宗教生活的希望。

当他从监狱中被释放出来后，坎帕内拉向教皇演示他的魔法。教皇乌尔班八世是一个对占星术有浓厚兴趣的学者，他预感到即将出现的日食会置他于死地。因此，坎帕内拉为教皇筹备了一个秘密的仪式，用灯象征行星，把它们布置起来形成一个模拟的天空，通过魔法咒语，"日食"结束了，却没有对教皇造成任何伤害。

权力的允诺

在16世纪，甚至进入17世纪很长一段时间，科学与

◎文艺复兴时期一个饲养魔鬼的秘术士，以阿格里帕所描述的方式安全地站在一个魔术圈内。

我们现在所称作的魔法还没有被加以区别。两者都是自然哲学的一部分，因为两者都来自如下信仰：大自然是由人类能够发现的自然法则支配着。赫耳墨斯神智学与其他科学方法之间的差别是，它强调人类支配大自然力量的能力。赫耳墨斯神智学一个最大的缺点是，它的支持者想在真正理解大自然之前就去控制它。

魔法公式、炼金术与占星术之所以被采纳，是因为它们允诺要给掌握它们的人以力量。它们从不受制于全凭经验的测试；如果它们没能予以它们所允诺的东西，是因为实践者没有正确地执行它们，而不是因为它们是错的。赫耳墨斯神智学对许多文艺复兴时期的著名科学家有很强的影响，如开普勒、哥白尼，甚至在牛顿时代也是一样。在某种意义上，人类通过掌握自然力量的秘密而模仿上帝的赫耳墨斯幻想至今依旧存在，因为它能被视为对强有力的现代技术的预言，人类也正是通过这些强有力的现代技术来控制并重新塑造自己的环境与生活。

文艺复兴时期的职业科研：
吉罗拉莫·卡尔达诺
SCIENCE IN THE RENAISSANCE

16世纪最能激起人们兴趣的科学人物之一是意大利的吉罗拉莫·卡尔达诺，他获得了数学家、物理学家与占星师之名。他是一个传奇人物，因为他卷进了一些被大众所知的争论，还毫无隐瞒地记述了自己的生平。他叙述了自己遭受极大的残疾与不幸后是如何幸存的，以及他被赋予了怎样奇迹般的力量去解决困难的智力问题。他写了有关各种学科的著作，这些著作是迷信与原创的科学思想的奇特结合。

年轻的奇才

卡尔达诺从小体弱多病，还遭到父母的虐待，多次差点死掉。在他刚到帕维亚大学学习时，他不懂拉丁文，却因装帧华丽而买了一本拉丁文书，突然间他发现自己能很好地看懂这种语言。他学医毕业之后在帕多瓦

◎占星师与一位顾客在一张天宫图上填写天体的位置，在这幅图上，太阳、月亮与星辰一起照耀大地。

附近的一个小镇当医生。他对数学计算很有天赋，这一天赋由他的赌博癖好得以保持。国际象棋与掷骰子游戏使他着迷，他总是在计算可能的结果。

在这一时期，卡尔达诺贫穷而富有野心，他认为占星术最有希望带来名利。他已经学习了作为医学理论部分的占星术，并于1534年出版了《预言》（*Prognostication*）一书，对未来一年甚至更长一段时间进行了预测，由此获得了相当大的成功。

卡尔达诺对同时代占星师依赖以前计算出的天体位置表持批判态度，因为这些表常常是不准确的，制表的人从未亲自研究过天空。他还开始出版数学著作，1539年他遇到另一位著名的数学家尼科洛·塔尔塔利亚，他告诉卡尔达诺他已发现了求解代数三次方程的公式，这在当时被认为是不可能的。卡尔达诺说服了塔尔塔利亚将这一方法透露给他，同时承诺绝不发表。但是，卡尔达诺违背了他的诺言，于1545年出版了《伟大艺术》（*Ars Magna*）一书。这本书在代数应用中开辟了新天地，包括解三次方程的方法。这引起了卡尔达诺的第一次公开论战——与塔尔塔利亚关于这一发现优先权的激烈争论。

有瑕疵的天才

卡尔达诺极大限度地透露了他的生平与个性，没有企图隐瞒自己的缺点——他的身体瘦瘦的，健康状况常常是糟糕的；他患有肺病、皮肤病、发烧、失眠症；他的声音刺耳，他的协调性很差；他爱与人争吵，经常与他的朋友们吵架，所以牵涉进许多诉讼案中。他的感知能力异常敏锐，他相信各种征兆。当有人议论他时，不管多远，他都能听到——如果人们在表扬他，低语会出现在他的右耳，如果是指责他，低语会出现在他的左

◎数学家尼科洛·塔尔塔利亚，卡尔达诺与此人发生过激烈的争论。

耳。当他的儿子正要举行招致灾祸的婚礼时，一场使房屋摇晃的小地震事先警告了他；他自己结婚前，他的炉膛里烧起了自燃的火——他认为这是好的征兆；就在他被迫放弃公众教学时，他的狗撕碎了他的讲稿。他喜爱小动物，他的房子里有成群的小羊、兔子和鸟，他认为这些动物会给他带来好运。他极度古怪，但他认为特殊的智力可以弥补他的古怪，他认为有某位守护神在保护着他并向他展示未来的征兆。

过于鲁莽的一步

1543年，卡尔达诺担任帕维亚大学医学教授一职，不久他在医学界变得与数学界同样出名。富有的贵族向他求教，因此他到欧洲许多国家去帮助他们，远至法国、苏格兰、丹麦。可能正是由于他在宫廷的经历使他

想写一本关于占星术的新书，这本书将会对他的生活产生决定性的影响。他的想法是发表有关杰出的同时代人与古代人的"名人"天宫图，包括英王亨利八世、大帝查理五世、西塞罗、尼禄与米开朗琪罗。这些不是作预言用的天宫图，因为卡尔达诺已经研究了这些人的性格与一生的经历，但他把它们当作占星术原理的举例说明——怎样用星辰的影响来解释这些特别人物的命运。

1552年出版的这些天宫图提高了卡尔达诺的名望，但也使其陷入了危机，因为他胆大得竟然擅自将基督本人的天宫图也列入其中。卡尔达诺给出了公元前1年12月24日午夜的天体位置，并解释说，这一位置分布清晰地预言了一位高贵、明智、富有爱心的先知的诞生，这

位先知早年将死于非命。换言之，基督的一生，与其他任何人一样，也受星辰影响的支配。这是其作出的一条非常危险的断言，因为这与神学学说——基督的道成肉身与自我牺牲都是神创造的奇迹相矛盾。

卡尔达诺变成了自己鲁莽的牺牲品。由于亵渎神祇，他被天主教宗教法庭逮捕，投入监狱，并被命令收回声明。卡尔达诺屈服了，然后获释，但他被剥夺了教师的职位并被禁止再发表作品。他被命令在罗马度过他的余生并时刻处在教会权威的监视之下。

与此同时，另一个悲剧击垮了他：他的长子被判谋杀妻子罪，而且不管卡尔达诺怎样努力地去营救他，他还是被处决了。卡尔达诺意识到这是由于他的著述使得

◎一位文艺复兴时期的占星师。

许多人与他为敌所造成的。

在晚年，他写了一些著作，这些著作在他去世后才问世。这些著作中包括最早的概率数学书籍，内容是他在赌博时学到的许多有关概率数学的东西，还有一本是他非常坦白的自传。

毫无疑问，卡尔达诺是一位天才数学家，是一个坚强的人，他用自己的智力去克服自身的缺陷。但是，他也是一个善于"表演"之人，因为他看到展示特殊知识能够带来财富和名声。在他的科学生涯中，他以出版为媒介接触到其他学者，但更多的是给受过教育的门外汉留下深刻印象。最后，他因野心太大而失败，在他生命的最后几年中他被迫保持沉默。他的生平故事给16世纪的科学世界以人性的一面，表明科学怎样处于从迷信到理性知识的转变。

◎吉罗拉莫·卡尔达诺，他因鲁莽结束了自己的科学生涯。

◎1552年，卡尔达诺发表著名的基督天宫图。

gentis uiginti annis perleuerat, feu quod aduerfus Cæfares das) uulgata fit, feu quod omnibus maius eft, quod aduerfus

Diebus 6 horis 12 ante radicem Aftrologorum, qui anni initium fumūt in Calendis Ianuarij, quæ funt diebus 6 horis 12 poft initium anni ecclefiæ. Sub altitudine poli G 32.

Natiuitas Domini noftri IESV CHRISTI.

吉罗拉莫·卡尔达诺
(Girolamo Cardano，1501—1576年)

·医生、数学家、物理学家、占星师。

·出生于意大利的帕维亚。

·1543年，在帕维亚成为医学教授。

·应邀于1551年到苏格兰医治大主教圣·安德鲁斯，然后到伦敦去为爱德华六世铸造一张天宫图。

·多产的作家，他写了有关占星术、哲学、音乐、数学与物理等内容的200多篇文章。

·1562年，在波伦亚成为医学教授。

·卡尔达诺的公式解决了三次、四次方程求解问题，在一本有关代数著作中他解释了"伟大艺术"命名的缘由。

·以异端邪说罪于1570年被天主教宗教法庭监禁，于第二年获释。

·1571年，去了罗马，教皇比约五世答应给他养老金。

·1576年，完成了自传，不久后去世。

文艺复兴时期的医学：
维萨里之前的医学
SCIENCE IN THE RENAISSANCE

文艺复兴时期，医学的发展与人体的艺术再现有部分关联。在中世纪，思想家出于宗教原因，赞美灵魂而贬低身体。几百年后，画家、雕塑家与哲学家又重新赞美起人体的完美性。从大约1500年起，新的对解剖学重要性的理解变得明显了。以前，人们认为用解剖学来解释人体机能不如通常的四种体液解释重要。

在欧洲出现的症状恐怖的梅毒病对四种体液论提出了挑战。人们普遍认为梅毒是15世纪90年代从美洲归来的探险者带回来的。但实际上，那时这种流行病正在从地中海国家向外传播。现在的医学史学家怀疑这一点的真实性，他们提出欧洲从前就出现过这种病，但不那么厉害或是与麻风病混淆了。不管事实是怎样的，当时人们将其视作一种新的祸害而不得不问它是从哪里来的。梅毒明显的传染性无法与"所有疾病都是由个体内四种体液的不平衡而造成"的古典观念相一致。意大利医生吉罗莫拉·弗拉卡斯托罗提出：这种病来源于"种子"，它们被从一个人传到另一个人，并在受害者体内生长。这是疾病细菌论的首次陈述。

医学著作

印刷术对医学产生了极大的影响，最显著的影响体现在配有相关插图的解剖学著作的传播上。第一本印刷的解剖学书籍是1491年由名叫约翰·冯·基希海姆的维也纳医生写的《医学论文集》（*Fasciculus Medicinae*），作者一般以凯萨姆著称。这本书中的图案极其

粗糙，它们说明了基于盖仑理论而不是第一手观察资料的想象出来的人体机能系统。后来，凯萨姆的著作中插进了一些医生工作的普通图画：解剖室的图画清楚地说明了解剖本身是助手进行的，医生只是高高在上地讲授

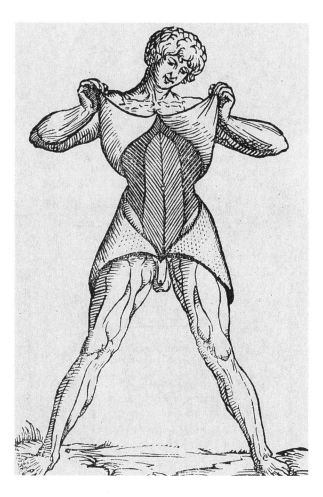

◎被解剖的人体躯干肌肉的艺术性概图，贝伦加里奥·达·卡皮1521年作。

◎在帕多瓦的解剖讲堂的
　模型。

学生将会看到什么。人们对盖仑的古典医学很崇敬，以至于巴黎的一位
教授雅各布·西尔维于斯于 1555 年声称，如果在解剖期间眼睛所看到的
与盖仑的描述不一致，那么错误不在于盖仑而在于尸体，而且西尔维于
斯认为当代人体与古典时期相比就已经发生变化了。

　　从解剖中获得观察资料的最早著作是 1521 年由贝伦加里奥·达·卡皮
写的《评注》（*Commentaria*）。这本著作首次提到了诸如阑尾与甲状
腺的特征，卡皮否认人脑中存在"奇迹般的网络"——盖仑错误描述的
脉络，之所以弄错是因为盖仑在解剖动物时发现了它。卡皮的一些图案

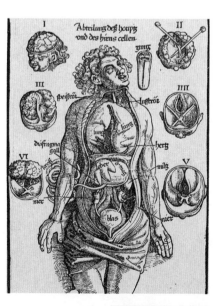

◎维萨里之前的解剖学常常是不精确的，插图说明的是人
　们所相信的存在的东西，而不是实验者实际看到的东西。

与莱奥纳多·达·芬奇的解剖学图案非常相似，这暗示了他可能读过莱奥纳多的著作。

人体内最使人困惑的地方是大脑，许多理论家试图将不同的感觉与心智，如记忆与推理能力，设置于大脑的不同部分。

实用医学

在某些医学领域，医生被视作匠人，因为实践比理论重要，如分娩术与外科手术，它们不是从事理论医生职责的必要部分。如果这个领域中出版了一本优质的、具有精美插图的著作，它就有保持其权威长达几年甚至几十年的趋势。欧卡里乌斯·罗斯林 1513 年出版了第一本有关分娩的书《怀孕指南》(Buchleinder Schwangeren Frauen)。这本书很受欢迎，被译成法文、意大利文、西班牙文、荷兰文以及英文，英文版名为《人的诞生》(The Byrth of Mankynde，1540 年出版)。同样地，1517 年汉斯·冯·格斯道夫的《野外创伤类型卷》(Feldtbuch der Wundarzney) 以战场治疗最普通的形式叙述了外科手术。书中描述了怎样处理军刀砍伤或大炮造成的创伤。格斯道夫自己设计了许多工具和新颖有效的治疗方法，尽管他书中的图画令人毛骨悚然。

野外的外科手术

16 世纪最著名的外科医生是法国人安布鲁瓦兹·帕雷，他没有受过正规教育，是在战场上学会做外科手术的。他发现用来疗伤的烈性方法（如用烙铁或油炙烧）弊大于利，他用蛋白、乳脂或其他自然抗生物质做成药膏。1572 年，帕雷出版了一本权威著作《外科手术（五卷本）》(Five Books on Surgery)；而当他冒险陈述他对严格的医学问题的见解时，巴黎的医学教员谴责他仅仅是一个外科医生，无权冒犯医学本身。帕雷也设计了一些人造肢体用于代替那些在战场上失去的肢体。

循环理论

生理学中挑战盖仑理论的最具重大意义的新思想之一来自一位非正统的医生兼神学家，西班牙的迈克尔·塞尔韦图斯。塞尔韦图斯发现了血液的小循环，也称为肺循环。这反驳了血液散布于心脏两侧的传统观念，取而代之的是，他坚持血液从心脏右侧到达肺部，在那里血液获得空气后返回心脏左侧。这距离威廉·哈维后来的发现还有一半的路。塞尔韦图斯是在非常奇异的神学著作中公布了他的发现，他将空气进入血液比作上帝呼气把灵魂注入亚当体内，如《创世记》中描述的那样。

这本书带来了悲惨的结果，传遍欧洲的宗教斗争使塞尔韦图斯也难以幸免。在这本书中他提出了反三位一体论的观点。这些观点传到了卡尔文与日内瓦教会权威

◎人们分析出，大脑不同方位可以感觉到视觉、味觉、嗅觉。1557年约翰尼斯·德里安德作。

那里，当塞尔韦图斯非常不明智地访问这座城市时，他被捕了，以信奉异端邪说罪受审并被烧死在火刑柱上。塞尔韦图斯的观点之所以没有对后来的生理学产生影响，主要是因为他著作的副本大多被烧毁了。

源于植物的医学

16世纪，植物学与药物学发生了一次影响医学的较小规模的革命。成千上万的新植物被从美洲与西印度群岛带回到欧洲，与此同时，植物学家与艺术家努力给那些已经知道的物种以更精确的描述。这对准备药材来说是最重要的，因为如果采集的植物不对，那么就会产生治疗上的重大灾难。16世纪30年代，意大利的大学设立了第一批植物学教授职位；同时，学者们开始建立自己的药草园，用来培植与研究新植物。

从美洲带回来的植物中有可可和烟草，两者都被称作神奇的药物。而对于来自东方的鸦片，一位16世纪的医生惊呼道："万能的上帝将鸦片给予人类来缓解痛苦，没有什么东西像鸦片这样万能，有效。"毫无疑问，它的主要效果是止痛。16世纪末期，药剂师建立了他们自己的职业行会。

◎15世纪医学学生在进行解剖。

文艺复兴时期的医学：维萨里的革新
SCIENCE IN THE RENAISSANCE

文艺复兴时期的医学因安德烈亚斯·维萨里的研究而达到第一个高峰。维萨里是一位解剖学家，布鲁塞尔人，他没有建立任何关于身体机能与疾病起因的新理论，但他认识到，只有人们正确理解人体结构后，才可能产生真正解决这些问题的方法。医生不仅必须去发现盖仑所说的器官、肌肉、神经的存在，还必须用自己的眼睛仔细而准确地研究人体。他抢夺过路旁绞刑架上死刑犯的尸体，这显示了他对解剖学的热衷。

1537年，维萨里迁移到意大利帕多瓦，在大学教书。第二年他出版了一本医学著作。但是在这一时期，他不能摆脱盖仑对他的影响，所以他画的图仍旧存在一些不准确的特征。

眼见为实

他很快意识到，在记录他所看到的东西时，他需要更严格一些。几年后，他意识到盖仑从未解剖过人体，而是根据动物尸体进行类推建立他的解剖学思想。盖仑教导人们，人体主静脉的发源地在肝脏，但是维萨里看到静脉血流进了心脏。盖仑宣称人的下巴由两块骨头组成，维萨里证明了这对许多动物而言是正确的，但对人类是错误的。在探讨大脑时，盖仑声称，感觉与运动由一个聚集在大脑底部"奇迹网络"里的"动物灵魂"指引，然而维萨里

清楚地看到人体内并不存在这种器官。没有找到盖仑所说的允许血液从心脏右、左两侧间经过的微小瓣膜的痕迹。他也发现神经不像盖仑所提出的是流淌着某种"生命液"的中空管。

◎安德烈亚斯·维萨里的肖像，他为解剖学研究带来了新的精确标准。

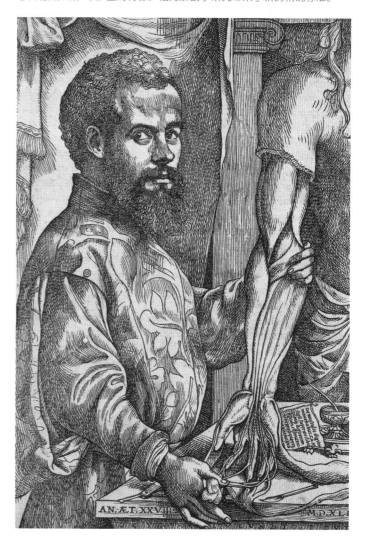

维萨里感到他必须在一张解剖图中具体表现出他的新的、全凭经验与观察的方法，因为这一方法将会给出清晰真实的新标准。因此他花了几年的时间与一位佛兰德艺术家简·斯蒂芬·范·卡尔卡一起工作，目的是准备一系列将会对医学造成彻底改革的解剖学插图。他的伟大著作《人体结构》（*De Humani Corporis Fabrica*）于1543年在瑞典的巴塞尔出版，其中人体结构的精美插图树立起印刷艺术与科学的里程碑。

这些图画以维萨里的原则为开端，他的原则是：人们要相信自己眼睛多于相信古代作者的权威，医生必须亲自学习解剖；解剖学是所有医学进步的关键所在。这本著作并不是没有错误，最不精确的地方是女性解剖学与胚胎学。维萨里承认这一点，并解释说，他只解剖过三具女尸。他拒绝推测理论问题——例如，大脑与心脏哪个是灵魂的所在地——因为没有得出演绎结论的解剖学基础。

观察科学的起源

尽管维萨里没有任何独立的有关生命的发现，但他的工作是革命性的——1500年来深受尊崇的古代科学权威，与第一手研究搜集的经验事实进行对照检验，被发现是错误的。维萨里的图画站在观察科学新形式的起点，这些在观察科学中有效的科学图像令后来的研究与演绎

成为可能。医学界的传统主义者抵制了维萨里对古代权威的攻击，但他激励了一群新的经验解剖学家学会信任自己的眼睛，正是他们发现了许多人体内的新特征。

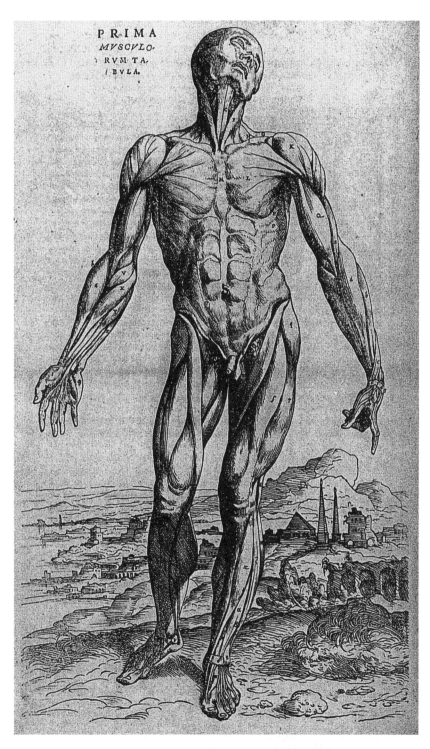

◎人体正面的肌肉，摘自维萨里1543年的《人体结构》。

文艺复兴时期的天文学：哥白尼之前

SCIENCE IN THE RENAISSANCE

在15世纪的欧洲，天文学领域几乎没有开展什么观察工作，也没有取得经验。观察工作主要具有两方面功能：一方面是研究并阐明托勒密古典理论中描述的宇宙球体的结构；另一方面是为占星术的实践建立基础。出于这两个目的，对天体位置的数学计算就构成了天文学家的工作。那时的确已经存在光学观察装置，但大多数天文学家与占星师依靠以前计算的天体位置表与数学公式。这些表中使用最广泛的是13世纪中期编辑的阿方索星表。这样，从远古沿承下来的宇宙结构理论和使用以前计算的数据，使得13世纪的天文学家并没有对天空进行的直接研究。

随着两位德国天文学家，乔治·波伊尔巴赫和约翰尼斯·穆勒（通常以拉丁名字雷吉奥蒙塔努斯而闻名）的创新性工作，这种状况在 1460—1490 年开始改变。这两个人决定对托勒密的伟大著作《至大论》进行彻底的修订，首先对小数目的天体位置进行非常仔细的光学观察，然后通过计算进行修订。托勒密《至大论》是中世纪天文学的伟大权威，而这是一项长期的技术难度大的工作。大多数人只是从简编本中了解它，而没有一个西方天文学家曾以这种方式重新检查其准确性。而后，波伊尔巴赫与雷吉奥蒙塔努斯试图将他们的结果与阿方索星表中给出的数据进行比较。

当这项工作还没完成一半时，波伊尔巴赫就去世了，后来，雷吉奥蒙塔努斯继续进行并在1463年前完成了这项工作。几年后，这本书以《至大论简编》

（*Epitome of Ptolemy's Almagest*）为名出版，它具有极大的重要性。雷吉奥蒙塔努斯披露了阿方索星表中的很多错误，以至于他惊呼："我们这个时代普通的天文学家就像容易轻信的妇女，像接受神圣不可改变的东西一样接受书中的任何东西，之所以会这样，是因为他们自己没有努力地去发现真理。"所有行星的运动都被错误地标在表中，以至于它们的出现、结合、食等都可能发生在偏移预言位置许多度的地方，发生时间也与预言时间前后相差许多天。

盲目的信仰

然而，关于雷吉奥蒙塔努斯著作的有意思的事情是他没有对托勒密著作中的数学模型提出疑问。他假定它们是正确的，然而作为阿方索星表基础的位置观察材料是错误的。雷吉奥蒙塔努斯坚持，天文学的改革必须来源于远远精确于已有观察材料的材料，借助这些材料以及托勒密的理论，行星的轨道能被精确地计算出来。雷吉奥蒙塔努斯精心制定了天文学中的一系列改革活动，这些活动的结果可能会使他感到震惊：他揭示了观察现实与标准著作的不同之处，这些不同之处只有在哥白尼、第谷·布拉赫与开普勒所激发的革命之后才会得以解释。哥白尼自己也研究过雷吉奥蒙塔努斯的著作并为他所揭露的问题感到震撼，他作出结论：是托勒密的框架本身出了错。

雷吉奥蒙塔努斯定居于纽伦堡并成立了一家出版

LOHANNES de REGIOMONTE dictus
alias MÜLLERVS.
Insignis Mathematicus et de
Re Typographica Norinbergensium
Optime meritus.
Nat. A. 1436. d. 6. Junij.   Den. A. 1476. d. 6. July. Art. XLI.
Ex collectione Friderici Roth=Scholtzen Norimberg. excudit

◎雷吉奥蒙塔努
斯，他修正并
更新了托勒密
《至大论》中
的数据，从而
开创了天文学
中的新纪元。

社，他试图借此传播科学著作，但他过早地去世了。他的经验主义的新调子引进天文学中，以一种新的眼光来审视天空。

是一个过渡性人物，他站在一门新科学的门槛上。尽管

他没有想到对托勒密的宇宙模型提出疑问，但他将重要

◎天球的一个模型，摘自1496年雷吉奥蒙塔努斯对《至大论》修订的新版本。

◎一位文艺复兴时期的天文学家正用象限仪测量一颗星星的地平纬度。

文艺复兴时期的天文学：哥白尼及其革命
SCIENCE IN THE RENAISSANCE

1543年，在文艺复兴之后好几十年，发生了一件彰显人类智力的事件，它永远地改变了人类对自己和世界的了解——哥白尼发表了他的理论：地球不是宇宙的中心，而是一颗绕太阳轨道运行的行星。

地球是宇宙的中心点这一观点似乎是根据我们自己的眼睛作出的结论，这种观点已广泛地为所有有思维能力的人所接受。抛弃这种观点是人类智力史上一座伟大的里程碑，它的深刻含义需要经历许多年才能被完全理解。

尼古拉·哥白尼是一位数学天文学家，出生于托伦镇，该镇当时位于德国与波兰交界处。哥白尼是一位职业教士，业余天文学家，在冠以他的名字的革命中，他扮演的角色并不像人们有时认为的那样简单。

优美的理论

引发一次科学革命的自然模型通常是：科学家在一

◎哥白尼的思想改变了人们对宇宙的认识。

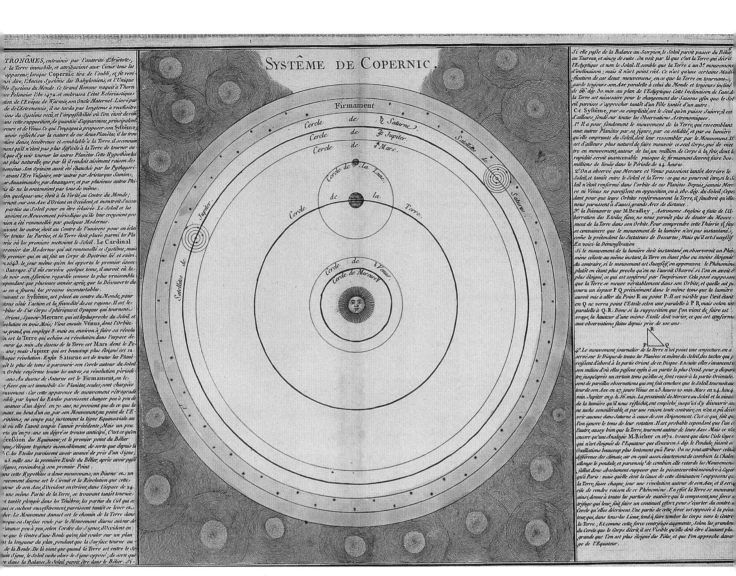

◎太阳处于宇宙中心的哥白尼体系。

个公认的框架内工作，当他们遇到的数据无法与那一框架相协调，他们只好被迫重新理解他们的课题。然而在哥白尼的工作中，没有发生类似的情况。新的数据、新的天文观测资料、新的证据，所有这些在他的工作中都没有。他是书本的学生，而不是大自然的学生，对天空的观测不是他新理论的基础。反之，他做了一次高度原创的思想实验：他设计了一个新的几何模型，以一种比托勒密的古典理论更简单、更优美的方法，解释了我们看到的天空中的运动。

哥白尼没有遗留下对他思想形成方式的详细叙述，但他所说的足以使我们明白，从他事业生涯的早期开始他就对托勒密的理论不满意。对哥白尼而言，复杂的本轮与均轮体系不可能与太空中真实的物体运动一致。这些疑点许多天文学家在几个世纪中也提出过，但他们没有将正确的方法坚持到底。然而这却发生在哥白尼身上，他认为运动可以是实在的或直观的：我们能轻易地看到观察者自己的运动可以产生怎样明显的运动。比如，如果我们坐在一把旋转的椅子上，房间似乎围着我

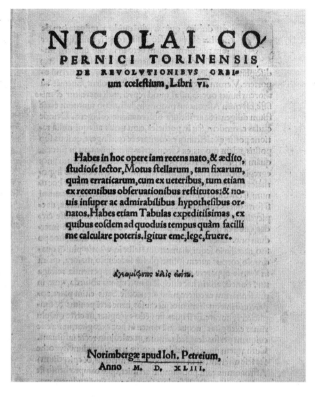

◎哥白尼伟大著作《天体运行论》的扉页，1543年出版于纽伦堡。

尼古拉·哥白尼

(Nicolaus Copernicus, 1473—1543年)

· 现代天文学的奠基人。

· 出生于普鲁士（现波兰）的托伦。

· 1491—1494年，在克拉科夫大学学习数学与光学。

· 1496年，在意大利学习教会法，其间在波伦亚大学听天文学讲座。

· 1497年，被提名为弗朗姆勃克大教堂担任职务的教士，但从未任神职。

· 1501—1505年，在帕多瓦学习医学，在那里，他于1503年被费拉拉大学授予教会法博士学位。

· 返回波兰弗朗姆勃克，成为管理者、大主教伊尔米兰（他的叔叔）的医学顾问。

· 被托勒密的“地球是宇宙中心”的断言深深困扰。

· 1512年，开始用数学解释太阳是宇宙的中心，但是由于害怕教会机构不愿将其发表。

· 1543年，年老体弱的他勉强被学生雷蒂库斯说服，最终发表了《天体运行论》。他将这本著作献给教皇保罗三世。哥白尼在他临死前卧床之时收到了一本出版的《天体运行论》。

· 《天体运行论》使教会机构感到惊骇，立刻被天主教教会查禁，并列到禁书名单上，直到1835年才被解除禁令。

们旋转。这给了哥白尼重要的线索，后来他写道：

> 表面上的位置变化可能产生于物体或观察者的运动……当地球产生一些运动，同样的运动也会反映在外部物体上，这种运动似乎必然是相对运动。我开始思考地球的可动性，尽管这种想法似乎是荒唐的。我认为通过假定地球内的一些运动，可以发现天球旋转的更可靠解释。

当第一次观看水星与金星运动时，哥白尼的想法得到了证实，他看见它们不断地接近太阳，通过假定它们绕太阳公转并且距太阳比距地球近，能够更容易地解释这一点。但是哥白尼仍然接受天球的物质真实性：这两颗行星沿太阳的轨道运行，而太阳与另一颗行星依旧沿地球的轨道运行是不可能的，否则这些天体必然相撞。只有将太阳置于这个系统的中心，地球作为一颗行星绕太阳运行，所有行星的运动才能够得到解释。

哥白尼还需阐明行星轨道中的反常之处——我们知道这是由于它们的轨道不是完全的圆形。哥白尼以传统的方式，通过发明更多的本轮来做这项工作，显示他仍在以一种纯数学的方式来解决这个问题。伽利略后来指出，哥白尼所描绘的金星轨道不能解释该行星的不断闪烁，这说明了对天空的个人观察在哥白尼方法中不起任何作用。哥白尼革命是一次纯粹概念上的革命。它不是一项发现，因为他从未提供任何证据来证明他是正确的。其他数学家只能考虑他的模型，并试图评价它是如何解释我们所看到的天空中的事物。在这种评定中，“地球在空间旋转着”这种观念似乎与我们通常认为地球是静止的经验相矛盾。

不愿发表

哥白尼的理论在1510年就基本完成，此后的一两年内他的手稿在少数朋友中流传。许多年过去了，其间哥

◎《天体运行论》中以太阳为中心的宇宙图画。

白尼考虑过自己思想的含义，但他没有发表它们。有一个非常明显的细节揭示了在这些年里他的思维过程——在依旧保留的最初手稿中，哥白尼提到了古希腊天文学家阿利斯塔克——他很久以前就提出了宇宙以太阳为中心的思想。但是，阿利斯塔克勉强逃脱了由于他骇人的、非宗教的观点而被迫接受的审判，因此哥白尼在最后出版书时删掉了这一部分内容。

毫无疑问，他不愿宣扬自己的思想，因为他意识到它可能会引起怎样的争论，特别是他预见到了教会权威会给他带来麻烦。

我们不能确定如果没有乔治·雷蒂库斯的督促他是否会发表他的思想，雷蒂库斯于 1540 年发表了自己对这一新理论的简短叙述。哥白尼自然想完全以自己的方式给出他的理论，因此他为出版社提供了长期隐瞒的手稿。1543 年，这本书在纽伦堡出版，题目为《天体运行论》（De Revolutionibus Orbium Coelestium）。那年 5 月 25 日，当他躺在床上快要去世时，一本《天体运行论》放在了他的手里。我们无法确定这个著名故事的真实性，我们只知道他临死时几乎神志不清，可能没有意识到他的名字会与历史上一次最伟大的智力革命相联系。

文艺复兴时期的天文学：回应哥白尼
SCIENCE IN THE RENAISSANCE

哥白尼革命是人类思想史上一个伟大的转折点，但我们应该认识到，它与几天内改变整个世界的法国大革命这样的历史事件是不同的。哥白尼的太阳系新理论于1543年夏初出版，但是它被科学家与学术界广泛接受历经了半个多世纪，而完全理解它的含义甚至还要经历更长的时间。

◎1576年，托马斯·迪格斯用英文将哥白尼系统表述出来。迪格斯解释了具有决定性的思想：恒星组成"无限延伸"的区域，而每颗恒星实际上就是一个太阳。

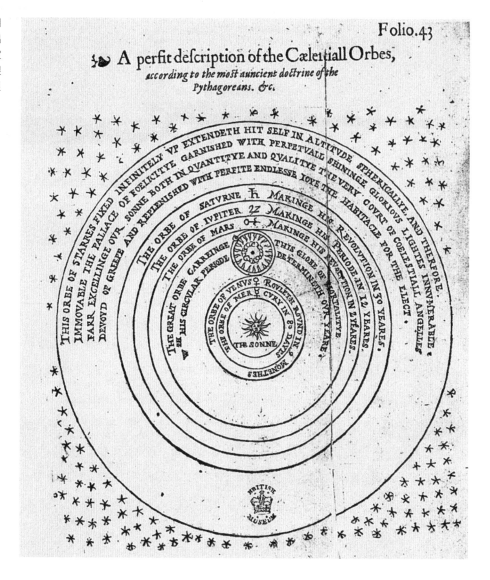

◎哥白尼的革命思想引发了关于恒星的新问题：它们是什么？在哪里？人类怎样理解自己在这个新宇宙中的位置？图为意大利卡普拉罗拉天花板上的星座壁画。

为什么会这样呢？对哥白尼学说的第一个异议是最明显的，因为人们必须相信地球在太空中旋转并绕地轴自转。同时代的人提出，当感觉告诉他们地球是静止的时候，这怎么可能是真实的呢？如果把石头抛向空中，它并没有落在几米远处。

如一位哲学家写道："没有哪个心智健全的人会认为那个由于自身的重量与体积而显得笨重、不易移动的地球会绕着自己的或太阳的中心上下摇摆，因为即使是

◎1533年，由约翰尼斯·舍纳在纽伦堡制作的天球。

地球最微小的震荡，我们也会看到城市与森林、城镇与高山倾倒下来。"

人们逐渐地了解到这是不会发生的，因为地球上的一切事物与地球一起运动。垂直上抛到空中的石子会与地球一起运动，因此返回到抛出点。石子在空中也以其他的方式运动，但是这对任何站在现场并与地球一起运动的观察者而言是不明显的。是伽利略在相当长一段时间后，根据从行驶的船桅杆上落下的物体进行类推来说明这一点：每个人都会期望随着船的移动这个物体落在桅杆的脚下，而不是离桅杆几米远的地方。因此这个异议，虽然一开始是如此强有力，但很快就被解除了。

无限宇宙

第二个问题更巧妙、更深奥，并且涉及宇宙的规模。托勒密的古典宇宙非常大，但它是有限的，它被携带着恒星的最外面的一个球体封闭着。这些恒星被说成是固定的，因为它们在那个球体上的相对位置从未改变过。但如果地球确实在绕着太阳的轨道运行，那么地球的位置在一年间会改变成百上千万千米。这一运动的结果之一是：从地球上看到的恒星位置会发生极大的改变，这是视差结果。但是哥白尼以及他之后的其他人都发现，这种视差结果从未发生过。

即使是第谷·布拉赫作为他那个时代中贡献最大的天文观测者，也徒劳地搜寻这种恒星位置中的任何视差变化。对这一点唯一可能的解释是，恒星间距离是如此遥远，以至于无法探查视差变化。反过来这预示了，恒星与地球间的距离比曾经想象的要远得多，宇宙的规模比假定的要大得多。而且，不再有任何理由相信，地球或太阳位于宇宙的中心。因此，人类世界从万物的中心被移置到巨大的、尚未探明的宇宙中的一个随机点上。

哥白尼得出结论："天空极大，并呈现无限大的外貌。"这里的关键词是"无限大的"。无限宇宙的思想将要产生极大的影响，特别是对宗教思想。为什么上帝会创造一个无限的宇宙呢？如果他的目的是拯救人类，那么为什么会发生在一个无限空间呢？

地球运动思想与无限宇宙思想都直接与古典亚里士多德科学相矛盾，这就是当时各界抵制哥白尼主义的真正原因。欧洲所有的学者与哲学家已经默认接受这样的宇宙图景：宇宙是由球层嵌套包围的有限系统，是由上帝统治的机构。这是中世纪教堂的宇宙，阿奎那与但丁的宇宙，它是易于了解的且合理的，而哥白尼的新宇宙观则不然。

亚里士多德教导人们，落体是在寻找宇宙的中心——也是地球的中心，除天空的（那里存在其他法则）球形运动外所有的自然运动都以这种方式加以解释。但是如果地球不在宇宙的中心，为什么重物会下落呢？在亚里士多德的宇宙中重元素——土与水集中在中心，而轻元素——气与火则上升。然而一旦地球不是宇宙的中心，这就不可能是正确的。而哥白尼提出了一个内聚原则：所有重物质会聚集在一个球体中，而这个球体不必是宇宙的中心。但如果地球是一颗行星，那么其他的行星不也是地球吗？亚里士多德将地球分为大地与天空两个区域，这难道不是一个神话吗？

所有这些问题的背后隐约出现了根本问题——如果地球不是有限宇宙的静止中心，那么是什么力量使得有巨大质量的地球和所有其他的行星围绕太阳运行呢？哥白尼学说依旧用几何术语表达，它是抽象的、概念性的，但它暗示了对一种新的物理学的需要。基督教教会已采纳了亚里士多德的宇宙观，并已把它建造成正统的宗教思想。当对这种观念提出挑战时，这种挑战似乎变成直接反对基督思想的整个结构。哥白尼学说的含义经过许多年后才被了解并完全理解，然而人类宇宙景象的这一转变不仅对科学而且对宗教与哲学也产生了深刻的影响。

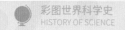

回顾：文艺复兴时期的科学
SCIENCE IN THE RENAISSANCE

文艺复兴这一百年，欧洲人理解了源于所有认知的世界性变化。城市被重建；基督教世界解体；欧洲人对整个世界进行探险并发现了新大陆；印刷术的发展彻底改变了人类的交流方式。与以前所发生的事情相比，这是一个变化的时代，充满活力的时代。然而，我们不能将所有这些变化联系在一起，或者说它们都产生于唯一因素或某种新的心智力量，纯粹科学中没有发生人类理解自然活动的相应革命。哥白尼革命仅在这一时期快结束时才开始，它的影响在许多年后才被感觉到。

人类以新的眼光看待自然界，但这个变化只在某些应用科学领域才看得到：绘画学、航海学、测绘学、冶金学、植物学、动物学以及解剖学。但没有发生以所有这些领域的新方法为基础的概念革命。如果有比任何其他更强的智力动向，那么它就是赫耳墨斯神智学影响下的魔法般自然哲学的复苏。这种哲学从教导人们自然界是由隐藏法则支配的角度来讲，像是一门科学；但差别在于这些法则是秘密的，它们从古代原始资料流传下来，是人们从书中而不是通过推理与实验学习到的。而且，这些法则之所以奏效，是因为大自然表面

◎文艺复兴时期的艺术家用新的眼光审视大自然的富丽。这是一只火龙，摘自1503年《智慧珍宝》。

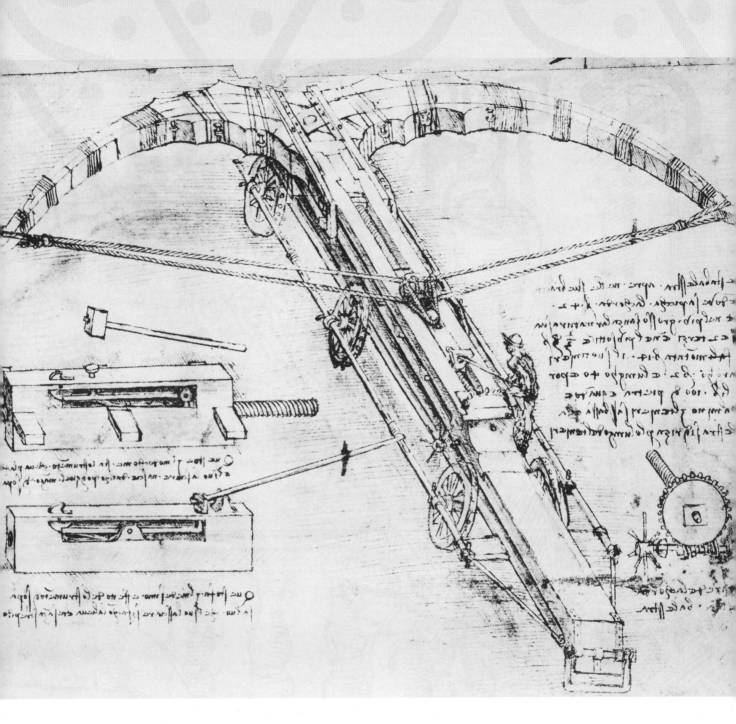

◎莱奥纳多设计的巨大的十字弓。

的背后有许多拟人化的力量——灵魂与魔力，它们能由魔法专家来操纵。

从智力氛围中消失的是经验主义哲学，思想与理论应接受经验与实验检验的原则。16世纪的思维仍旧受到权威以及过去正统信仰的支配。文艺复兴时期的问题是社会与学术的不相匹配。社会是运动的，而学术是静止的。当探险家与发明家在改变人类对自己周围世界的理解时，欧洲的大学正在教授几个世纪以来丝毫未变的逻辑学、数学与神学。这里的宇宙是亚里士多德眼中的宇宙，天空是托勒密眼中的天空，人体是盖仑眼中的人

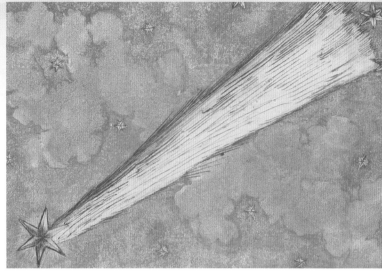

◎左图和上图：文艺复兴末期的科学与智力革命在天文学中有其
根基。
左图展示了一位16世纪中期的天文学家。注意图框最右边的浑
天仪。
上图的标题为《1532年的彗星》。直到17世纪，哈雷通过研究
才得到彗星存在的解释。即使是伽利略，也曾认为它是光幻视。

体。如果我们思考莎士比亚与马洛的世界观，很容易看
出这一点：他们在16世纪90年代依旧认为他们的观众相
信天球、地狱与炼狱、四种元素、巫术、占卜、天体音
乐、占星术与炼金术；没证据显示这两个人中的任何一
个曾听说过哥白尼。像布鲁诺、阿格里帕、坎帕内拉这
样的神秘主义者与魔法家是重要的，因为他们试图从中
世纪贫瘠的学术领域中逃脱到一种对自然力量更人性化
的理解中去。他们是文艺复兴时期对自然界重新发现的
不可或缺的一部分，但这一重新发现还没有建立真正的
关于测量与实验的经验主义语言，这种语言会为自然形
式与过程的多样性带来秩序。